普通高等教育规划教材

机场工程测量

主　编　陶　彬

副主编　吕　磊　赵子龙

北　京

冶 金 工 业 出 版 社

2022

内 容 提 要

本书分为12章，主要内容包括水准测量、角度测量、距离测量、测量误差基本知识、小地区控制测量、地形图的测绘、地形图的应用、机场选勘测量、机场定勘测量、机场详勘测量、机场施工测量等。本书系统总结了机场选址、开设工作对工程测量的需求，围绕新理念，瞄准机场勤务定位，结合工程测量实际，以提升能力素质为目标，经过多方论证、调研及教学实践来编写。注重理论与实际的联系，为机场勤务专业人员在后续机场测量，特别是直升机场开辟、选址、建设提供测量技术支持与理论支撑。

本书依据教学大纲和人才培养方案编写，是针对机场勤务专业编写的本科、大专教材，也可供从事机场勤务保障专业工作人员使用和参考。

图书在版编目 (CIP) 数据

机场工程测量／陶彬主编；吕磊，赵子龙副主编 . —北京：冶金工业出版社，2022.6

普通高等教育规划教材

ISBN 978-7-5024-9166-6

Ⅰ . ①机…　Ⅱ . ①陶…　②吕…　③赵…　Ⅲ.①机场—建筑工程—工程测量—高等学校—教材　Ⅳ.①TU248.6

中国版本图书馆 CIP 数据核字 (2022) 第 087135 号

机场工程测量

出版发行	冶金工业出版社	电　话	(010) 64027926
地　址	北京市东城区嵩祝院北巷 39 号	邮　编	100009
网　址	www.mip1953.com	电子信箱	service@ mip1953.com

责任编辑　李培禄　卢 蕊　美术编辑　吕欣童　版式设计　郑小利
责任校对　葛新霞　责任印制　禹 蕊
三河市双峰印刷装订有限公司印刷
2022 年 6 月第 1 版，2022 年 6 月第 1 次印刷
787mm×1092mm　1/16；15 印张；361 千字；224 页
定价 49.00 元

投稿电话　(010) 64027932　投稿信箱　tougao@cnmip.com.cn
营销中心电话　(010) 64044283
冶金工业出版社天猫旗舰店　yjgycbs.tmall.com
(本书如有印装质量问题，本社营销中心负责退换)

编 审 组

前　言

　　机场工程作为航空运输体系中重要的基础设施之一，发挥着重要的作用。机场工程测量学是机场工程的重要组成部分。机场工程测量以工程测量学理论为基础，重点突出机场建设过程中专业测量知识。内容涵盖了工程测量学基本理论及机场选勘、定勘、详勘、施工、维护管理等各阶段测量工作的理论和方法，是机场勤务专业的一门重要的专业基础课。

　　机场勤务专业工程测量课程教学一直采用土木工程专业通用的工程测量学教材，讲授工程测量学的基本原理、方法。由于工程测量教材对机场工程专业测量知识的涵盖相对缺乏，机场净空测量、勘测选址测量等专业科目的讲授缺少配套教材，机场勤务专业人才培养受到制约。另外，随着机场工程建设的发展和对人才培养要求的不断提高，通用教材针对性不强、缺少机场工程特有测量内容的不足日益突出。针对这种状况，编者总结了机场勤务专业对机场工程测量的需求，围绕新理念，结合机场工程建设实际工作，以提升能力素质为目标，经过多方论证、调研以及教学实践编写了本教材。编写中注重理论与实际的联系，为机场勤务专业人员在后续机场测量，特别是直升机场开辟、选址、建设提供测量技术支持与理论支撑。

　　本教材入选中国人民解放军陆军航空兵学院"重点学科规划教材"。全书共分12章，主要内容为：绪论、水准测量、角度测量、距离测量和直线定向、全站型电子速测仪、测量误差的基本知识、控制测量、地形图的基本知识、机场选勘测量、定勘测量、详勘测量、机场施工测量。内容以普通测量学为主，同时也介绍了机场工程特有的净空测量、选勘测量、定勘测量、详勘测量、飞行区施工测量等内容。

　　全书由陶彬主编，吕磊、赵子龙副主编。第7~12章由陶彬、黄俊华编写，

第1、2章由吕磊、赵子龙、曹防震编写，第3章由王思扬、夏露、代明明编写，第3~6章由王思扬、王峥昕、张杰、刘桂丽、张英伟、张磊、徐宁、覃文平、徐智城、夏露、李亚男、张波、李晓菲、王丹麟等人参与编写。在编写过程中，得到了各上级领导机关的大力支持，并参阅了大量书籍资料，借鉴了一些专家和学者的研究成果，在此一并致以衷心的感谢。

鉴于编者的理论水平和实践经验有限，加之编写时间仓促，书中错漏和不妥之处在所难免，恳请读者批评指正，以便进一步修正完善。

编 者

2022 年 1 月

目　　录

1 绪 论

1.1 测量学的任务和作用

测量学是研究地球的形状和大小，测定地面点的空间位置，将地球表面的形状及其他信息测绘成图的科学。

根据测绘学科的发展和应用，测量学由于研究范围和对象的不同可分为普通测量学、大地测量学、地形测量学、摄影测量学、工程测量学、地图绘图学和地理信息工程学等。

普通测量学——研究地球表面小范围内点位测定的理论和方法。它不顾及地球曲率，把地球表面当作平面看待。

大地测量学——研究地球表面广大区域点位测定的理论和方法。包括地球的大小和形状的测定、大地区控制测量、天文测量和重力测量。

地形测量学——研究将地球表面局部地区的自然地面和人工建筑物测绘成大比例尺地形图的理论和方法。

摄影测量学——利用摄影相片或遥感技术来确定地面物体的形状、大小、性质、特征和空间位置的学科。

工程测量学——研究工程建设中所进行的各种测量工作的理论和方法的学科。

地图绘图学——研究如何利用测量成果和资料来投影编绘、印制各种地图的理论和方法的学科。

地理信息系统——基于现代测绘技术和计算机技术上发展起来的新兴学科，它由计算机硬件、软件和不同方法组成，具有对空间数据的获取、管理、分析、建模和显示功能，同时地理信息系统还可以解决复杂的规划和管理问题。

测量学在国防建设、经济建设和科学研究等方面起着重要作用。

在国防上，无论是进行各种国防工程建设、国界勘定，还是指挥作战、拟定作战计划以及战略、战术的部署等，都要进行测量和利用测量的成果——地形图。

在经济建设中，如资源勘探、能源开发、城镇建设、水利建设、交通建设、电力建设、环境保护、土地勘查、房地产管理等，都离不开测绘工作。

在科学研究方面，地球板块的运动、地震的预报、航天及空间技术的研究等，都与测量工作紧密相连。

综上所述，测绘工作是一项重要的基础工作，是人类征服、改造自然的重要工具和手段，是顺利开展各项工作的前提和保障。

营房建筑工程测量与机场工程测量是测量学的一部分，是研究建筑工程与机场建设在规划设计、施工和经营管理三个阶段所进行的各种测量工作的学科，它包括测定和测设两大任务。测定（亦称测图）是使用测量仪器和工具，通过测量和计算，得到一系列测量数据或把局部地球表面的自然地形和人工建筑物的位置用符号缩绘到图纸上，以供科学研究、规划设计和国防建设使用。测设（亦称放样）是把设计图纸上的建筑物和构筑物按设计要求标定到地面上，作为施工的依据。例如在勘测设计的各个阶段，要求有各种比例尺的地形图，供综合业务区规划、机场选址、管道及交通线路选线以及总平面图设计和竖向设计之用。在施工阶段，要将设计的建筑物、构筑物的平面位置和高程测设于实地，以便进行施工。施工结束后，还要进行竣工测量，绘制竣工图，供日后维修和扩建之用。即使是竣工以后，对某些大型及重要的建筑物和构筑物还是要进行变形观测，以保证建筑物的安全使用。

1.2 测量学的发展

1.2.1 测量学在我国的发展

测绘科学的发展同其他科学一样，是由需要而产生，是随着生产的发展而发展的，我国历史悠久，有许多关于测量的传说和记载。据传说，早在上古时期，大禹治理水患时就使用了简单的工具进行过测量。战国时期我们的祖先就发明了指南针，东汉张衡发明了浑天仪，这些都与测量有关。

公元前 7 世纪，春秋时期的管仲在其所著的《管子》一书中就收集了我国早期的地图 27 幅，并谈到了地图的作用。

公元前 5 世纪至公元前 3 世纪的战国时期，我们祖先已利用"慈石"制成世界上最早的指南工具"司南"。

1973 年，从长沙马王堆三号汉墓出土的《地形图》《驻军图》及《城邑图》为目前我国发现的最早的局部地域地形图。据考证，这三幅地图大约编制于西汉初期。

3 世纪，西晋初年的裴秀（224—271 年）编绘了《禹贡地域图》和《地形方丈图》，前者是世界上最早的历史图集，后者是我国全国大地图。他在《禹贡地域图》绪言中提出了绘制地图的六条原则，即"制图六体"，是世界上最早的制图理论。

724 年，唐代张遂和南宫说等人在河南地区从滑县经浚仪、扶沟到上蔡直接丈量了长达 300km 的子午线弧长，并用日圭测太阳的阴影来定纬度。这是我国第一次应用弧度常规测量的方法测定了地球形状和大小，也是世界上最早的一次子午线弧长的测量。

9 世纪，李吉甫编制的《元和郡县图志》为我国现存最早和记载全面的一部代表性图志，其中包括了世界上最完善的全国性古地图。

11 世纪，北宋沈括发现了磁偏角，后又使用水平尺、罗盘进行地形测量，并绘制了《天下州县图》，是当时最好的全国地图。

元代 1231~1316 年，在郭守敬的倡议下进行了大规模的天文测量，拟定了全国纬度测量计划，共测了 27 个点。

18 世纪初，清代初年（康熙年间）进行了大规模的大地测量工作。在此基础上开展了全国范围的地形测图工作，于 1708~1718 年间完成了世界上最早的地形图之一《皇舆全览图》等。

此后在清朝的封建统治下，测绘科学没有得到应有的发展。

辛亥革命胜利后，成立了测量局，并办了测绘学校，曾测绘了部分地图，但成效不大。

中华人民共和国成立后，测绘学科进入了一个新的发展阶段：1956 年成立了国家测绘总局，科学院系统成立了测量及地球物理研究所，测绘机构和测绘院系也纷纷设立；全国绝大部分地区的大地控制网业已建成，并对天文大地网进行了整体平差；根据 1975 年国际大地委员会和国际地球物理联合会联合推荐的椭球参数，建立了新的坐标系统（1980 年坐标系）；在 1956 年黄海高程系基础上重建了国家高程基准和国家重力基准；完成了大量各种比例尺的地形图，各种工程建设的测量工作取得了显著成绩；GPS 全球定位系统在全国得到了应用。

在仪器制造方面，我国已能自制航空摄影机、红外摄影机、立体测图仪、多倍投影仪、投影纠正仪、激光测距仪、微波测距仪、红外测距仪、全站仪、高精度经纬仪、普通水准仪、精密水准仪、航天遥感传感器。多普勒接收机、GPS 接收机等，其他测绘工具及仪器绝大部分已能自给。在不远的将来我国的测绘工作一定能和其他学科一样赶上和超过世界水平。

1.2.2 测量学在世界的发展

在公元前 4000 年以前，古埃及由于尼罗河泛滥，需要重新划分土地的界限，就进行了土地丈量，从而产生了最初的测量技术。古希腊人也很早就掌握了土地的测量方法，希腊文"测量学"的含义就是"土地划分"。

世界各国的近代测绘科学发展主要是从 17 世纪初开始的，17 世纪初荷兰人汉斯发明了望远镜，开始应用于天象观测，这是测绘史上一次较大的变革。1617 年斯纳尔开始应用三角测量方法。

1668 年，望远镜放大倍率已有 40 倍，使测量工作大为方便，并提高了测量成果的精度。

1683 年，法国进行了弧度测量，证明地球确实是两极略扁的椭球体。

18 世纪出现了水准测量方法，同时，法国人都明一特里尔首先提出用等高线表示地貌。

高斯（德国，1777~1855 年）于 1794 年提出了最小二乘法理论，以后又提出了横圆柱正形投影学说。

1899 年，摄影测量理论研究取得进展。

1903 年，飞机的发明促进了航空摄影测量学的发展，在第一次世界大战中，开始用航空摄影测量方法测绘地形图，使部分测图工作由野外移到室内成为可能。这样，利用仪器描绘成图，相应地减轻了劳动强度，特别是高山地区更为显著。

20 世纪中叶前后，随着电子学、信息论、电子计算机、激光、航空摄影、空间技术等科学技术的发展，推动了测绘科学的发展。1947 年有学者开始研究光波测距，60 年代电磁波测距仪诞生，这是量距工作的一大变革。

1966 年开始进行人造卫星大地测量，它可全天候观测，速度快，精度高，解决了洲际大陆与岛屿之间的联测问题，到了 20 世纪 70 年代，通过人造卫星利用黑白、单光谱段、多光谱段及彩色红外线等拍摄地球照片供研究之用。20 世纪 60 年代末出现了电子经纬仪，它应用编码和光栅度盘，测角精度高，而且还可自动记录测量数据。1973 年，美国研制开发了全球定位系统（GPS），它向全世界用户提供即时高精密度的三维空间相对位置、速度和时间信息。地图数据库和计算机绘图的发展使制图技术走向自动化，改变了传统的制图方法。

随着科学技术的不断发展，测量学的发展趋势将朝着数据的自动获取、自动记录和自动处理的方向发展。

1.3 测量工作的基准面

1.3.1 大地水准面

测量工作是在地球表面进行的，而地球自然表面很不规则，有高山、丘陵、平原和海洋等（见图1-1（a）），其中最高的珠穆朗玛峰海拔高程为8844.43m，最低的马里亚纳海沟最深处低于海平面约11022m。但是这样的高低起伏，相对于地球半径6371km来说还是很小的。又由于海洋约占整个地球表面的71%，因此人们习惯上把海水面所包围的地球形体看作地球的形状。

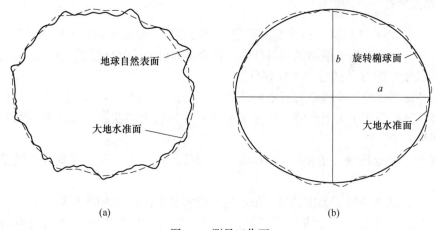

(a)   (b)

图1-1 测量工作面

静止的水面称为水准面，水准面是受地球重力影响而形成的，是一个处处与重力方向垂直的连续曲面。与水准面相切的平面称为水平面。由于水面可高可低，因此水准面有无数多个，我们将其中与平均静止的海水面吻合并向大陆、岛屿内延伸而形成的闭合曲面称为大地水准面，如图1-1（a）所示。大地水准面是测量工作的基准面，由大地水准面所包围的地球形体称为大地体。另外，我们将重力的方向线称为铅垂线，铅垂线是测量工作的基准线。

由于海水面受潮汐和风浪的影响，是个动态的曲面，平均静止的海水面实际在大自然中是不存在的，为此，我国在青岛设立验潮站，长期观察和记录黄海海水面的高低变化，取其平均值作为我国大地水准面的位置（其高程为零），并在青岛建立了水准原点。目前，我国采用"1985国家高程基准"为基准，青岛水准原点的高程为72.260m，全国各地的高程都以它为基准进行测算。

1.3.2 旋转椭球面

用大地体表示地球的体形是比较恰当的，但是由于地球内部质量分布不均匀，引起局部重力异常，导致铅垂线的方向产生不规则的变化，使得大地水准面上也有微小的起伏（见图 1-1（b）），形成一个复杂的曲面，因此无法在这个复杂的曲面上进行测量数据的处理。为了测量计算工作的方便，通常用一个非常接近于大地水准面，并可用数学式表示的纯几何形体来代替地球作为测量计算工作的基准面。这一几何形体称为地球椭球，它由一个椭圆绕其短轴旋转而成，故地球椭球又称为旋转椭球（见图 1-1（b））。这样，测量工作的基准面为大地水准面，而测量计算工作的基准面为旋转椭球面。

旋转椭球的形状和大小可由其长半径 a（或短半径 b）和扁率 α 来表示。我国的旋转椭球目前采用的参数值为：$a = 6378140\mathrm{m}$，$\alpha = (a - b)/a = 1 : 298.257$。在此基础上选择陕西径阳县永乐镇某点为大地原点，进行了大地定位，由此而建立起来全国统一坐标系，也就是目前使用的"1980 年国家大地坐标系"。

由于旋转椭球的扁率很小，因此当测区范围不大时，可近似地把旋转椭球作为圆球，其半径为 6371km。

1.4 地面点位的表示方法

测量工作的基本任务是确定地面点的位置。确定地面点的空间位置，通常需用三个量，即该点的二维球面坐标或投影到平面上的二维平面坐标，以及该点到大地水准面的铅垂距离，也就是确定地面点的坐标和高程。

1.4.1 地面点的坐标

地面点的坐标，根据实际情况，可选用下列三种坐标系统中的一种来确定。

1.4.1.1 地球坐标

地面点在球面上的位置是用经纬度表示的，称为地理坐标。地理坐标又按坐标所依据的基准线和基准面的不同以及求坐标方法的不同，分为天文坐标和大地坐标两种。

A 天文坐标

天文坐标又称天文地理坐标，表示地面点在大地水准面上的位置，用天文经度 λ 和天文纬度 φ 表示。

如图 1-2 所示，NS 为地球的自转轴（或称地轴），N 为北极，S 为南极。过地面任一点与地轴 NS 所组成的平面称为该点的子午面，子午面与球面的交线称为子午线（或称经线）。F 点的天文经度 λ 是过 F 点的子午面 NFKSO 与首子午面 NGMSO（即通过英国格林尼治天文台的子午面）所成的夹角。它自首子午线向东或向西自 0°起算至 180°，在首子午线以东者为东经，以西者为西经。同一子午线上各点的经度相同。

垂直于地轴的平面与球面的交线称为纬线，垂直于地轴的平面并通过球心 O 与球面相交的纬线称为赤道。经过 F 点的铅垂线和赤道平面的夹角，称为 F 点的纬度，常以 φ 表示。由于地球是椭球体，所以地面点的铅垂线不一定经过地球中心。纬度从赤道向北或向南自 0°起算至 90°，分别称为北纬或南纬。

B 大地坐标

大地坐标又称大地地理坐标，表示地面点在旋转椭球面上的位置，用大地经度 L 和大地纬度 B 表示。F 点的大地经度 L，就是包含 F 点的子午面和首子午面所夹的两面角；F 点的大地纬度 B，就是过 F 点的法线（与旋转椭球面垂直的线）与赤道面的交角。

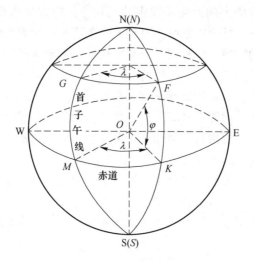

图 1-2　地球的自转轴

　　天文经纬度是用天文测量的方法直接测定的，而大地经纬度是根据大地测量所得的数据推算而得的。地面上一点的天文坐标和大地坐标之所以不同，是因为各自依据的基准面和基准线不同，前者依据的是大地水准面和铅垂线，后者依据的是旋转椭球面和法线。

1.4.1.2　独立平面直角坐标

　　大地水准面虽然是曲面，但当测量区域（如半径不大于 10km 的范围）较小时，可以用测区中心点 a 的切平面来代替曲面（见图 1-3）。地面点在切平面上的投影位置就可以用平面直角坐标来确定。测量工作中采用的平面直角坐标如图 1-4 所示，规定南北方向为纵轴，并记为 X 轴，X 轴向北为正，向南为负；以东西为横轴，并记为 Y 轴，Y 轴向东为正，向西为负。地面上某点 P 的位置可用 X_P 和 Y_P 表示。平面直角坐标系中象限按顺时针方向编号。X 轴与 Y 轴和数学上规定的互换，其目的是为了定向方便（测量上习惯以北方向为起始方向），且将数学上的公式直接照搬到测量的计算工作中，不需做任何变更。原

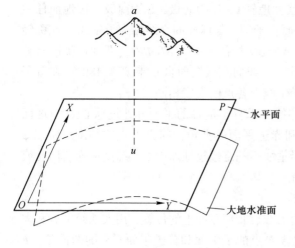

图 1-3　原点选择位置

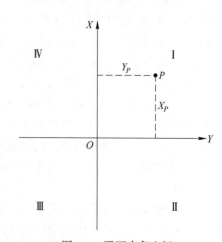

图 1-4　平面直角坐标

点 O 一般选在测区的西南角（见图 1-3），使测区内各点的坐标均为正值。

　　测量工作的基准面是大地水准面，大地水准面是一个曲面。从理论上讲，将极小部分的水准面当作平面也是要产生变形的，但是由于测量和绘图也都含有不可避免的误差，因此如果将一块水准面当作平面看待，其产生的误差不超过测量和绘图的误差，这样做是合理的。水平面作为基准面时范围大小是有限制的，本书列举地球曲率对距离和高程的影响，见表 1-1、表 1-2。

表 1-1　地球曲率对距离的影响

D/km	$\Delta D/\text{cm}$	$\Delta D/D$
10	0.8	1 : 1200000
20	6.6	1 : 300000
50	102.6	1 : 49000
100	821.2	1 : 12000

表 1-2　地球曲率对高程的影响

D/km	0.2	0.5	1	2	3	4	5
$\Delta h/\text{cm}$	0.31	2	8	31	71	125	196

　　由图 1-5 可知：

$$\Delta D = D' - D = R\tan\theta - R\theta = R(\tan\theta - \theta) \tag{1-1}$$

式中，θ 为弧长 D 对应的圆心角；R 为地球半径。

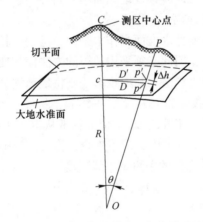

图 1-5　平面代替曲面对距离的影响

　　将 $\tan\theta$ 按泰勒级数展开，得：

$$\tan\theta = \theta + \frac{1}{3}\theta^3 + \cdots \approx \theta + \frac{1}{3}\theta^3 \tag{1-2}$$

　　将式（1-2）代入式（1-1），并由 $\theta = \dfrac{D}{R}$，得：

$$\Delta D = \frac{D^3}{3R^2} \tag{1-3}$$

则有:

$$\frac{\Delta D}{D} = \frac{D^2}{3R^2} = \frac{1}{3}\left(\frac{D}{R}\right)^2 \tag{1-4}$$

取 $R = 6371$km,以不同的 D 值代入,求出距离误差 ΔD 值见表 1-1。

从表 1-1 可以看出,当 $D = 10$km 时,所产生的相对误差为 1:1200000。这样小的误差,对精密量距来说也是允许的。因此,在以 10km 为半径的圆面积之内进行距离测量时,可以把水准面当作水平面看待,即可不考虑地球曲率对距离的影响。

由图 1-5 可知:

$$\Delta h = \overline{Op'} - \overline{Op} = R\sec\theta - R = R(\sec\theta - 1) \tag{1-5}$$

将 $\sec\theta$ 按照泰勒级数展开式为:$\sec\theta = 1 + \frac{\theta^2}{2} + \frac{5}{24}\theta^4 + \cdots$,因为 θ 角很小,故只取前两项代入,且因 $\theta = \frac{D}{R}$ 则得:

$$\Delta h = \frac{D^2}{2R} \tag{1-6}$$

取 $R = 6371$km,以不同的 D 值代入式(1-6),得到表 1-2 所示结果。

从表 1-2 可以看出,用水平面作基准面对高程的影响是很大的,例如距离为 200m 时就有 0.31cm 的高程误差,这是不能允许的。因此,就高程测量而言,即使距离很短,也应用水准面作为测量的基准面,即应顾及地球曲率对高程的影响。

1.4.1.3 高斯平面直角坐标系

当测区范围较大时,就不能把水准面当作水平面,但把旋转椭球面上的图形展绘到平面图纸上来,又必将产生变形,因此必须采用适当的方法使其变形减小。

测量工作中通常采用高斯投影法。高斯投影法是将地球划分成若干带,然后将每带投影到平面上。如图 1-6 所示,投影带是从首子午线起,每经差 6° 划一带(称为六度带),自西向东将整个地球划分成经差相等的 60 个带,各带从首子午线起自西向东编号,用数字 1,2,3,…,60 表示。位于各带中央的子午线,称为该带中央子午线。第一个六度带的中央子午线的经度为 3°,任意带的中央子午线经度 L_0 可按下式计算:

$$L_0 = 6N - 3 \tag{1-7}$$

式中,N 为投影带的号数。

高斯投影法按上述方法划分投影带后,即可进行投影。如图 1-7(a)所示,设想用一个平面卷成一个空心椭圆柱,把它横着套在旋转椭球外面,使椭圆柱的中心轴线位于赤道面内并且通过球心,并使旋转椭球上某六度带的中央子午线与椭圆柱面相切。在椭球面上的图形与椭圆柱面上的图形保持等角的条件下,将整个六度带投影到椭圆柱面上。然后将椭圆柱沿着通过南北极的母线切开并展成平面,便得到六度带在平面上的影像(见图 1-7(b))。中央子午线经投影展开后是一条直线,以此直线作为纵轴,即 X 轴;赤道是一条与中央子午线相垂直的直线,将它作为横轴,即 Y 轴;两直线的交点作为原点 O,则组成了高斯平面直角坐标系。将投影后具有高斯平面直角坐标系的六度带一个个拼接起来,便得到如图 1-8 所示的图形。

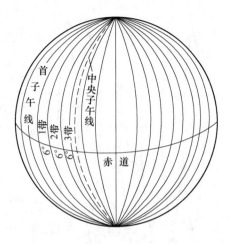

图 1-6　地球分成若干带

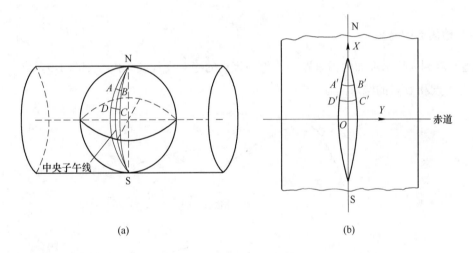

(a)　　　　　　　　　　　(b)

图 1-7　六度带投影到椭圆柱（a）和六度带在平面上的影像（b）

　　我国位于北半球，X 坐标均为正值，而 Y 坐标值有正有负。为避免横坐标 Y 出现负值，故规定把坐标纵轴向西平移 500km，另外，为了根据横坐标能确定该点位于哪一个六度带内，还规定在横坐标值前冠以带号，例如：$Y_A = 20225760$m，表示 A 点位于第 20 带内，其真正的横坐标值为 -274240m。

　　高斯投影中，离中央子午线近的部分变形小，离中央子午线越远变形越大，两侧对称。当测绘大比例尺图要求投影变形更小时，可采用三度分带投影法。它是从东经 $1°30'$ 起，自西向东每经差 $3°$ 划分一带，整个地球划分为 120 个带，每带中央子午线的经度 L_0' 可按下式计算：

$$L_0' = 3n \tag{1-8}$$

式中，n 为三度带的号数。

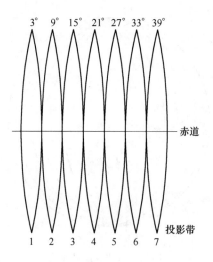

图 1-8　六度带拼接图

1.4.2　地面点的高程

地面点到大地水准面的铅垂距离，称为该点的绝对高程或海拔，如图 1-9 所示，H_A 和 H_C 即为 A 点和 C 点的绝对高程。

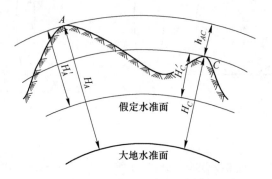

图 1-9　地面点到大地水准面的铅垂距离

当个别地区引用绝对高程有困难时，可采用假定高程系统，即采用任意假定的水准面作为起算高程的基准面。图 1-9 中地面点到假定水准面的铅垂距离，称为假定高程或相对高程，如 H_A' 和 H_C'。

两个地面点之间的高程差称为高差，一般用 h 表示。地面点 A 与 C 之间的高差 h_{AC} 为：

$$h_{AC} = H_C - H_A = H_C' - H_A' \tag{1-9}$$

式中，h_{AC} 有正有负，下标 AC 表示 A 点至 C 点的高差。同时也表明两点间的高差与高程起算面无关。

综上所述，当通过测量与计算，求得表示地面点位置的三个量，即 X、Y、H，那么地面点的空间位置也就确定了。

1.5 测量工作概述

测量工作的主要任务是测绘地形图和施工放样，本节扼要介绍测图和放样的大概过程，为学习后面各章建立初步的概念。

地球表面复杂多样的形态，在测量工作中分为地物和地貌两大类。地面上固定性物体，如河流、房屋、道路、湖泊等称为地物；地面的高低起伏形态，如山岭、谷地和陡崖等称为地貌。地物和地貌统称为地形。

1.5.1 测量工作的基本原则

测绘地形图或放样建筑物位置时，要在某一个点上测绘出该测区全部地形或者放样出建筑物的全部位置是不可能的。如图 1-10（a）所示的 A 点，在该点只能测绘附近的地形或放样附近的建筑物位置（如图中建筑物 P），对于位于山后面的部分以及较远的地形就观测不到，因此，需要在若干点（站）上分区施测，最后将各分区地形拼接成一幅完整的地形图，如图 1-10（b）所示。施工放样也是如此。但是，任何测量工作都会产生不可避免的误差，故每点（站）上的测量都应采取一定的程序和方法，遵循测量的基本原则，以防误差积累，从而保证测绘成果的质量。

因此，在实际测量工作中应当遵守以下基本原则：由整体到局部，先控制后碎部。

1.5.2 控制测量的概念

遵循"先控制后碎部"的测量原则，就是先进行控制测量，测定测区内若干个具有控制意义的控制点的平面位置（坐标）和高程，作为测绘地形图或施工放样的依据。控制测量分为平面控制测量和高程控制测量，平面控制测量的形式有导线测量、三角测量及交会定点等，其目的是确定测区中一系列控制点的坐标 X、Y；高程控制测量的形式有水准测量、光电测距三角高程测量等，其目的是测定各控制点间的高差，从而求出各控制点高程 H。如图 1-10（a）所示的测区，图中 A、B、C、D、E、F 为平面控制点，由这一系列控制点连结而成的几何图形称为平面控制网，图 1-9（a）为闭合导线网。通过导线测量（包括测角度、量距离等）和计算，求得 A、B、C、D、E、F 等控制点的坐标 X、Y 值。同时，由测区内某一已知高程的水准点开始，经过 A、B、C、D、E、F 等控制点构成闭合水准路线，进行水准测量和计算，从而求得这些控制点的高程 H。

1.5.3 碎部测量的概念

在控制测量的基础上就可以进行碎部测量。碎部测量就是以控制点为依据，测定控制点至碎部点（地形的特征点）之间的水平距离、高差及其相对于某一已知方向的角度来确定碎部点的位置，运用碎部测量的方法，在测区内测定一定数量的碎部点位置后，按一定的比例尺将这些碎部点位标绘在图纸上，绘制成图，如图 1-10（b）所示。图上表示的道路、桥梁及房屋等为地物，是用规定的图式和地物符号绘出的。图中央部分的一组闭合曲线表示实地测区内两座相连接的山头及其高低起伏的形态，这些闭合曲线称为等高线。

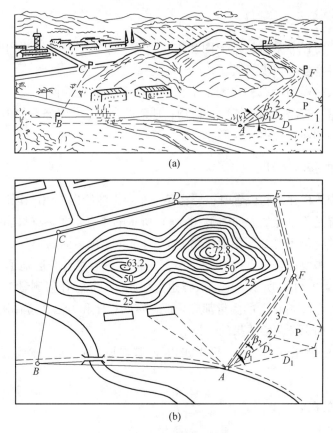

图 1-10 控制测量图

它是将高程相同的相邻碎部点连接成为闭合曲线。用等高线表示地貌是最常用的方法，其原理参见第 7 章第 1 节。

在普通测量工作中，碎部测量常用平板仪测绘或经纬仪测绘法。如图 1-11 所示为用经纬仪测绘法进行碎部测量，在控制点 A 上安置经纬仪，以另一控制点 B 定向，使水平度盘读数为 $0°00′$，然后依次瞄准在房屋角点 1、2、3 处竖立的标尺，读得相应角度 β_1、β_2、β_3 及距离 D_1、D_2、D_3。根据角度和距离在图板的图纸上用量角器和直尺按比例尺标绘出房屋角点 1、2、3 的平面位置，同时还可求得这些碎部点的高程。

1.5.4 施工放样的概念

施工放样（测设）是把设计图上建（构）筑物位置在实地标定出来，作为施工的依据。为了使地面标定出的建筑物位置成为一个有机联系的整体，施工放样同样需要遵循"先控制后碎部"的基本原则。

如图 1-10（b）所示，在控制点 A、F 附近设计了建筑物 P（图中用虚线表示），现要求把它在实地标定下来。根据控制点 A、F 及建筑物的设计坐标，计算水平角 β_1、β_2 和水平距离 D_1、D_2 等放样数据，然后在控制点 A 上，用仪器测设出水平角 β_1、β_2 所指的方向，并沿这些方向测设水平距离 D_1、D_2，即在实地定出 1、2 等点，这就是该建筑物的实地位置。上述所介绍的方法是施工放样中常用的极坐标法，此外还有直角坐标法，方向（角度）交会法和距离交会法等。

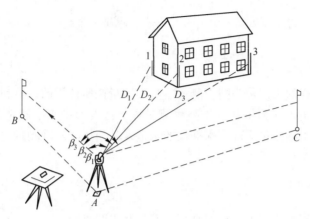

图 1-11　碎步测量图

由于施工放样中施工控制网是一个整体，并具有相应的精度和密度，因此不论建（构）筑物的范围多大，由各个控制点放样出的建（构）筑物各个点位位置，也必将联系为一个整体。

同样，根据施工控制网点的已知高程和建筑物的图上设计高程，可用水准测量的方法测设出建（构）筑物的实地设计高程。

1.5.5　测量的基本工作

综上所述，控制测量和碎部测量以及施工放样等，其实质都是为了确定点的位置，碎部测量是将地面上的点位测定后标绘到图纸上或为用户提供测量数据与成果，而施工放样则是把设计图上的建（构）筑物点位测设到实地上，作为施工的依据。可见，所有要测定的点位都离不开距离、角度及高差这三个基本观测量。因此，距离测量、角度测量和高差测量（水准测量）是测量的三项基本工作，各专业的工程技术人员应当掌握这三项基本功。

习　题

1-1　测定与测设有何区别？

1-2　何谓大地水准面？它有何作用和特点？

1-3　何谓绝对高程、相对高程、高差？

1-4　表示地面点位的坐标系有几种？简要说明它们的特点。

1-5　为什么 $10km^2$ 的范围内，进行测量工作可以用水平面作基准面？

1-6　测量工作的基本任务是什么？

2 水准测量

测定地面点高程的工作称为高程测量。高程测量按所使用的仪器和施测方法不同，主要有水准测量、三角高程测量和气压高程测量等方法，其中水准测量是最常见的一种方法。本章主要介绍水准测量原理，水准仪的构造及其使用，水准测量的施测方法和成果整理，以及仪器的检验与校正等内容。

2.1 水准测量原理

水准测量不是直接测定地面点的高程，而是测出两点间的高差，也就是在两个点上分别竖立水准尺，利用一种称为水准仪的测量仪器提供的一条水平视线，在水准尺上读数，求得两点间的高差，从而由已知点高程推求未知点高程。

如图 2-1 所示，设已知 A 点高程 H_A，今用水准测量方法求未知点 B 的高程 H_B。在 A、B 两点上分别竖立水准尺，根据水准仪提供的水平视线在 A 点水准尺上的读数为 a，在 B 点水准尺上的读数为 b，则 A、B 两点间的高差为

$$h_{AB} = a - b \qquad\qquad (2\text{-}1)$$

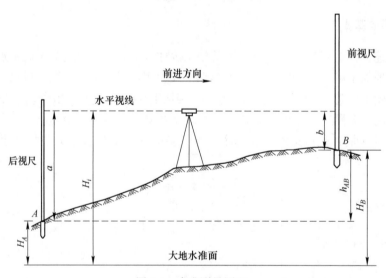

图 2-1　水准测量原理

设水准测量是由 A 点向 B 点进行，如图 2-1 中的箭头所示，则规定 A 点为后视点，其水准尺读数 a 为后视读数，B 点为前视点，其水准尺读数 b 为前视读数。由此可见，两点之间的高差一定是"后视读数"减"前视读数"。如果 $a>b$，则高差 h_{AB} 为正，表示 B 点比 A 点高；如果 $a<b$，则高差 h_{AB} 为负，表示 B 点比 A 点低。

在计算高差 h_{AB} 时，一定要注意 h_{AB} 下标 AB 的写法：h_{AB} 表示 A 点至 B 点的高差。h_{BA}

则表示 B 点至 A 点的高差。两个高差应该是绝对值相同而符号相反，即

$$h_{AB} = -h_{BA} \tag{2-2}$$

测得 A、B 两点间高差 h_{AB} 后，则未知点 B 的高程 H_B 为

$$H_B = H_A + h_{AB} = H_A + (a-b) \tag{2-3}$$

由图2-1可以看出，B 点高程也可以通过水准仪的视线高程 H_i（也称为仪器高程）来计算，视线高程 H_i 等于 A 点的高程加 A 点水准尺上的后视读数 a，即

$$H_i = H_A + a \tag{2-4}$$

则

$$H_B = (H_A + a) - b = H_i - b \tag{2-5}$$

一般情况下，用式（2-3）计算未知点 B 点的高程 H_B，称为高差法。当安置一次水准仪需要同时求出若干个未知点的高程时，则用式（2-5）计算较为方便，这种方法称为视线高法。此法是在每一个测站上测定一个视线高程作为该站的常数，分别减去各待测点上的前视读数，即可求得各未知点的高程，这在建筑工程中经常用到。

在实际水准测量中，A、B 两点间高差可能较大或相距较远或中间有障碍物，超过了允许的视线长度，安置一次水准仪（一测站）不能测定这两点间的高差。此时可在沿 A 点到 B 点的水准路线中间增设若干个必要的临时立尺点，称为转点，根据水准测量原理依次连续地在两个立尺点中间安置水准仪来测定相邻各点间高差，最后取各个测站高差的代数和，即求得 A、B 两点间的高差值，这种方法称为连续水准测量（见图2-2）。

如图2-2所示，欲求 A、B 两点间高差 h_{AB}，在 A 点至 B 点水准路线中间增设 $(n-1)$ 个临时立尺点（转点）TP.1~TP.$n-1$，安置 n 次水准仪，依次连续地测定相邻两点间高差 h_1~h_n，即

$$h_1 = a_1 - b_1$$
$$h_2 = a_2 - b_2$$
$$\vdots$$

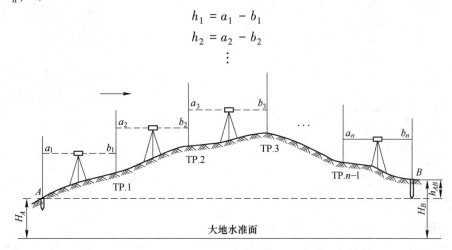

图 2-2 连续水准测量

则

$$h_{AB} = h_1 + h_2 + \cdots + h_n = \sum h = \sum a - \sum b \tag{2-6}$$

式中，$\sum a$ 为后视读数之和；$\sum b$ 为前视读数之和。

则未知点 B 的高程为

$$H_B = H_A + h_{AB} = H_A + (\sum a - \sum b) \tag{2-7}$$

  A、B 两点间增设的转点起着传递高程的作用。为了保证高程传递的正确性，在连续水准测量过程中，不仅要选择土质稳固的地方作为转点位置（须安放尺垫），而且在相邻测站观测的过程中要保持转点（尺垫）稳定不动；同时要尽可能保持各测站的前后视距大致相等；还要通过调节前、后视距离，尽可能保持整条水准路线中的前视视距之和与后视视距之和相等，这样有利于消除（或减弱）地球曲率和某些仪器误差对高差的影响。

2.2 普通水准测量

2.2.1 水准点

  水准点就是用水准测量的方法测定的高程控制点。水准测量通常从某一已知高程的水准点开始，经过一定的水准路线，测定各待定点的高程，作为地形测量和施工测量的高程依据。水准点应按照水准测量等级，根据地区气候条件与工程需要，每隔一定距离埋设不同类型的永久性或临时性水准点标志或标石，水准点标志或标石应埋设于土质坚实、稳固的地面或地表以下合适的位置，必须便于长期保存又利于观测与寻找。国家等级永久性水准点埋设形式如图 2-3 所示，一般用钢筋混凝土或石料制成，深埋到地面冻结线以下。标石顶部嵌有不锈钢或其他不易锈蚀的材料制成的半球形标志，标志最高处（球顶）作为高程起算基准。有时永久性水准点的金属标志（一般宜铜制）也可以直接镶嵌在坚固稳定的永久性建筑物的墙脚上，称为墙上水准点，如图 2-4 所示。

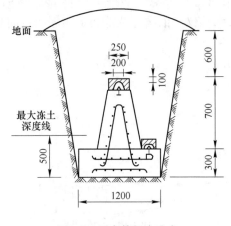

图 2-3　国家等级水准点

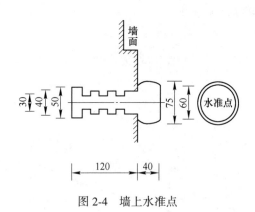

图 2-4　墙上水准点

  各类建筑工程中常用的永久性水准点一般用混凝土或钢筋混凝土制成，如图 2-5 (a) 所示，顶部设置半球形金属标志。临时性水准点可用大木桩打入地下，如图 2-5 (b) 所示，桩顶面钉一个半圆球状铁钉，也可直接把大铁钉（钢筋头）打入沥青等路面或在桥台、房基石、坚硬岩石上刻上记号（用红油漆标示）。

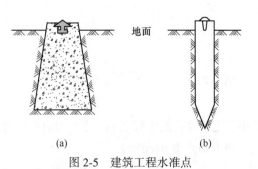

(a)   (b)

图 2-5　建筑工程水准点

　　埋设水准点后，为便于以后寻找，水准点应进行编号，编号前一般冠以"BM"字样，以表示水准点，并绘出水准点与附近固定建筑物或其他明显地物关系的点位草图，在图上应写明水准点的编号和高程，称为"点之记"，作为水准测量的成果一并保存。

2.2.2　水准路线

　　水准路线就是由已知水准点开始或在两已知水准点之间按一定形式进行水准测量的测量路线，根据测区已有水准点的实际情况和测量的需要以及测区条件，水准路线一般可布设如下几种形式（见图2-6）。

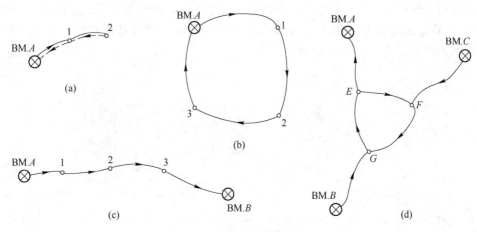

图2-6　水准测量路线略图

2.2.2.1　支水准路线

　　从一个已知高程的水准点 BM.A 开始，沿待测的高程点 1、2 进行水准测量，称为支水准路线，如图2-6（a）所示。为了检核支水准路线观测成果的正确性和提高观测精度，对于支水准路线应进行往返观测。

2.2.2.2　闭合水准路线

　　从一个已知高程的水准点 BM.A 开始，沿各待测高程点 1、2、3 进行水准测量，最后又回到原水准点 BM.A，称为闭合水准路线，如图2-6（b）所示。

2.2.2.3　附合水准路线

　　从一个已知高程的水准点 BM.A 开始，沿各待测高程点 1、2、3 进行水准测量，最后附合至另一已知水准点 BM.B 上，称为附合水准路线，如图2-6（c）所示。

2.2.2.4　水准网

　　若干条单一水准路线相互连接构成网形，称为水准网，如图2-6（d）所示。单一水准路线相互连接的点称为结点，如图示的 E、F、G 点。

2.2.3　普通水准测量方法

　　如图2-7所示，已知水准点 BM.A 的高程 $H_A = 19.153\text{m}$，欲测定距水准点 BM.A 较远的 B 点高程，按普通水准测量的方法，由 BM.A 点出发共设五个测站，连续安置水准仪测出各站两点之间的高差，观测步骤如下：

　　后司尺员在 BM.A 点立尺，观测者在测站①处安置水准仪，前司尺员在前进方向视地形情况，在距水准仪距离约等于水准仪距后视点 BM.A 距离处设转点 TP.1 安放尺垫并立尺，司尺员应将水准尺保持竖直且分划面（双面尺的黑面）朝向仪器，观测者经过粗平—瞄准—精平—读数的操作程序，后视已知水准点 BM.A 上的水准尺，读数为 1.632，前视 TP.1 转点上水准尺，读数为 1.271，记录者将观测数据记录在表 2-1 相应水准尺读数的后视与前视栏内，并计算该站高差为+0.361m，记在表 2-1 高差"+"号栏中。至此，第①测站的工作结束。转点 TP.1 上的尺垫保持不动，水准尺轻轻地转向下一站的仪器方向，水准仪搬迁至测站②，BM.A 点司尺员持尺前进选择合适的转点 TP.2 安放尺垫并立尺，观测者先后视转点 TP.1 上水准尺，读数为 1.862，再前视转点 TP.2 上水准尺，读数为 0.952，计算②站高差为+0.910m，读数与高差均记录在表 2-1 相应栏内。按上法依次连续进行水准测量，直至测到 B 点为止。

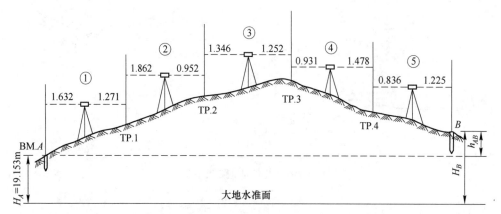

图 2-7　普通水准测量略图

表 2-1　普通水准测量记录手簿

测站	点号	水准尺读数/m		高差/m		高程/m	备注
		后视	前视	+	−		
①	BM.A	1.632		0.361		19.153	已知
	TP.1		1.271			19.514	
②	TP.1	1.862		0.910			
	TP.2		0.952			20.424	
③	TP.2	1.346		0.094			
	TP.3		1.252			20.518	
④	TP.3	0.931			0.547		
	TP.4		1.478			19.971	
⑤	TP.4	0.836			0.389		
	B		1.225			19.582	
计算检核	Σ	6.607	6.178	1.365	0.936		
	$\sum a - \sum b = +0.429$			$\sum h = +0.429$		$H_B - H_A = +0.429$	

记录计算校核中，$\sum a - \sum b = \sum h$ 可作为计算中的校核，可以检查计算是否正确，但不能检核观测和记录是否有错误。在进行连续水准测量时，若其中任何一个后视或前视读数有错误，都会影响高差的正确性。对于每一测站而言，为了校核每次水准尺读数有无差错，可采用改变仪器高的方法或双面尺法进行测站检核。

2.2.3.1　改变仪器高的方法

在每一测站测得高差后，改变仪器高度（即重新安置与整平仪器）在 0.1m 以上再测一次高差，或者用两台水准仪同时观测，当两次测得高差的差值在±5mm 以内时，则取两次高差平均值作为该站测得的高差值。否则需要检查原因，重新观测。

2.2.3.2　双面尺法

仪器高度不变，读取每一根双面尺的黑面与红面的读数，分别计算双面尺的黑面与红面读数之差及两个黑面尺的高差 $h_{黑}$ 与两个红面尺的高差 $h_{红}$，若同一水准尺红面与黑面（加常数后）之差在±3mm 以内，且黑面尺高差 $h_{黑}$ 与红面尺高差 $h_{红}$ 之差不超过±5mm，则取黑、红面高差平均值作为该站测得的高差值。

注意在每站观测时，应尽量保持前后视距相等，视距可由上下丝读数之差乘以 100 求得。每次读数时均应使符合水准气泡严密吻合（居中），每个转点均应安放尺垫，但所有已知水准点和待求高程点上不能放置尺垫。

2.2.4　水准测量成果整理

测站校核只能检查每一个测站所测高差是否正确，对于整条水准路线来说，还不能说明它的精度是否符合要求。例如在仪器搬站期间，转点的尺垫被碰动、下沉等引起的误差，在测站校核中无法发现，而水准路线的闭合差却能反映出来。因此，普通水准测量外业观测结束后，首先应复查与检核记录手簿，并按水准路线布设形式进行成果整理，其内容包括：水准路线高差闭合差计算与校核；高差闭合差的分配和计算改正后的高差；计算各点改正后的高程。

2.2.4.1　高差闭合差的计算与校核

A　支水准路线

如图 2-6（a）所示的支水准路线，沿同一路线进行了往返观测，由于往返观测的方向相反，因此往测和返测的高差绝对值相同而符号相反，即往测高差总和 $\sum h_{往}$ 与返测高差总和 $\sum h_{返}$ 的代数和在理论上应等于零，但由于测量中各种误差的影响，往测高差总和与返测高差总和的代数和不等于零，即有高差闭合差 f_h：

$$f_h = \sum h_{往} + \sum h_{返} \tag{2-8}$$

B　闭合水准路线

如图 2-6（b）所示的闭合水准路线，因起点和终点均为同一点 BM. A，构成一个闭合环，因此闭合水准路线所测得各测段高差的总和理论上应等于零，即 $\sum h_{理} = 0$。设闭合水准路线实际所测得各测段高差的总和为 $\sum h_{测}$，其高差闭合差为

$$f_h = \sum h_{测} - \sum h_{理} = \sum h_{测} \tag{2-9}$$

C　附合水准路线

如图 2-6（c）所示的附合水准路线，因起点 BM. A 和终点 BM. B 的高程 H_A、H_B 已知，两点之间的高差是固定值，因此附合水准路线所测得的各测段高差的总和理论上应等于起终点高程之差，即

$$\sum h_{理} = H_B - H_A \tag{2-10}$$

附合水准路线实测的各测段高差总和 $\sum h_{测}$ 与高差理论值之差即为附合水准路线的高差闭合差：

$$f_h = \sum h_{测} - (H_B - H_A) \tag{2-11}$$

由于水准测量中仪器误差、观测误差以及外界的影响，使水准测量中不可避免地存在着误差，高差闭合差就是水准测量观测误差中上述各误差影响的综合反映。为了保证观测精度，对高差闭合差应作出一定的限制，即计算所得高差闭合差 f_h 应在规定的容许范围内。计算高差闭合差 f_h 不超过容许值（即 $f_h \leqslant f_{h容}$ 时），认为外业观测合格，否则应查明原因返工重测，直至符合要求为止。对于普通水准测量，规定容许高差闭合差 $f_{h容}$（单位为 mm）为

$$f_{h容} = \pm 40\sqrt{L} \tag{2-12}$$

式中，L 为水准路线总长度，km。

在山丘地区，当每千米水准路线测站数超过 16 站时，容许高差闭合差 $f_{h容}$（单位为 mm）可用下式计算：

$$f_{h容} = \pm 12\sqrt{n} \tag{2-13}$$

式中，n 为水准路线的测站总数。

2.2.4.2　高差闭合差的分配和计算改正后的高差

当计算出的高差闭合差在容许范围内时，可进行高差闭合差的分配，分配原则是：对于闭合或附合水准路线，按与路线长度 L 或按路线测站数 n 成正比的原则，将高差闭合差反其符号进行分配。用数学公式表示为

$$V_{h_i} = -\frac{f_h}{L} \times L_i \tag{2-14}$$

或

$$V_{h_i} = -\frac{f_h}{n} \times n_i \tag{2-15}$$

式中，L 为水准路线总长度；L_i 为表示第 i 测段的路线长；n 为水准路线总测站数；n_i 为表示第 i 测段路线测站数；v_{h_i} 为分配给第 i 测段观测高差 h_i 上的改正数；f_h 为水准路线高差闭合差。

高差改正数计算校核式为 $\sum v_{h_i} = -f_h$，若满足则说明计算无误。

最后计算改正后的高差，它等于第 i 测段观测高差 h_i 加上其相应的高差改正数 v_{h_i}，即

$$h_i' = h_i + v_{h_i} \tag{2-16}$$

2.2.4.3　计算各点改正后的高程

根据已知水准点高程和各测段改正后的高差，依次逐点推求各点改正后的高程，作为普通水准测量高程的最后成果。推求到最后一点高程值应与闭合或附合水准路线的已知水准点高程值完全一致。

2.2.4.4　算例

如图 2-8 所示的附合水准路线，BM. A 和 BM. B 为已知水准点，按普通水准测量的方法测得各测段观测高差和测段路线长度分别标注在路线的上、下方。现将此算例高差闭合差的分配和改正后高差及高程计算成果列于表 2-2 中。

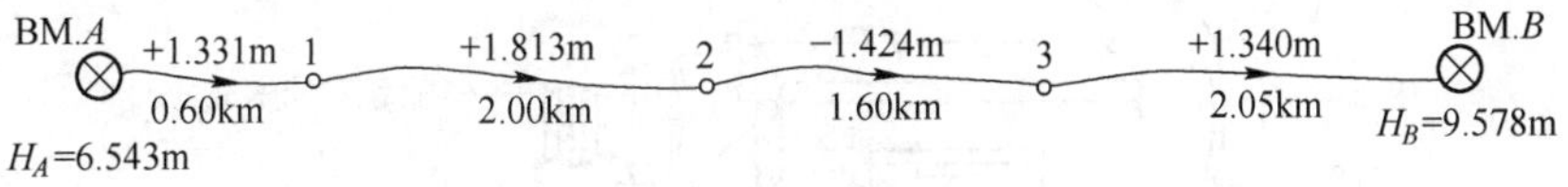

BM.A ⊗ +1.331m　1　+1.813m　2　−1.424m　3　+1.340m　BM.B ⊗
0.60km　　2.00km　　1.60km　　2.05km
H_A=6.543m　　　　　　　　　　　　　　　　H_B=9.578m

图 2-8　附合水准路线略图

表 2-2　附合水准路线测量成果计算表

点号	路线长度 L/km	观测高差 h_i/m	高差改正数 v_{h_i}/m	改正后 v_{h_i}/m	高程 H/m	备注
BM.A	0.60	+1.331	−0.002	+1.329	6.543	已知
1					7.872	
2	2.00	+1.813	−0.008	+1.805	9.677	
3	1.60	−1.424	−0.007	−1.431	8.246	
BM.B	2.05	+1.340	−0.008	+1.332	9.578	已知
Σ	6.25	+3.060	−0.025	+1.035		
计算检核	$f_h = \sum h_测 - (H_B - H_A) = \pm 25mm$；$f_{h容} = \pm 40\sqrt{L} = \pm 100mm$ $v_{1km} = -\dfrac{f_h}{L} = -\dfrac{+25}{6.25} = -4mm/km$；$\sum v_{h_i} = -25mm = -f_h$					

2.3　DS₃ 微倾式水准仪的使用与操作

水准仪是水准测量的主要仪器，按水准仪所能达到的精度分为 DS₀₅、DS₁、DS₁₀等几种等级（型号）。"D"和"S"分别为中文"大地测量"和"水准仪"汉语拼音的第一个字母，通常在书写时可省略字母"D"，下标"05""1""3"及"10"等数字表示该类仪器的精度，见表 2-3。S₃型和 S₁₀型水准仪，用于国家三、四等水准测量及普通水准测量，S₀₅型和 S₁型水准仪称为精密水准仪，用于国家一、二等精密水准测量。本节主要介绍 S₃型水准仪及其使用。

表 2-3　常用水准仪系列及精度

水准仪系列型号	S₀₅	S₁	S₃	S₁₀
每公里往返测高差中的误差	≤0.5mm	≤1mm	≤3mm	≤10mm

2.3.1　水准仪的构造（DS₃ 型）

根据水准测量的原理，水准仪的主要作用是提供一条水平视线，并能照准水准尺进行读数，因此水准仪主要由望远镜、水准器和基座三部分组成，如图 2-9 所示为 S₃型微倾式水准仪。

仪器的上部有望远镜、水准管、水准管气泡观察窗、圆水准器、目镜及物镜对光螺旋、制动螺旋、微动及微倾螺旋等，通过仪器竖轴与仪器基座相连。望远镜和水准管连成一个整体，转动微倾螺旋可以调节水准管连同望远镜一起相对于支架做上下微小转动，使水准管气泡居中，从而使望远镜视线精确水平；由于用微倾螺旋使望远镜上、下倾斜有一定限度，可先调整脚螺旋使圆水准器气泡居中，粗略整平仪器。

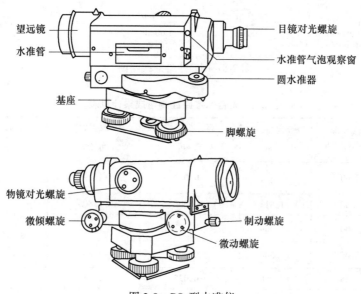

图 2-9 DS₃型水准仪

整个仪器的上部可以绕仪器竖轴在水平方向旋转，水平制动螺旋和微动螺旋用于控制望远镜在水平方向的转动，松开制动螺旋，望远镜可在水平方向任意转动，只有当拧紧制动螺旋后，微动螺旋才能使望远镜在水平方向上做微小转动，以精确瞄准目标。

2.3.1.1 望远镜

望远镜是用来精确瞄准远处目标和提供水平视线进行读数的设备，如图 2-10（a）所示。它主要由物镜、目镜、调焦透镜及十字丝分划板等组成。图 2-10（b）是从目镜中看到的经过放大后的十字丝分划板上的像。十字丝分划板是用来准确瞄准目标的，中间一根长横丝称为中丝，与之垂直的一根丝称为竖丝，在中丝上下对称的两根与中丝平行的短横丝称为上、下丝（又称视距丝）。在水准测量时，用中丝在水准尺上进行前、后视读数，用以计算高差，用上、下丝在水准尺上读数，用以计算水准仪至水准尺的距离（视距）。

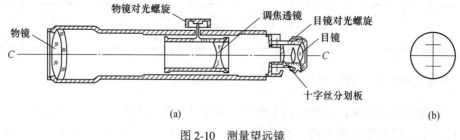

(a)   (b)

图 2-10 测量望远镜

物镜和目镜采用多块透镜组合而成，调焦透镜由单块透镜或多块透镜组合而成。望远镜成像原理如图 2-11 所示，望远镜所瞄准的目标 AB 经过物镜的作用形成一个倒立而缩小的实像 ab，调节物镜对光螺旋即可带动调焦透镜在望远镜筒内前后移动，从而将不同距离的目标都清晰地成像在十字丝平面上。调节目镜对光螺旋可使十字丝像清晰，再通过目镜，便可看到同时放大了的十字丝和目标影像 $a'b'$。

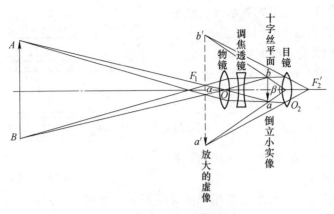

图 2-11 望远镜成像原理

通过物镜光心与十字丝交点的连线 CC 称为望远镜视准轴，视准轴的延长线即为视线，它是瞄准目标的依据。

从望远镜内所看到目标影像的视角与观测者直接用眼睛观察该目标的视角之比称为望远镜的放大率（放大倍数）。如图 2-11 所示，从望远镜内所看到的远处物体 AB 的影像 $a'b'$ 的视角为 β，肉眼直接观测原目标 AB 的视角可近似地认为是 α，故放大率 $V=\beta/\alpha$。S₃ 型水准仪望远镜放大率一般不小于 28 倍。

由于物镜调焦螺旋调焦不完善，可能使目标形成的实像 ab 与十字丝分划板平面不完全重合，此时当观测者眼睛在目镜端略做上、下少量移动时，就会发现目标的实像 ab 与十字丝平面之间有相对移动，这种现象称为视差。测量作业中不允许存在视差，因为它不利于精确地瞄准目标与读数，因此在观测中必须消除视差。消除视差的方法：首先应按操作程序依次调焦，先进行目镜调焦，使十字丝十分清晰；再瞄准目标进行物镜调焦，使目标十分清晰，当观测者眼睛在目镜端做上下少量移动时，发现目标与十字丝平面之间没有相对移动，则表示视差不存在；否则应重新进行物镜调焦，直至无相对移动为止。在检查视差是否存在时，观测者眼睛应处于松弛状态，不宜紧张，且眼睛在目镜端上下移动量不宜大，仅做很少量移动，否则会引起错觉而误认为视差存在。

2.3.1.2 水准器

水准器是水准仪上的重要部件，它是利用液体受重力作用后使气泡居最高处的特性，来指示水准器的水准轴位于水平或竖直位置的一种装置，从而使水准仪获得一条水平视线。水准器分管水准器和圆水准器两种。

A 管水准器

管水准器由玻璃管制成，又称"水准管"，其纵向内壁研磨成具有一定半径的圆弧（圆弧半径一般为 7~20m），内装酒精和乙醚的混合液，加热密封冷却后形成一个小长气泡，因气泡较轻，故处于管内最高处。

水准管圆弧中点 O 称为水准管零点，通过零点 O 的圆弧切线 LL，称为水准管轴，如图 2-12（a）所示。水准管表面刻有 2mm 间隔的分划线，并与零点 O 相对称。当气泡的中点与水准管的零点重合时，称为气泡居中，表示水准管轴水平。若保持视准轴与水准管轴平行，则当气泡居中时，视准轴也应位于水平位置。通常根据水准气泡两端距水准管两端刻划的格数相等的方法来判断水准气泡是否精确居中，如图 2-12 (b) 所示。

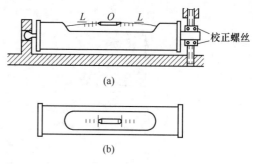

图 2-12　管水准器

水准管上两相邻分划线间的圆弧（弧长为 2mm）所对的圆心角，称为水准管分划值 τ。用公式表示为

$$\tau'' = \frac{2}{R}\rho'' \qquad (2-17)$$

式中，$\rho'' = 206265''$；R 为水准管圆弧半径，mm。

上式说明分划值 τ'' 与水准管圆弧半径 R 成反比。R 越大，τ'' 越小，水准管灵敏度越高，则定平仪器的精度也越高，反之定平精度就低。S_3 型水准仪水准管的分划值一般为 20″/2mm，表明气泡移动一格（2mm），水准管轴倾斜 20″。

为了提高水准管气泡居中精度，S_3 型水准仪的水准管上方安装有一组符合棱镜，如图 2-13 所示。通过符合棱镜的反射作用，把水准管气泡两端的影像反映在望远镜旁的水准管气泡观察窗内，当气泡两端的两个半像符合成一个圆弧时，就表示水准管气泡居中，如图 2-13 (a) 所示；若两个半像错开，则表示水准管气泡不居中，如图 2-13 (b) 所示，此时可转动位于目镜下方的微倾螺旋，使气泡两端的半像严密吻合（居中），达到仪器的精确置平。这种配有符合棱镜的水准器，称为符合水准器。它不仅便于观察，同时可以使气泡居中精度提高 1 倍。

B　圆水准器

用于初步整平仪器的圆水准器，如图 2-14 所示。圆水准器顶面的内壁磨成圆球面，顶面中央刻有一个小圆圈，其圆心 O 称为圆水准器的零点，过零点 O 的法线 $L'L'$，称为圆水准轴。由于圆水准轴与仪器的旋转轴（竖轴）平行，所以当圆气泡居中时，圆水准轴处于竖直（铅垂）位置，表示水准仪的竖轴也大致处于竖直位置。S_3 水准仪圆水准器分划值一般为 8′~10′，由于分划值较大，灵敏度较低，只能用于水准仪的粗略整平，为仪器精确置平创造条件。

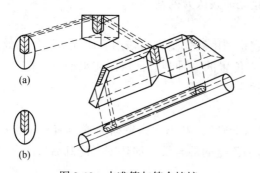

图 2-13　水准管与符合棱镜

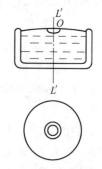

图 2-14　圆水准器

C　基座

基座的作用是支承仪器的上部，并通过连接螺旋使仪器与三脚架相连。它包括轴套、脚螺旋、三角形底板等，仪器竖轴插入轴套内。

2.3.2 水准尺、尺垫和三脚架

水准尺是水准测量时使用的标尺，其质量的好坏直接影响水准测量的精度，因此水准尺是用不易变形且干燥的优良木材或玻璃钢制成的，要求尺长稳定，刻划准确，长度从 2~5m 不等。根据它们的构造，常用的水准尺可分为直尺（整体尺）和塔尺两种，如图 2-15 所示。直尺中又有单面分划尺和双面（红黑面）分划尺。

水准尺尺面每隔 1cm 涂有黑白或红白相间的分格，每分米处注有数字，数字一般是倒写的，以便观测时从望远镜中看到的是正像字。

双面水准尺的两面均有刻划，一面为黑白分划，称为"黑面尺"（也称主尺），另一面为红白分划，称为"红面尺"。通常用两根尺组成一对进行水准测量，两根尺的黑白尺尺底均从零开始，而红面尺尺底，一根从固定数值 4.687m 开始，另一根从固定数值 4.787m 开始，此数值称为零点差（或红黑面常数差）。水平视线在同一根水准尺上的黑面与红面的读数之差称为尺底的零点差，可作为水准测量时读数的检核。

塔尺由三节小尺套接而成，不用时套在最下一节之内，长度仅 2m，如把三节全部拉出可达 5m。塔尺携带方便，但应注意塔尺的连接处务必套接准确稳固，塔尺一般用于地形起伏较大、精度要求较低的水准测量。

如图 2-16 所示，尺垫一般由三角形的铸铁制成，下面有三个尖脚，便于使用时将尺垫踩入土中，使之稳固。上面有一个凸起的半球体，水准尺竖立于球顶最高点。在精度要求较高的水准测量中，转点处应放置尺垫，以防止观测过程中水准尺下沉或位置发生变化而影响读数。

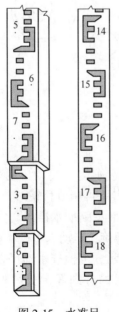

图 2-15　水准尺

图 2-16　尺垫

三脚架是水准仪的附件，用以安置水准仪，由木质（或金属）制成。脚架一般可伸缩，便于携带及调整仪器高度，使用时用中心连接螺旋与仪器固紧。

2.3.3 水准仪的操作

水准仪的操作包括安置仪器、粗略整平、瞄准水准尺、精确置平和读数等步骤。

2.3.3.1 安置仪器

在测站打开三脚架，按观测者的身高调节三脚架腿的高度；为便于整平仪器，应使三脚架的架头大致水平，并将三脚架的三个脚尖踩实，使脚架稳定。然后将水准仪平稳地安放在三脚架头上，一手握住仪器，一手立即将三脚架连接螺旋旋入仪器基座的中心螺孔内，适度旋紧，防止仪器从架头上摔下来。

2.3.3.2 粗略整平（粗平）

粗平即初步地整平仪器，通过调节三个脚螺旋使圆水准器气泡居中，从而使仪器的竖轴大致铅垂。具体做法是：如图 2-17（a）所示，外围三个圆圈为脚螺旋，中间为圆水准器，虚线圆圈代表气泡所在位置，首先用双手按箭头所指方向转动脚螺旋 1 和 2，使圆气泡移到这两个脚螺旋连线方向的中间，然后再按图 2-17（b）中箭头所指方向，用左手转动脚螺旋 3，使圆气泡居中（即位于黑圆圈中央）。在整平的过程中，气泡移动的方向与左手大拇指转动脚螺旋时的移动方向一致。

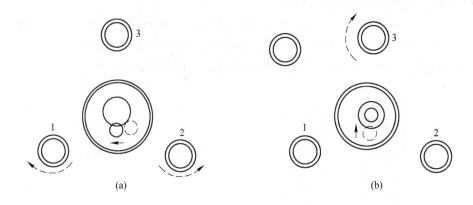

图 2-17 圆水准器整平

2.3.3.3 瞄准水准尺

首先将望远镜对着明亮的背景（如天空或白色明亮物体），转动目镜对光螺旋，使望远镜内的十字丝像十分清晰（此后瞄准目标时一般不需要再调节目镜对光螺旋）。然后松开制动螺旋，转动望远镜，用望远镜筒上方的缺口和准星瞄准水准尺，大致进行物镜对光，使在望远镜内看到水准尺像，此时立即拧紧制动螺旋，转动水平微动螺旋，使十字丝的竖丝对准水准尺或靠近水准尺的一侧，如图 2-18 所示，可检查水准尺在左右方向是否倾斜。再转动物镜对光螺旋进行仔细对光，使水准尺的分划像十分清晰，并注意消除视差。

2.3.3.4 精确置平（精平）

转动位于目镜下方的微倾螺旋，从气泡观察窗内看到符合水准气泡严密吻合（居中），如图 2-19 所示。此时视线即为水平视线。

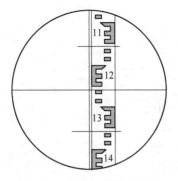

图 2-18 瞄准水准尺与读数

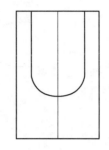

图 2-19 水准气泡的符合

由于粗略整平不是很完善（因圆水准器灵敏度较低），故当瞄准某一目标精平后，仪器转到另一目标时，符合水准气泡将会有微小的偏离（不吻合）。因此在进行水准测量中，务必记住每次瞄准水准尺进行读数时，都应先转动微倾螺旋，使符合水准气泡严密吻合后，才能在水准尺上读数。

2.3.3.5 读数

仪器精平后，应立即用十字丝的中丝在水准尺上读数。根据望远镜成像原理，观测者从望远镜里看到的水准尺影像是倒立的（大多数仪器如此），为了便于读数，一般将水准尺上注字倒写，这样在望远镜里能看到正写的注字。读数时应从上往下读，即从小数向大数读。观测者应先估读水准尺上毫米数（小于一格的估值），然后读出米、分米及厘米值，一般应读出四位数。如图 2-18 所示的水准尺中丝读数为 1.259m，其中末位 9 是估读的毫米数，也可读记为 1259mm。读数应迅速、果断、准确，读数后应立即重新检视符合水准气泡是否仍旧居中，如仍居中，则读数有效，否则应重新使符合水准气泡居中后再读数。

2.4 DS₃型水准仪的检验与校正

水准仪检验就是查明仪器各轴线是否满足应有的几何条件，只有这样水准仪才能真正提供一条水平视线，正确地测定两点间的高差。如果不满足几何条件，且超出规定的范围，则应进行仪器校正，所以校正的目的是使仪器各轴线满足应有的几何条件。

2.4.1 水准仪的轴线及其应满足的几何条件

如图 2-20 所示，水准仪的轴线主要有：视准轴 CC，水准管轴 LL，圆水准轴 $L'L'$，仪器竖轴 VV。

根据水准测量原理，水准仪必须提供一条水平视线（即视准轴水平），而视线是否水平是根据水准管气泡是否居中来判断的，如果水准管气泡居中，而视线不水平，则不符合水准测量原理。因此水准仪在轴线构造上应满足水准管轴平行于视准轴这个主要的几何条件。

此外，为了便于迅速有效地用微倾螺旋使符合气泡精确置平，应先用脚螺旋使圆水准器气泡居中，使仪器粗略整平，仪器竖轴基本处于铅垂位置，故水准仪还应满足圆水准轴

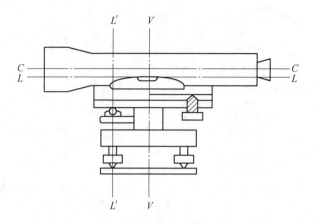

图 2-20　水准仪的轴线

平行于仪器竖轴的几何条件；为了准确地用中丝（横丝）进行读数，当水准仪的竖轴铅垂时，中丝应当水平。

综上所述，水准仪轴线应满足的几何条件为：

（1）圆水准轴应平行于仪器竖轴（$L'L' /\!/ VV$）；

（2）十字丝中丝应垂直于仪器竖轴（即中丝应水平）；

（3）水准管轴应平行于视准轴（$LL /\!/ CC$）。

2.4.2　水准仪的检验与校正

2.4.2.1　圆水准轴平行于仪器竖轴的检验与校正

A　检验方法

安置水准仪后，转动脚螺旋使圆水准气泡居中，如图 2-21（a）所示，然后将仪器绕竖轴旋转 180°，如果圆气泡仍旧居中，则表示该几何条件满足，不必校正。如果圆气泡偏离中心，如图 2-21（b）所示，则表示该几何条件不满足，需要进行校正。

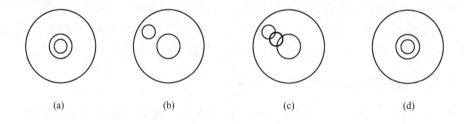

(a)　　　　　　　(b)　　　　　　　(c)　　　　　　　(d)

图 2-21　圆水准器的检校

B　校正方法

水准仪不动，旋转脚螺旋，使气泡向圆水准器中心方向移动偏离值的一半，如图 2-21（c）所示的粗线圆圈处，然后用校正针先稍松动一下圆水准器底下中间一个大一点的连接螺丝，如图 2-22 所示，再分别拨动圆水准器底下的三个校正螺丝，使圆气泡居中，如图 2-21（d）所示。校正完毕后，应记住把中间的连接螺丝再旋紧。

C 检校原理

如图 2-23 所示，设圆水准轴 $L'L'$ 不平行于竖轴 VV，两者的夹角为 α，转动脚螺旋使圆气泡居中，则圆水准轴 $L'L'$ 处于铅垂方向，但竖轴 VV 倾斜了一个 α 角，如图 2-23（a）所示。当仪器绕竖轴旋转 $180°$ 后，竖轴仍处于倾斜 α 角的位置，气泡恒处于最高处，而圆水准轴转到竖轴的另一侧，但与竖轴 VV 的夹角 α 不变，这样圆水准轴 $L'L'$ 相对于铅垂方向就倾斜了 2 倍的 α 角度，如图 2-23（b）所示，此时圆气泡偏离圆心（零点）的弧长所对的圆心角为 2α。

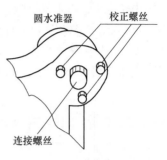

图 2-22 圆水准器校正螺丝

因为仪器竖轴相对于铅垂方向仅倾斜 α 角，所以用脚螺旋调整使圆气泡向中心移动距离只能是偏离值的一半，此时竖轴即处于铅垂位置，如图 2-23（c）所示，然后再拨动圆水准器校正螺丝校正另一半偏离值，使气泡居中，从而使圆水准轴也处于铅垂位置，达到圆水准轴 $L'L'$ 平行于竖轴 VV 的目的，如图 2-23（d）所示。校正一般需要反复进行几次，直至仪器旋转到任何位置圆水准气泡都居中为止。

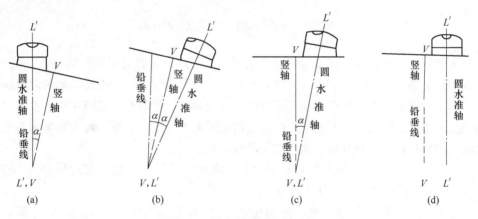

图 2-23 圆水准器的检校原理

2.4.2.2 十字丝中丝垂直于仪器竖轴的检验与校正

A 检验方法

若十字丝中丝已垂直于仪器竖轴，当竖轴铅垂时，中丝应水平，则用中丝的不同部分在水准尺上读数应该是相同的。安置水准仪整平后，用十字丝交点瞄准某一明显的点状目标 A，拧紧制动螺旋，缓慢地转动微动螺旋，从望远镜中观测 A 点在左右移动时是否始终沿着中丝，如果始终沿着中丝移动，则表示中丝是水平的，否则应需要校正。

B 校正方法

校正方法因十字丝装置的形式不同而异。如图 2-24 所示的形式，需旋下目镜端的十字丝环外罩，用螺丝刀松开十字丝环的四个固定螺丝，按中丝倾斜的反方向小心地转动十字丝环，

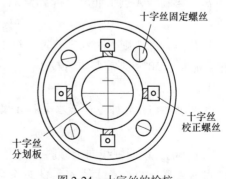

图 2-24 十字丝的检校

直至中丝水平，再重复检验，最后固紧十字丝环的固定螺丝，旋上十字丝环外罩。

2.4.2.3 水准管轴平行于视准轴的检验与校正

A 检验原理与方法

设水准管轴不平行于视准轴，它们在竖直面内投影之夹角为 i，如图 2-25 所示。

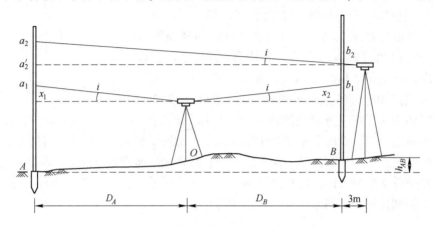

图 2-25 水准管轴平行于视准轴的检验

当水准管气泡居中时，视准轴相对于水平线方向向上（有时向下）倾斜了 i 角，则视线（视准轴）在尺上读数偏差为 x，随着水准尺离开水准仪愈远，由此引起的读数误差也越大。当水准仪至水准尺的前后视距相等时，即使存在 i 角误差，但因在两根水准尺上读数的偏差 x 相等，则所求高差不受影响。前后视距的差距增大，则 i 角误差对高差的影响也会随之增大。基于这种分析，提出如下检验方法：

（1）在平坦地区选择相距约 80m 的 A、B 两点（可打下木桩或安放尺垫），并在 A、B 两点中间处选择一点 O，且使 $D_A = D_B$。

（2）将水准仪安置于 O 点处，分别在 A、B 两点上竖立水准尺，读数为 a_1 和 b_1，因 $D_A = D_B$，故 $x_1 = x_2$，则 A、B 两点间正确高差为

$$h_{AB} = (a_1 - x_1) - (b_1 - x_2) = a_1 - b_1 \tag{2-18}$$

为了确保观测的正确性也可用两次仪器高法测定高差 h_{AB}，若两次测得高差之差不超过 3mm，则取平均作为最后结果。

（3）将水准仪搬到靠近 B 点处（约距 B 点 3m），整平仪器后，瞄准 B 点水准尺，读数为 b_2，再瞄准 A 点水准尺，读数为 a_2，则 A、B 间高差 h'_{AB} 为

$$h'_{AB} = a_2 - b_2 \tag{2-19}$$

若 $h'_{AB} = h_{AB}$，则表明水准管轴平行于视准轴，几何条件满足。若 $h'_{AB} \neq h_{AB}$，则计算，如果 i 角大于 20″，则需要进行校正。

B 校正方法

水准仪不动，先计算视线水平时 A 尺（远尺）上应有的正确读数 a'_2，即

$$a'_2 = b_2 + h_{AB} = b_2 + (a_1 - b_1) \tag{2-20}$$

当 $a_2 > a'_2$，说明视线向上倾斜；反之向下倾斜。瞄准 A 尺，旋转微倾螺旋，使十字丝中丝对准 A 尺上的正确读数 a'_2，此时符合水准气泡就不再居中了，但视线已处于水平位

置。用校正针拨动位于目镜端的水准管上、下两个校正螺丝，如图 2-26 所示，使符合水准气泡严密居中。此时，水准管轴也处于水平位置，达到了水准管轴平行于视准轴的要求。

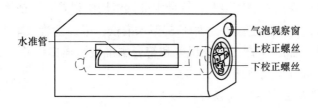

图 2-26 水准管轴的校正

校正时，应先稍松动左右两个校正螺丝，再根据气泡偏离情况，遵循"先松后紧"规则，拨动上、下两个校正螺丝，使符合气泡居中，校正完毕后，再重新固紧左右两个校正螺丝。

2.5 水准测量误差分析及注意事项

测量人员总是希望在进行水准测量时能够得到非常准确的观测数据，但由于使用的水准仪不可能完美无缺，观测人员的感官也有一定的局限，再加上野外观测必定要受到外界环境的影响，水准测量中不可避免地存在着误差。为了保证应有的观测精度，测量人员应对水准测量误差产生的原因以及如何控制误差在最小程度的方法有所了解。尤其要避免读数错误、错记读数、碰动脚架或尺垫等观测错误。

水准测量误差按其来源可分为仪器误差、观测与操作者的误差以及外界环境的影响三个方面。

2.5.1 仪器误差

水准仪使用前，应按规定进行水准仪的检验与校正，以保证各轴线满足条件。但由于仪器检验与校正不甚完善以及其他方面的影响，仪器尚存在一些残余误差，其中最主要的是水准管轴不完全平行于视准轴的误差（又称为 i 角残余误差）。i 角残余误差对高差的影响为 Δh，即

$$\Delta x = x_1 - x_2 = \frac{i''}{\rho''}D_A - \frac{i''}{\rho''}D_B = \frac{i''}{\rho''}(D_A - D_B) \tag{2-21}$$

式中，$(D_A - D_B)$ 为前后视距之差；x_1、x_2 为 i 角残余误差对读数的影响。

若保持同一测站上前后视距相等（即 $D_A = D_B$），即可消除 i 角残余误差对高差的影响。对于一条水准路线而言，保持前视视距总和与后视视距总和相等，同样可消除 i 角残余误差对路线高差总和的影响。

水准尺是水准测量的重要工具，它的误差（分划误差及尺长误差等）也影响着水准尺的读数及高差的精度。因此，水准尺应尺面平直，分划准确、清晰；有的水准尺上安装有圆水准器，便于水准尺竖直；还应注意水准尺零点差。所以对于精度要求较高的水准测量，水准尺也应进行检定。

2.5.2 观测与操作者的误差

2.5.2.1 水准尺读数误差

此项误差主要由观测者瞄准误差、符合水准气泡居中误差以及估读误差等综合影响所致，这是一项不可避免的偶然误差。对于 S_3 型水准仪，望远镜放大率 V 一般为 28 倍，水准管分划值 $\tau = 20''/2\text{mm}$，会产生照准误差和符合水准气泡居中误差，因此观测者应认真读数与操作，以尽量减少此项误差的影响。

2.5.2.2 水准尺竖立不直（倾斜）的误差

根据水准测量的原理，水准尺必须竖直立在点上，否则总会使水准尺上读数增大。这种影响随着视线的抬高（即读数增大）而增大。例如，当水准尺竖立不直，倾斜角 $\alpha = 3°$，尺上读数为 2m，则对读数影响为

$$\delta = 2\text{m} \times (1 - \cos\alpha) \approx 2.7\text{mm}$$

因此，一般在水准尺上安装有圆水准器，扶尺者操作时应注意使尺上圆气泡居中，表明水准尺竖直。如果水准尺上没有安装圆水准器，可采用摇尺法，使水准尺缓缓地向前、后倾斜，当观测者读取到最小读数时，即为水准尺竖直时的读数，水准尺左右倾斜可由仪器观测者指挥司尺员纠正。

2.5.2.3 水准仪与尺垫下沉误差

有时，水准仪或尺垫处地面土质松软，以致水准仪或尺垫由于自重随安置时间而下沉（也可能回弹上升）。为了减少此类误差影响，观测与操作者应选择坚实地面安置水准仪和尺垫，并踩实三脚架和尺垫，观测时力求迅速，以减少安置时间。对于精度要求较高的水准测量，采取一定的观测程序（后—前—前—后），可以减弱水准仪下沉误差对高差的影响，采取往测与返测观测并取其高差平均值，可以减弱尺垫下沉误差对高差的影响。

2.5.3 外界环境的影响

2.5.3.1 地球曲率和大气折光的影响

根据分析与研究，地球曲率和大气折光对水准尺读数的影响 f，可用下式表示：

$$f = (1 - K)\frac{D^2}{2R} \approx 0.43\frac{D^2}{2R} \tag{2-22}$$

式中，D 为水准仪至水准尺的距离；R 为地球的半径；K 为大气折光系数，一般取 $K = 0.14$。

若 $D = 100\text{m}$，$R = 6371\text{km}$，则 $f = 0.7\text{mm}$。这说明在水准测量中，即使视距很短，也都应当考虑地球曲率和大气折光对读数的影响。

由式（2-22）推得地球曲率和大气折光对两点间高差的影响 δ_f 为

$$\delta_f = f_A - f_B = \frac{0.43}{R}(D_A - D_B) \tag{2-23}$$

式中，$(D_A - D_B)$ 为水准仪至 A、B 两点视距之差。

显然，当 $D_A = D_B$ 时，$\delta_f = 0$，表明保持前后视距相等可以消除地球曲率和大气折光对水准测量高差的影响。

2.5.3.2 大气温度（日光）和风力的影响

当大气温度变化或日光直射水准仪时，由于仪器受热不均匀，会影响仪器轴线间的正常几何关系，如出现水准仪气泡偏离中心或三脚架扭转等现象，所以在水准测量时应在阳光下为水准仪打伞防晒，风力较大时应暂停水准测量。

2.5.4 水准测量注意事项

水准测量是一项集观测、记录及扶尺为一体的测量工作，只有全体参加人员认真负责，按规定要求仔细观测与操作，才能取得良好的成果。归纳起来应注意如下几点：

一是关于观测：

（1）观测前应认真按要求检校水准仪，检视水准尺；

（2）仪器应安置在土质坚实处，并踩实三脚架；

（3）水准仪至前、后视水准尺的视距应尽可能相等；

（4）每次读数前，注意消除视差，只有当符合水准气泡居中后，才能读数，读数应迅速、果断、准确，特别应认真估读毫米数；

（5）晴好天气，应为仪器打伞防晒，操作时应细心认真，做到"人不离仪器"，保证安全；

（6）只有当一测站记录计算合格后方能搬站，搬站时先检查仪器连接螺旋是否固紧，一手扶托仪器，一手握住脚架稳步前进。

二是关于记录：

（1）认真记录，边记边复报数字，准确无误地记入记录手簿相应栏内，严禁伪造和转抄；

（2）字体要端正、清楚，不准连环涂改，不准用橡皮擦改，如按规定可以改正时，应在原数字上划线后再在上方重写；

（3）每站应当场计算，检查符合要求后，才能通知观测者搬站。

三是关于扶尺：

（1）扶尺员应认真竖立水准尺，注意保持尺上圆气泡居中；

（2）转点应选择土质坚实处，并将尺垫踩实；

（3）水准仪搬站时，应注意保护好原前视点尺垫位置不受碰动。

2.6 自动安平水准仪

目前，自动安平水准仪已广泛应用于测绘和工程建设中，它的构造特点是没有水准管和微倾螺旋，而只有一个圆水准器进行粗略整平。当圆水准气泡居中后，尽管仪器视线仍有微小的倾斜，但借助仪器内补偿器的作用，视准轴在数秒钟内自动成水平状态，从而读出视线水平时的水准尺读数值。不仅在某个方向上，而且在任何方向上均可读出视线水平时的读数。因此，自动安平水准仪不仅能缩短观测时间，简化操作，而且对于施工场地地面的微小震动、松软土地的仪器下沉以及大风吹刮时的视线微小倾斜等不利状况，能迅速自动地安平仪器，有效地减弱外界的影响，有利于提高观测精度。

2.6.1 视线自动安平原理

视线自动安平原理见图 2-27。

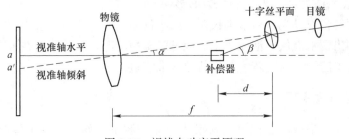

图 2-27　视线自动安平原理

如图 2-27 所示，视准轴水平时在水准尺上读数为 a，当视准轴倾斜一个小角 α 时，视线读数为 a'（a' 不是水平视线读数）。为了使十字丝中丝读数仍为水平视线的读数 a，在望远镜的光路上增设一个补偿装置，使通过物镜光心的水平视线经过补偿装置的光学元件后偏转一个 β 角，仍旧成像于十字丝中心。由于 α 和 β 都是很小的角度，当下式成立时，就能达到自动补偿的目的，即

$$f\alpha = d\beta \tag{2-24}$$

式中，f 为物镜到十字丝分划板的距离；d 为补偿装置到十字丝分划板的距离。

2.6.2　补偿装置的结构

补偿装置的结构有许多种，大都是悬吊式光学元件（如屋脊棱镜、直角棱镜等）借助于重力作用达到视线自动安平的目的，也有借助于空气或磁性的阻尼装置稳定补偿器的摆动。如国产 DSZ$_3$ 自动安平水准仪，采用悬吊棱镜组的补偿器借助重力作用达到自动安平的目的。如图 2-28 所示，补偿器安在望远镜光路上与十字丝相距 $d=f/4$ 处，当视线微小倾斜 α 角时，倾斜视线经补偿器两个直角棱镜反射，使水平视线偏转 β 角，正好落在十字丝交点上，观测者仍能读到水平视线的读数，从而达到了自动安平的目的。有的精密自动安平水准仪（如 Ni007）的补偿器是一块两次反射直角棱镜，用薄弹簧片悬挂成重力摆，用空气阻尼，瞄准水准尺后，一般 2~4s 后就可静止，此时可进行读数。

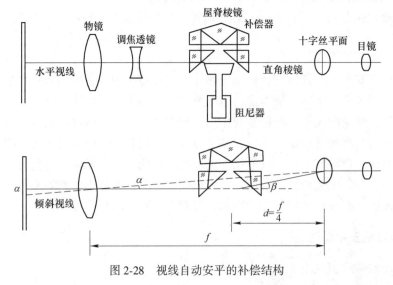

图 2-28　视线自动安平的补偿结构

2.6.3　自动安平水准仪的使用

使用自动安平水准仪时只要将仪器圆水准气泡居中（粗略整平），即可瞄准水准尺进行读数。一般圆水准器的分划值为（8′~10′）/2mm，补偿器作用范围为±（10′~15′），所以只要使圆水准气泡居中并不越出圆水准器中央小黑圆圈范围，补偿器就会起到自动安平的作用。但使用自动安平水准仪仍应认真进行粗略整平。另外，由于补偿器相当于一个重力摆，不管是空气阻尼或者磁性阻尼，其重力摆静止稳定都需 2~4s，故瞄准水准尺约过几秒钟后再读数为好。

有的自动安平水准仪配有一个键或自动安平钮，每次读数前应按一下键或按一下钮才能读数，否则补偿器不会起作用。使用时应仔细阅读仪器说明书。

习　　题

2-1　用水准仪测定 A、B 两点间高差，已知 A 点高程为 $H_A=8.016m$，A 尺上读数为 1.124m，B 尺上读数为 1.428m，求 A、B 两点间高差 h_{AB} 为多少？B 点高程 H_B 为多少？绘图说明。

2-2　何谓水准管轴？何谓圆水准轴？何谓水准管分划值？

2-3　何谓视准轴？何谓视差？视差应如何消除？

2-4　水准测量中为什么要求前后视距相等？

2-5　S_3 型水准仪有哪几条主要轴线？它们之间应满足哪些几何条件？哪一条几何条件最主要？

2-6　水准测量中，怎样进行记录计算校核和外业成果校核？

2-7　计算表 2-4 中水准测量观测高差及 B 点高程。

表 2-4　水准测量观测记录手簿

测站	点号	水准尺读数/m		高差/m		高程/m	备注
		后视	前视	+	−		
Ⅰ	BM.A	1.764				4.889	
	TP.1		0.897				
Ⅱ	TP.1	1.897					
	TP.2		0.935				
Ⅲ	TP.2	1.126					
	TP.3		1.765				
Ⅳ	TP.3	1.612					
	TP.4		0.711				
计算检核	Σ						
	$\sum a-\sum b=$			$\sum h=$			

2-8　在表 2-5 中进行附合水准测量成果整理。附合水准路线如图 2-29 所示，图中注明了观测高差及路线长度。

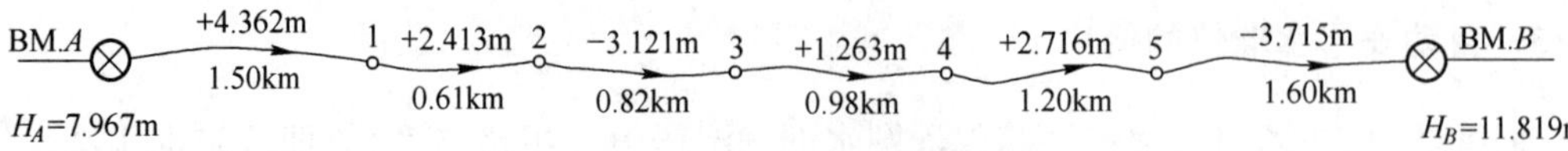

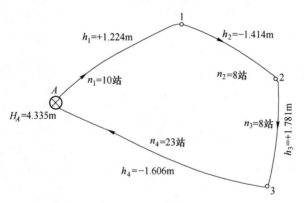

图 2-29　附合水准路线略图

表 2-5　附合水准路线测量成果计算表

点号	路线长度 L/km	观测高差 h_i/m	高差改正数 V_{h_i}/m	改正后高差 h'_i/m	高程 H/m	备注
BM. A					7.967	已知
	1.50	+4.362				
1						
	0.61	+2.413				
2						
	0.82	−3.121				
3						
	0.98	+1.263				
4						
	1.20	+2.716				
5						
	1.60	−3.715				
BM. B					11.819	已知
Σ						
计算检核	$f_h = \sum h_{测} - (H_B - H_A) = \qquad$; $f_{h容} = \pm 40\sqrt{L} = \qquad$ $V_{1km} = -\dfrac{f_h}{L} = \qquad$; $\sum v_{h_i} = $					

2-9　如图 2-30 所示闭合水准路线，图上注明各测段观测高差及相应水准路线测站数，试计算改正后各点高程。

图 2-30　闭合水准路线略图

3 角 度 测 量

角度测量是确定地面点位的基本测量工作之一。常用的角度测量仪器是光学经纬仪，它既能测量水平角，又能测量竖直角。水平角用于求算地面点的平面位置（坐标），竖直角用于求算高差或将倾斜距离换算成水平距离。

3.1 角度测量原理

3.1.1 水平角测量原理

如图 3-1 所示，A、O、B 为地面上高程不同的三个点，沿铅垂线方向投影到水平面 P 上，得到相应 A_1、O_1、B_1 点，则水平投影线 O_1A_1 与 O_1B_1 构成的夹角 β，称为地面方向线 OA 与 OB 两方向线间的水平角。因此，水平角就是地面上某点到两目标的方向线铅垂投影在水平面上所成的角度，其取值范围是 $0° \sim 360°$。

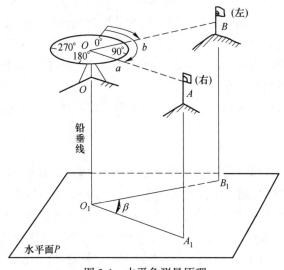

图 3-1 水平角测量原理

为了测定水平角的大小，设想在 O 点铅垂线上任一处 O_1 点水平安置一个带有顺时针均匀刻划的水平度盘，通过右方向 OA 和左方向 OB 各作一竖直面与水平度盘平面相交，在度盘上截取相应的读数 a 和 b（如图 3-1 所示），则水平角 β 为右方向读数 a 减去左方向读数 b，即

$$\beta = a - b$$

3.1.2 竖直角测量原理

在同一竖直面内，地面某点至目标的方向线与水平视线间的夹角，称为竖直角。如

图 3-2 所示，目标的方向线在水平视线的上方，竖直角为正（+α），称为仰角；目标的方向线在水平视线的下方，竖直角为负（−α），称为俯角。所以竖直角的取值范围是 0° ~ ±90°。

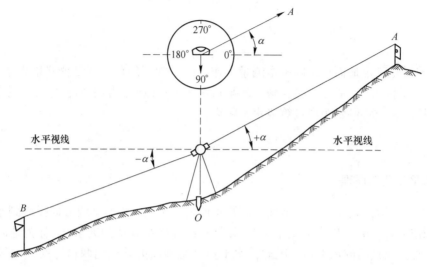

图 3-2　竖直角测量原理

同水平角一样，竖直角的角值也是竖直安置并带有均匀刻划的竖直度盘上的两个方向的读数之差，所不同的是其中一个方向是水平视线方向。对某一光学经纬仪而言，水平视线方向的竖直度盘读数应为 90° 的整倍数，因此测量竖直角时，只要瞄准目标，读取竖直度盘读数，就可以计算出竖直角。

常用的光学经纬仪就是根据上述测角原理及其要求制成的一种测角仪器。

3.2　DJ$_6$ 型光学经纬仪及其操作

我国光学经纬仪按其精度等级划分有 DJ$_{07}$、DJ$_1$、DJ$_2$、DJ$_6$ 及 DJ$_{15}$ 等几种，DJ 分别为"大地测量"和"经纬仪"的汉字拼音第一个字母，其下标数字 07、1、2、6、15 分别为该仪器一测回方向观测中误差的秒数。DJ$_{07}$、DJ$_1$ 及 DJ$_2$ 型光学经纬仪属于精密光学经纬仪，DJ$_6$、DJ$_{15}$ 型光学经纬仪属于普通光学经纬仪。在建筑工程和地形测量中，常用的是 DJ$_2$、DJ$_6$ 型光学经纬仪，DJ$_2$ 型光学经纬仪主要用于控制测量，DJ$_6$ 型光学经纬仪主要用于图根控制测量和碎部测量。尽管仪器的精度等级或生产厂家不同，但它们的基本结构是大致相同的。本节介绍最常用的 DJ$_6$ 型光学经纬仪的基本构造及其操作。

3.2.1　DJ$_6$ 型光学经纬仪的基本构造

各种型号 DJ$_6$ 型（简称 J$_6$ 型）光学经纬仪的基本构造是大致相同的，如图 3-3 所示为国产 J$_6$ 型光学经纬仪外貌图，其外部结构名称如图上所注，它主要由照准部、水平度盘和基座三部分组成。

3.2.1.1　照准部
照准部主要由望远镜、竖直度盘、照准部水准管、读数设备及支架等组成。

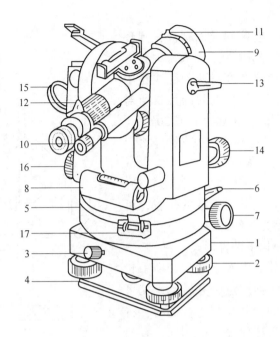

图 3-3 DJ₆型光学经纬仪

1—基座；2—脚螺旋；3—轴套制动螺旋；4—脚螺旋压板；5—水平度盘外罩；
6—水平方向制动螺旋；7—水平方向微动螺旋；8—照准部水准管；9—物镜；
10—目镜调焦螺旋；11—瞄准用的准星；12—物镜调焦螺旋；13—望远镜制动螺旋；
14—望远镜微动螺旋；15—反光照明镜；16—度盘读数测微轮；17—复测机钮

望远镜由物镜、目镜、十字丝分划板及调焦透镜组成，其作用与水准仪的望远镜相同。

望远镜的旋转轴称为横轴。望远镜通过横轴安装在支架上，通过调节望远镜制动螺旋和微动螺旋使它绕横轴在竖直面内上下转动。

竖直度盘固定在横轴的一端，随望远镜一起转动，与竖盘配套的有竖盘水准管和竖盘水准管微动螺旋。

照准部水准管用来精确整平仪器，使水平度盘处于水平位置（同时也使仪器竖轴铅垂）。有的仪器，除照准部水准管外，还装有圆水准器，用来粗略整平仪器。

读数设备的光路图如图 3-4 所示，外来的光线经反光镜 1 进入毛玻璃 2 分为两路，一路经转向棱镜 3 转折 90°通过聚光透镜 4 及棱镜 6，照亮水平度盘 5 的分划线。水平度盘分划线经复合物镜 7 和转向棱镜 8 成像于平凸透镜 9 的平面上。另一路光线经棱镜 13 折射后照亮了竖直度盘 14，经转向棱镜 15 折射，竖直度盘分划线通过复合物镜组 16 转向棱镜 17 及菱形棱镜 18，也成像于平凸透镜 9 的平面上。这个平面上有两条测微尺（刻有 60 小格），两个度盘分划线的像连同相应测微尺上的刻划一起经棱镜 10 折射后传到读数显微镜 11，在目镜 12 处读数窗内读取度盘读数。

照准部的旋转轴称为竖轴，竖轴插入基座内的竖轴套中，照准部的旋转是其绕竖轴在水平方向上旋转，为了控制照准部的旋转，在其下部设有照准部水平制动螺旋和微动螺旋。

3.2.1.2　水平度盘

水平度盘是由光学玻璃制成的圆环，圆环上刻有 0°~360° 的等间隔分划线，并按顺时针方向加以注记，有的经纬仪在度盘两刻度线正中间加刻一短分划线。两相邻分划间的弧长所对圆心角，称为度盘分划值，通常为 1° 或 30′。

水平度盘通过外轴装在基座中心的套轴内，并用中心锁紧螺旋使之固紧。

当照准部转动时，水平度盘并不随之转动。若需要将水平度盘安置在某一读数的位置，可拨动专门的机构，J$_6$ 型光学经纬仪变动（配置）水平度盘位置的机构有以下两种形式：

（1）度盘变换手轮。先按下度盘变换手轮下的保险手柄，将手轮推压进去并转动，就可将水平度盘转到需要的读数位置上。此时，将手松开手轮退出，注意把保险手柄倒回。有的经纬仪装有一小轮叫位置轮与水平度盘相连，使用时先打开位置轮护盖，转动位置轮，度盘也随之转动（照准部不动），转到需要的水平度盘读数位置为止，最后盖上护盖。

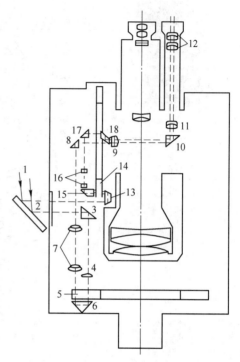

图 3-4　DJ$_6$ 型经纬仪度盘读数光路

（2）复测机钮（扳手）。如图 3-3 中 17 所示，当复测机钮扳下时，水平度盘与照准部结合在一起，两者一起转动，此时照准部转动时度盘读数不变。不需要一起转动时，将复测机钮扳上，水平度盘就与照准部脱开。例如，要求经纬仪望远镜瞄准某一已知点时水平度盘读数应为 0°00′00″，此时先把复测机钮扳上，转动照准部，使水平度盘读数为 0°00′00″，然后把复测机钮扳下，转动照准部，将望远镜瞄准某一已知点，其水平度盘读数就是 0°00′00″，观测开始时，复测机钮应扳上。

3.2.1.3　基座

基座是支承整个仪器的底座，并借助基座的中心螺母和三脚架上的中心连结螺旋，将仪器与三脚架固连在一起。

基座上有三个脚螺旋，用来整平仪器。水平度盘的旋转轴套套在竖轴轴套外面，拧紧轴套固定螺旋，可将仪器固定在基座上，松开该固定螺旋，可将仪器从基座中提出，便于置换照准标牌，但平时或作业时务必将基座上的固定螺旋拧紧，不得随意松动。

3.2.2　读数设备及方法

J$_6$ 型光学经纬仪的读数设备包括：度盘、光路系统及测微器。当光线通过一组棱镜和透镜作用后，将光学玻璃度盘上的分划成像放大，反映到望远镜旁的读数显微镜内，利用光学测微器进行读数。各种 J$_6$ 型光学经纬仪的读数装置不完全相同，其相应读数方法也有所不同，但采用较多的是分微尺和单平板玻璃测微器。

图 3-5 是 J$_6$型经纬仪采用的分微尺装置。它是在显微镜读数窗与物镜上设置一个带有分微尺的分划板，度盘上的分划线经读数显微镜物镜放大后成像于分微尺上。分微尺 1°的分划间隔长度正好等于度盘的一格，即 1°的宽度。如图 3-5 所示是读数显微镜内看到的度盘和分微尺的影像，上面注有"水平"（或 H）的窗口为水平度盘读数窗，下面注有"竖直"（或 V）的窗口为竖直度盘读数窗，其中长线和大号数字为度盘上分划线影像及其注记，短线和小号数字为分微尺上的分划线及其注记。每个读数窗内的分微尺分成 60小格，每小格代表 1′，每 10 小格注有小号数字，表示 10′的倍数。因此，分微尺可直接读到 1′，估读到 0.1′。

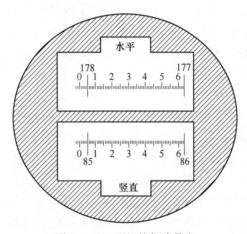

图 3-5 DJ$_6$型经纬仪读数窗

分微尺上的 0 分划线是读数指标线，它所指的度盘上的位置就是应该读数的地方。例如，图 3-5 水平度盘读数窗中，分微尺上的 0 分划线已过 178°，此时水平度盘的读数肯定比 178°多一点，所多的数值要看 0 分划线到度盘 178°分划线之间有多少个小格来确定，显然由图 3-5 看出，所多的数值为 5.0′（估读至 0.1′）。因此，水平度盘整个读数为178°+5.0′=178°5.0′（记录及计算时可写作：178°05′00″）。同理，图 3-5 中竖直度盘整个读数为 85°+6.3′=85°6.3′（记录及计算时可写作 85°06′18″）。

实际在读数时，只要看哪根度盘分划线位于分微尺刻划线内，则读数中的度数就是此度盘分划线的注记数，读数中的分数就是这根分划线所指的分微尺上的数值。可见分微尺读数装置的作用就是读出小于度盘最小分划值（例如 1°）的尾数值，它的读数精度受显微镜放大率与分微尺长度的限制。南京 1002 厂生产的 J$_6$型光学经纬仪和德国蔡司厂生产的 Zeiss030 型光学经纬仪均属此类读数构置。

3.2.3 DJ$_6$型光学经纬仪的基本操作

3.2.3.1 经纬仪安置

经纬仪安置包括对中和整平。对中的目的是使仪器的中心与测站点（标志中心）处于同一铅垂线上；整平的目的是使仪器的竖轴竖直，使水平度盘处于水平位置。具体操作方法如下：

（1）对中。先打开三脚架，安在测站点上，使架头大致水平，架头的中心大致对准测站标志，并注意脚架高度适中。然后踩紧三脚架，装上仪器，旋紧中心连结螺旋，挂上垂球。若垂球尖偏离测站标志，就稍松动中心螺旋，在架头上移动仪器，使垂球尖精确对中标志，再旋紧中心螺旋。若在架头上移动仪器无法精确对中，则要调整三脚架的脚位，此时应注意先旋紧中心螺旋，以防仪器摔下。用垂球进行对中的误差一般可控制在 3mm 以内。

若仪器上有光学对中器装置，则可利用光学对中器进行对中。首先使架头大致水平和用垂球（或目估）初步对中；然后转动（拉出）对中器目镜，使测站标志的影像清晰；转动脚螺旋，使标志影像位于对中器小圆圈（或十字分划线）中心，此时仪器圆水准气泡偏离，伸缩脚架使圆气泡居中，但须注意脚架尖位置不得移动，再转动脚螺旋使水准管气泡精确居中。最后还要检查一下标志是否仍位于小圆圈中心，若有很小偏差可稍松中心连结螺旋，在架头上移动仪器，使其精确对中。用光学对中器对中的误差可控制在 1mm 以内。由于此法对中的误差小且不受风力等影响，因此常用于建筑施工测量和导线测量。

（2）整平。先松开照准部水平制动螺旋，使照准部水准管大致平行于基座上任意两个脚螺旋连线方向，如图 3-6（a）所示，两手同时转动这两个脚螺旋，使水准管气泡居中（注意水准管气泡移动方向与左手大拇指移动方向一致）。然后将照准部转动 90°，如图 3-6（b）所示，此时只能转动第三个脚螺旋，使水准管气泡居中。如果水准管位置正确，一般按上述操作方法重复 1~2 次就能达到整平的目的。当仪器精确整平后，照准部转到任何位置，水准管气泡总是居中的（可允许水准管气泡偏离零点不超过一格）。

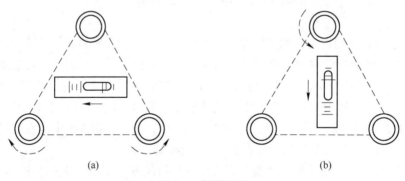

(a) (b)

图 3-6 仪器整平

3.2.3.2 瞄准目标

角度测量时瞄准的目标一般是竖立在地面点上的测钎、花杆、觇牌等，测水平角时，要用望远镜十字丝分划板的竖丝对准它，操作程序如下：

（1）松开望远镜和照准部的制动螺旋，将望远镜对向明亮背景，进行目镜调焦，使十字丝清晰；

（2）通过望远镜镜筒上方的缺口和准星粗略对准目标，拧紧制动螺旋；

（3）进行物镜调焦，在望远镜内能最清晰地看清目标，注意消除视差，如图 3-7（a）所示；

（4）转动望远镜和照准部的微动螺旋，使十字丝分划板的竖丝精确地瞄准（夹准）目标，如图3-7（b）所示。注意尽可能瞄准目标的下部。

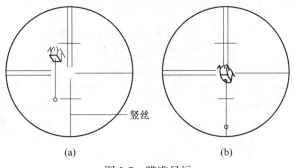

(a)   (b)

图3-7　瞄准目标

3.2.3.3　读数

读数前，先将反光照明镜张开到适当位置，调节镜面朝向光源，使读数窗亮度均匀，调节读数显微镜目镜对光螺旋，使读数窗内分划线清晰，然后按前述的 J_6 型光学经纬仪读数方法进行读数。

3.3　水平角观测

水平角观测的方法，一般根据目标的多少和精度要求而定，常用的水平角观测方法有测回法和方向观测法。

3.3.1　测回法

测回法是测角的基本方法，用于两个目标方向之间的水平角观测。

如图3-8所示，设 O 为测站点，A、B 为观测目标，用测回法观测 OA 与 OB 两个方向之间的水平角 β，具体步骤如下：

图3-8　水平角观测（测回法）

（1）安置仪器于测站 O 点，对中、整平，在 A、B 两点设置目标标志（如竖立测钎或花杆）。

（2）将竖直度盘位于观测者左侧（称为盘左位置，或称正镜），先瞄准左目标 A，水平度盘读数为 L_A（$L_A = 0°10'24''$），记入表3-1记录表相应栏内，接着松开照准部水平制动螺旋，顺时针旋转照准部瞄准右目标 B，水平度盘读数为 L_B（$L_B = 36°42'36''$），记入记录表相应栏内（见表 3-1）。

以上称为上半测回，其盘左位置角值 $\beta_左$ 为 $\beta_左 = L_B - L_A$，$\beta_左 = 36°32'12''$。

表 3-1 测回法观测水平角记录手簿

时间天气仪器型号

观测者记录者测站

测站	目标	竖盘位置	水平度盘读数	半测回平均值	一测回平均值	备注
O	A	左	0°10′24″	36°32′12″	36°32′15″	 读数估读至 0.1′，记录时可写作秒数
	B		36°42′36″			
	A	右	180°10′36″	36°32′18″		
	B		216°42′54″			

（3）纵转望远镜，使竖直度盘位于观测者右侧（称为盘右位置，或称倒镜），先瞄准右目标 B，水平度盘读数为 R_B（$R_B = 216°42'54''$），记入表 3-1 记录表相应栏内；接着松开照准部水平制动螺旋，转动照准部，同法瞄准左目标 A，水平度盘读数为 R_A（$R_A = 180°10'36''$），记入记录表相应栏内（见表 3-1）。

以上称为下半测回，其盘右位置角值 $\beta_右$ 为 $\beta_右 = R_B - R_A$，$\beta_右 = 36°32'18''$。

上半测回和下半测回构成一测回。

（4）对于 J_6 型光学经纬仪，若两个半测回角值之差不大于 $\pm 40''$（即 $|\beta_左 - \beta_右| \leqslant 40''$），认为观测合格。此时可取两个半测回角值的平均值作为一测回的角值 β，即

$$\beta = \frac{1}{2}(\beta_左 + \beta_右)$$

表 3-1 为测回法观测水平角记录，在记录计算中应注意由于水平度盘是顺时针刻划和注记，故计算水平角总是以右目标的读数减去左目标的读数，如遇到不够减的情况，则应在右目标的读数上加上 360°，再减去左目标的读数，决不可倒过来减。

当测角精度要求较高需要对一个角度观测若干个测回时，为了减弱度盘分划不均匀误差的影响，在各测回之间，应使用度盘变换手轮或复测机钮，按测回数 m，将水平度盘位置依次变换 $180°/m$。例如某角要求观测两个测回，第一测回起始方向（左目标）的水平度盘位置应配置在 0°00′ 或稍大于 0° 处；第二测回起始方向的水平度盘位置应配置在 $180°/2 = 90°0'$ 或稍大于 90° 处。

测回法采用盘左、盘右两个位置观测水平角取平均值，可以消除仪器误差（如视准轴误差，横轴不水平误差）对测角的影响，提高测角精度，同时也可作为观测中有无错误的检核。

3.3.2 方向观测法

3.3.2.1 方向观测法操作步骤

方向观测法又称全圆测回法，用于两个以上目标方向的水平角观测。如图 3-9 所示，

设 O 为测站点，A、B、C、D 为观测目标，今用方向观测法观测各方向间的水平角，其操作步骤如下：

（1）将经纬仪安置于测站 O 点，对中、整平，在 A、B、C、D 等观测目标处竖立标志。

（2）盘左位置：先将水平度盘读数配置在稍大于 0°00′ 处，选取远近合适、目标清晰的方向作为起始方向（称为零方向，本例选取 A 方向作为零方向）。瞄准零方向 A，水平度盘读数为 0°01′06″，记入表 3-2 方向观测法记录手簿第4栏。

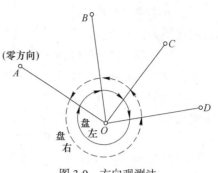

图 3-9 方向观测法

松开照准部水平制动螺旋，按顺时针旋转照准部，依次瞄准 B、C、D 各目标方向，分别读取水平度盘读数，记入表 3-2 第 4 栏，为了检查观测过程中度盘位置有无变动，最后再观测零方向 A，称为上半测回归零，其水平度盘读数为 0°01′18″，记入表 3-2 第 4 栏，以上称为上半测回。

（3）盘右位置：先瞄准零方向 A，读取水平度盘读数为 180°01′06″，接着旋转照准部，按逆时针方向依次瞄准 D、C、B 各目标方向，分别读取水平度盘读数，由下向上记入表 3-2 第 5 栏。同样最后再瞄准零方向 A，称为下半测回归零，其水平度盘读数为 180°01′06″，记入表 3-2 第 5 栏，此为下半测回。

表 3-2 方向观测法记录手簿

时间：　　　天气：　　　仪器型号：　　　观测者：　　　记录者：　　　测站：

测站	测回	目标	水平度盘读数		$2c=$左－(右±180°)	平均读数 = $\frac{1}{2}$ [左－(右±180°)]	归零后的方向值	各测回归零方向值平均值	简图与角值
			盘左	盘右					
1	2	3	4	5	6	7	8	9	10
O	1	A	0°01′06″	180°01′06″	0°	(0°01′09″) −0°01′06″	0°00′00″	0°00′00″	
		B	37°43′18″	217°43′06″	+12°	37°43′12″	37°42′03″	37°42′06″	
		C	115°28′06″	295°27′54″	+12°	115°28′00″	115°26′51″	115°26′54″	
		D	156°13′38″	336°13′42″	+6°	156°13′45″	156°12′36″	156°12′32″	
		A	0°01′18″	180°01′06″	+12°	0°01′12″			
	2	A	90°02′30″	270°02′24″	+6°	(90°02′24″) 90°02′27″	0°00′00″		
		B	127°44′36″	307°44′28″	+8°	127°44′32″	37°42′08″		
		C	205°29′18″	25°29′24″	−6°	205°29′21″	115°26′57″		
		D	246°14′54″	66°14′48″	+6°	246°14′51″	156°12′27″		
		A	90°02′24″	270°02′18″	+6°	90°02′21″			

简图与角值：
A　B
37°42′06″
77°44′48″　C
O　40°45′38″
　　　D

读数估读至 0.1′，记录时可写作秒数

上、下半测回合称一测回。为了提高精度，有时需要观测 m 个测回，则各测回间起始方向（零方向）水平度盘读数应变换 $180°/m$。

3.3.2.2　方向观测法的计算

现就表 3-2 说明方向观测法记录计算及其限差：

（1）计算上、下半测回归零差（即两次瞄准零方向 A 的读数之差）。如表 3-2 所示，第 1 测回上、下半测回归零差分别为 12″和 0″，对于用 J_6 型仪器观测，通常归零差的限差为 ±18″，本例归零差均满足限差要求。

（2）计算两倍视准轴误差 $2c$ 值。公式如下：

$$2c = 盘左读数 - （盘右读数 \pm 180°） \tag{3-1}$$

式中，当盘右读数大于 180°时取"–"号，反之取"+"号。$2c$ 值的变化范围（同测回各方向的 $2c$ 最大值与最小值之差）是衡量观测质量的一个重要指标。如表 3-2 所示，第 1 测回 B 方向 $2c = 37°43'18″ - (217°43'06″ - 180°) = +12″$，第 2 测回 C 方向 $2c = 205°29'18″ - (25°29'24″ + 180°) = -6″$ 等。由此可以计算各测回内各方向 $2c$ 值的变化范围，如第 1 测回 $2c$ 值变化范围为 12″ - 0″ = 12″，第 2 侧回 $2c$ 值变化范围为 8″ - (-6″) = 14″。对于用 J_6 型仪器观测，对 $2c$ 值的变化范围不作规定，但对于用 J_2 型以上仪器精密测角时，$2c$ 值的变化范围均有相应的限差。

（3）计算各方向的平均读数。公式如下：

$$平均读数 = \frac{1}{2}[盘左读数 + （盘右读数 \pm 180°）]$$

由于零方向 A 有两个平均读数，故应再取平均值，填入表 3-2 第 7 栏上方小括号内，如第 1 测回括号内数值 $(0°01'09″) = \frac{1}{2}(0°01'06″ + 0°01'12″)$。各方向的平均读数填入第 7 栏。

（4）计算各方面归零后的方向值。将各方向的平均读数减去零方向最后平均值（括号内数值），即得各方向归零后的方向值，填入表 3-2 第 8 栏，注意零方向归零后的方向值为 0°00'00″。

（5）计算各测回归零方向值的平均值。本例表 3-2 记录了两个测回的测角数据，故取两个测回归零后方向值的平均值作为各方向最后成果，填入表 3-2 第 9 栏。在填入此栏之前应先计算各测回同方向的归零后方向值之差，称为各测回方向差。对于用 J_6 型仪器观测，各测回方向差的限差为 ±24″。本例两测回方向差均满足限差要求。

为了查用角值方便，在表 3-2 第 10 栏绘出方向观测简图、点号，并注出两方向间的角度值。

3.4　竖直角观测

3.4.1　竖直度盘读数系统

竖直度盘亦是玻璃圆盘，分划与水平度盘相似，但其注记型式较多，对于 J_6 型光学经纬仪，竖盘刻度通常有 0°~360°顺时针和逆时针注记两种型式，如图 3-10（a）、（b）所示。当视线水平（视准轴水平），竖盘水准管气泡居中时，竖盘盘左位置竖盘指标正确读数为 90°；同理，当视线水平且竖盘水准管气泡居中时，竖盘盘右位置竖盘指标正确读数为 270°。

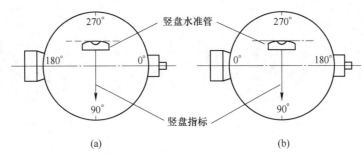

图 3-10 竖盘刻度注记（盘左位置）

有些 J_6 型光学经纬仪当视线水平且竖盘水准管气泡居中时，盘左位置竖盘指标正确读数为 0°，盘右位置竖盘指标正确读数为 180°。因此在使用前应仔细阅读仪器使用说明书。

3.4.2 竖直角计算

竖盘注记型式不同，则根据竖盘读数计算竖直角的公式也不同。本节仅以图 3-10（a）所示的顺时针注记的竖盘型式为例，加以说明。

由图 3-11 可以看出：盘左位置时，望远镜视线向上（仰角）瞄准目标，竖盘水准管气泡居中，其竖盘正确读数为 L，根据竖直角测量原理，则盘左位置时竖直角 $\alpha_{左}$ 为

$$\alpha_{左} = 90° - L \tag{3-2}$$

同理，盘右位置时，竖盘水准管气泡居中，竖盘正确读数为 R，则盘右位置时竖直角 $\alpha_{右}$ 为

$$\alpha_{右} = R - 270° \tag{3-3}$$

将盘左、盘右位置的两个竖直角取平均，即得竖直角 α 计算公式为

$$\alpha = \frac{1}{2}(\alpha_{左} + \alpha_{右}) = \frac{1}{2}[(R - L) - 180°] \tag{3-4}$$

式（3-2）~式（3-4）同样适用于视线向下（俯角）时的情况，此时 α 为负。

在实际测量工作中，可以按照以下两条规则确定任何一种竖盘注记型式（盘左或盘右）竖直角计算公式：

（1）若抬高望远镜时，竖盘读数增加，则竖直角为

$\alpha = $ 瞄准目标竖盘读数 - 视线水平时竖盘读数

（2）若抬高望远镜时，竖盘读数减少，则竖直角为

$\alpha = $ 视线水平时竖盘读数 - 瞄准目标竖盘读数

3.4.3 竖盘指标差

由上述讨论可知，望远镜视线水平且竖盘水准管气泡居中时，竖盘指标的正确读数应是 90° 的整倍数。但是由于竖盘水准管与竖盘读数指标的关系难以完全正确，当视线水平且竖盘水准管气泡居中时的竖盘读数与应有的竖盘指标正确读数（即 90° 的整倍数）有一

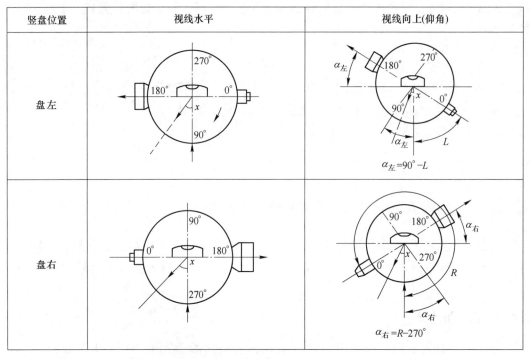

竖盘位置	视线水平	视线向上(仰角)
盘左		$\alpha_左 = 90° - L$
盘右		$\alpha_右 = R - 270°$

图 3-11　竖盘读数与竖直角计算

个小的角度差 x，称为竖盘指标差，即竖盘指标偏离正确位置引起的差值。竖盘指标差 x 本身有正负号，一般规定当竖盘读数指标偏移方向与竖盘注记方向一致时，x 取正号，反之 x 取负号。如图 3-12 所示的竖盘注记与指标偏移方向一致，竖盘指标差 x 取正号。

由于图 3-12 竖盘是顺时针方向注记，按照上述规则并顾及竖盘指标差 x，得到

$$\alpha = 90° - L + x = \alpha_左 + x \tag{3-5}$$

$$\alpha = R - 270° - x = \alpha_右 - x \tag{3-6}$$

两者取平均得竖直角 α 为

$$\alpha = \frac{1}{2}(\alpha_左 + \alpha_右) = [(R - L) - 180°] \tag{3-7}$$

可见，式（3-7）与式（3-4）计算竖直角 α 的公式相同，说明采用盘左、盘右位置观测取平均计算得竖直角，其角值不受竖盘指标差的影响。

若将式（3-5）减去式（3-6），则得

$$x = \frac{1}{2}[(L + R) - 360°] \tag{3-8}$$

式（3-8）为图 3-10（a）竖盘注记型式的竖盘指标差计算公式。

3.4.4　竖直角观测的方法

竖直角观测方法有中丝法和三丝法，J_6 型光学经纬仪常用中丝法观测竖直角，其方法如下：

（1）在测站点 P 安置仪器，对中、整平。

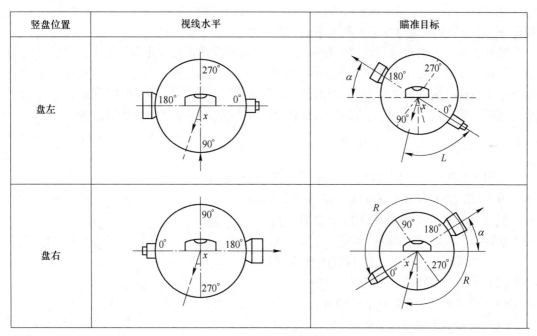

图 3-12　竖盘指标差

（2）盘左位置：用望远镜十字丝的中丝切于目标 A 某一位置（如测钎或花杆顶部，或水准尺某一分划），转动竖盘水准管微动螺旋使竖盘水准管气泡居中，读取竖盘读数 L（L=86°47′48″），记入表 3-3 竖直角观测记录表第 4 栏。目前新型的光学经纬仪多采用自动归零装置取代竖盘水准管结构和功能，它能自动调整光路，仪器整平后照准目标即可读取竖盘读数。

表 3-3　竖直角观测记录手簿（中丝法）

时间：　　　天气：　　　仪器型号：　　　观测者：　　　记录者：　　　测站：

测站	目标	竖盘位置	竖盘读数	竖直角		竖盘指标差	备注
				半测回	一测回		
1	2	3	4	5	6	7″	8
O	A	左	86°47′48″	+3°12′12″	+3°13′03″	−9″	（盘左注记）读数估读至0.1′，记录时可写作秒数
		右	273°11′54″	+3°11′54″			
	B	左	97°25′42″	−7°25′42″	−7°25′54″	−12″	
		右	262°33′54″	−7°26′06″			

（3）盘右位置：方法同第（2）步，读取竖盘读数 R（R=273°11′54″），记入表 3-3第 4 栏。

（4）根据竖盘注记型式，确定竖直角和指标差的计算公式。本例竖盘注记型式如

图 3-10（a）所示，应按上述式（3-2）~式（3-4）计算竖直角 α，按式（3-8）计算竖盘指标差 x。将结果填入表 3-3 第 5 栏、第 6 栏和第 7 栏。

竖盘指标差 x 值对同一台仪器在某一段时间内连续观测的变化应该很少，可以视为定值。但仪器误差、观测误差及外界条件的影响，会使计算出竖盘指标差发生变化。通常规范规定了指标差变化的容许范围，如城市测量规范规定 J_6 型仪器观测竖直角竖盘指标差变化范围的容许值为 25″，同方向竖直角各测回互差的限差为 25″，若超限，则应重测。

3.5 DJ$_6$ 型光学经纬仪的检验与校正

如图 3-13 所示，经纬仪各部件主要轴线有竖轴 VV、横轴 HH、望远镜视准轴 CC 和照准部水准管轴 LL。

根据角度测量原理和保证角度观测的精度，经纬仪的主要轴线之间应满足以下条件：

（1）照准部水准管轴 LL 应垂直于竖轴 VV；

（2）十字丝竖丝应垂直于横轴 HH；

（3）视准轴 CC 应垂直于横轴 HH；

（4）横轴 HH 应垂直于竖轴 VV；

（5）竖盘指标差应为零。

在使用光学经纬仪测量角度前需查明仪器各部件主要轴线之间是否满足上述条件，此项工作称为检验。如果经检验不满足这些条件，则需要进行校正。本节仅就 J_6 型光学经纬仪的检验校正进行分述。

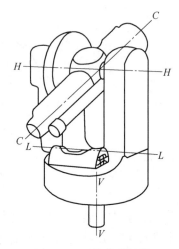

图 3-13　经纬仪的轴线

3.5.1 照准部水准管的检验校正

3.5.1.1 检校目的

使水准管轴垂直于竖轴，即 $LL \perp VV$。

3.5.1.2 检验方法

先整平仪器，再转动照准部使水准管大致平行于任意两个脚螺旋，相对地旋转这两个脚螺旋，使水准管气泡居中，然后将照准部旋转 180°，如气泡仍居中，说明水准管轴垂直于竖轴，如气泡偏离中心（可允许在一格以内），则说明水准管轴不垂直于竖轴，需要校正。

3.5.1.3 校正方法

在上述位置相对地旋转这两个脚螺旋，使气泡向中心移动偏离值的一半，然后用校正针拨动水准管一端的校正螺丝，使气泡居中（即校正偏离值的另一半）。此项检验校正需反复进行，直至气泡居中后，转动照准部 180° 时，气泡的偏离在一格以内。

经纬仪照准部上装有圆水准器时，可用已校正好的水准管将仪器严格整平后观察圆气泡是否居中，若不居中，可直接调节圆水准器底部校正螺丝使圆气泡居中。

3.5.1.4 检校原理

如图 3-14（a）所示，若水准管轴与竖轴不垂直，倾斜了 α 角，那么当气泡居中时竖轴就会倾斜 α 角。照准部绕竖轴旋转 180° 后，竖轴方向不变而水准管轴与水平方向相差 2α 角，表现为气泡偏离中心的格数（偏离值），如图 3-14（b）所示。

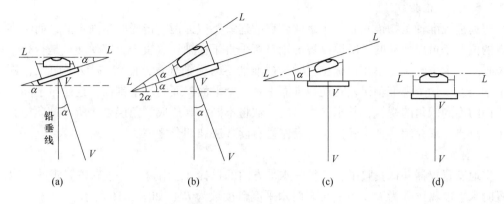

$$(a) \qquad\qquad (b) \qquad\qquad (c) \qquad\qquad (d)$$

图 3-14 水准管的检校原理

当用两个脚螺旋调整气泡偏离值一半时，竖轴已处于竖直位置，但水准管轴尚未与竖轴垂直，如图 3-14（c）所示。当用校正针拨动水准管一端校正螺丝使气泡居中时，水准管轴处于水平位置，如图 3-14（d）所示，达到了校正的目的。

3.5.2 十字丝竖丝的检验校正

3.5.2.1 检校目的
仪器整平后，使十字丝竖丝垂直于横轴，即竖丝竖直，以便能精确地瞄准目标。

3.5.2.2 检验方法
经上项检校后，整平仪器，然后用十字丝交点照准一明显的点状目标，固定照准部和望远镜，转动望远镜微动螺旋使望远镜上下微动，若该点状目标始终沿着竖丝移动，则满足要求，表明十字丝竖丝垂直于横轴，若该点明显偏离竖丝，则需要校正。

3.5.2.3 校正方法
卸下十字丝环护盖，松开十字丝环的四个固定螺丝，按竖丝偏离的反方向微微转动十字丝环，直至满足要求，最后旋紧固定螺丝，如图 3-15 所示。

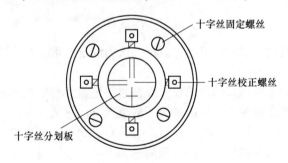

图 3-15 竖丝的校正

3.5.3 视准轴的检验校正

3.5.3.1 检校目的
使视准轴垂直于横轴，即 $CC \perp HH$，从而使视准面成为平面。

3.5.3.2 检验方法

望远镜视准轴是物镜光心与十字丝交点的连线。望远镜物镜光心是固定的，而十字丝交点的位置是可以变动的。所以，视准轴是否垂直于横轴，取决于十字丝交点是否处于正确位置。当十字丝交点不在正确位置时，视准轴不与横轴垂直，偏离一个小角度 c，称为视准轴误差。这个视准轴误差将使视准面不是一个平面，而为一个锥面，这样对于同一视准面内的不同倾角的视线，其水平度盘的读数将不同，会造成测角误差，所以这项检验工作十分重要。现介绍两种检验方法：盘左盘右读数法和四分之一法。

A 盘左盘右读数法

实地安置仪器并认真整平，选择一水平方向的目标 A，用盘左、盘右位置观测。盘左位置时水平度盘读数为 L'，盘右位置时水平度盘读数为 R'，如图 3-16 所示。

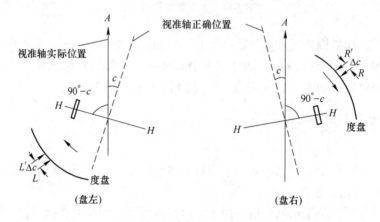

图 3-16 视准轴误差的检校（盘左盘右读数法）

设视准轴误差为 c（若 c 为正号），则盘左、盘右的正确读数 L 和 R 分别为

$$L = L' - \Delta c, \quad R = R' + \Delta c \tag{3-9}$$

式中，Δc 为视准轴误差 c 对目标 A 水平方向值的影响。

由于目标 A 为水平目标，故 $\Delta c = c$，考虑到 $R = L \pm 180°$，故

$$c = \frac{1}{2}\left[L' - R' \pm 180° \right] \tag{3-10}$$

对于 J_6 型光学经纬仪，若 c 值不超过 $\pm 60''$，认为满足要求，否则需要校正。

B 四分之一法

盘左盘右读数法对于单指标的经纬仪，仅在水平度盘无偏心或偏心差的影响小于估读误差时才见效。若水平度盘偏心差的影响大于估读误差，则式（3-10）计算得到的视准轴误差 c 值可能是由偏心差引起的，或者偏心差的影响占据了主要地位。这样检验将得不到正确的结果。此时，宜选用四分之一法，现简述如下：

在一平坦场地，选择 A、B 两点（相距约 100m）。安置仪器于 AB 连线中点 O，如图 3-17 所示，在 A 点竖立一照准标志，在 B 点横置一根刻有毫米分划的直尺，使其垂直于视线 OB，并使 B 点直尺与仪器大致同高。先在盘左位置瞄准 A 点标志，固定照准部然后纵转望远镜，在 B 点直尺上读得 B_1（见图 3-17（a））；接着在盘右位置再瞄准 A 点标志，固定照准部，再纵转望远镜在 B 点直尺上读得 B_2（见图 3-17（b））。如果 B_1 与 B_2 两点重合，说明视准轴垂直于横轴，否则就需要校正。

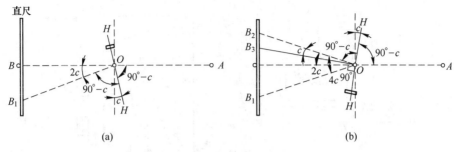

图 3-17 视准轴误差的检校（四分之一法）

3.5.3.3 校正方法

（1）盘左盘右读数法的校正：按式（3-10）计算得视准轴误差 c，由此可求得盘右位置时正确水平度盘读数 R（$R = R' + c$），转动照准部微动螺旋，使水平度盘读数为 R 值。此时十字丝的交点必定偏离目标 A，卸下十字丝环护盖，略放松十字丝上、下两校正螺丝，将左、右两校正螺丝一松一紧地移动十字丝环，使十字丝交点对准目标 A 点。校正结束后应将上、下校正螺丝上紧。然后变动度盘位置重复上述检校，直至视准轴误差 c 满足规定要求为止。

（2）四分之一法的校正：在直尺上由 B_2 点向 B_1 点方向量取 $B_2 B_3 = \dfrac{B_1 B_2}{4}$，标定出 B_3 点，此时 OB_3 视线便垂直于横轴 HH。用校正针拨动十字丝环的左、右两校正螺丝（上、下校正螺丝先略松动），一松一紧地使十字丝交点与 B_3 点重合。这项检校也要重复多次，直至长度小于 1cm（相当于视准轴误差 $c \leqslant \pm 10''$）。

3.5.4 横轴的检验校正

3.5.4.1 检校目的

使横轴垂直于竖轴，这样当仪器整平后竖轴铅垂，横轴水平，视准面是一个铅垂的平面。

3.5.4.2 检验方法

在离墙面大约 20m 处安置经纬仪，整平仪器后，用盘左位置瞄准墙面高处的一点 P（其仰角宜在 30° 左右），固定照准部，然后大致放平望远镜，在墙面上标出一点 A，如图 3-18 所示。同样再用盘右位置瞄准 P 点，放平望远镜，在墙面上又标出一点 B，如果 A 点与 B 点重合，则表示横轴垂直于竖轴，否则应进行校正。

3.5.4.3 校正方法

取 AB 连线的中点 M，仍以盘右位置瞄准 M 点，抬高望远镜，此时视线必然偏离高处的 P 点而在 P' 的位置。由于这项检校时竖轴已铅垂，视准轴也与横轴垂直，但横轴不水平，所以用校正工具拨动横轴支架上的偏心轴承，使横轴左端（右端）降低（升高），直至使十字丝交点对准 P 点为止，此时横轴就处于与竖轴相垂直的位置。由于光学经纬仪的横轴是密封的，一般来说仪器出厂时均能满足横轴垂直于竖轴的正确关系，如经检验发现此项要求不满足，应送仪器专门检修部门校正为宜。

由图 3-18 可以看出，若 A 点与 B 点不重合，其长度 AB 与横轴不水平（倾斜）误差 i

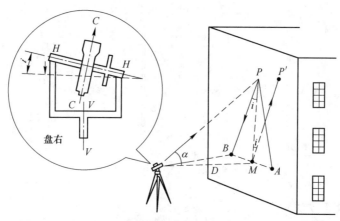

图 3-18 横轴误差的检校

角之间存在一定关系，设经纬仪距墙面平距为 D，墙面上高处 P 点竖直角为 α，则

$$i'' = \frac{AB\cot\alpha}{2D}\rho''\qquad(3\text{-}11)$$

对于 J_6 型经纬仪，i 角不超过 $\pm20''$ 可不校正。例如本例检校时，已知 $D=20\text{m}$，$\alpha=30°$，当要求 $i\leqslant\pm20''$ 时，求得 $AB\leqslant2.2\text{mm}$，表明 A 点与 B 点相距小于 2.2mm 时可不校正，式（3-11）可用来计算横轴不水平误差。

3.5.5 竖盘指标差的检验校正

3.5.5.1 检校目的
使竖盘指标差为零。

3.5.5.2 检验方法
仪器整平后，以盘左、盘右位置分别用十字丝交点瞄准同一水平的明显目标，当竖盘水准管气泡居中时读取竖盘读数 L 和 R，按竖盘指标差计算公式求得指标差 x。一般要观测另一水平的明显目标来验证上述求得指标差 x 是否正确，若两者相差甚微或相同，证明检验无误。对于 J_6 型经纬仪，竖盘指标差 x 值不超过 $\pm60''$ 时可不校正，否则应进行校正。

3.5.5.3 校正方法
校正时一般以盘右位置进行，如图 3-12 所示，照准目标后获得盘右读数 R 及计算得到竖盘指标差 x，则盘右位置竖盘正确读数 $R_\text{正}$ 为 $R_\text{正}=R-x$。

转动竖盘水准管微动螺旋，使竖盘读数为 $R_\text{正}$ 值，这时竖盘水准管气泡肯定不再居中，用校正针拨动竖盘水准管校正螺丝，使气泡居中。此项检校需反复进行，直至竖盘指标差 x 为零或在限差要求以内。

具有自动归零装置的仪器，竖盘指标差的检验方法与上述相同，但校正宜送仪器专门检修部门进行。

3.5.6 光学对中器的检验校正

光学对中器由物镜、分划板和目镜等组成，如图 3-19 所示。分划板刻划中心与物镜光学中心的连线是光学对中器的视准轴。光学对中器的视准轴由转向棱镜折射 90° 后，应与仪器的竖轴重合，否则将产生对中误差，影响测角精度。

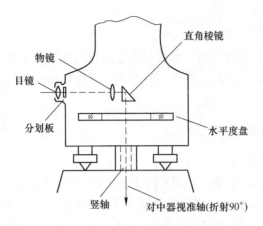

图 3-19 光学对中器示意图

3.5.6.1 检校目的

使对中器的视准轴与仪器竖轴重合。

3.5.6.2 检验方法

如图 3-20 所示，安置仪器于平坦地面，严格整平仪器，在脚架中央的地面上固定一张白纸板，调节对中器目镜，使分划成像清晰，然后调节筒身看清地面上白纸板。根据分划圈中心在白纸板上标记 A_1 点，转动照准部 180°，按分划圈中心再在白纸板上标记 A_2 点。若 A_1 与 A_2 两点重合，说明光学对中器的视准轴与竖轴重合，否则应进行校正。

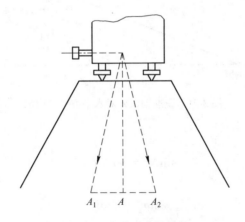

图 3-20 光学对中器检校

3.5.6.3 校正方法

在白纸板上定出 A_1、A_2 两点连线的中点 A，调节对中器校正螺丝使分划圈中心对准 A 点。校正时应注意光学对中器上的校正螺丝随仪器类型而异，有些仪器是校正直角棱镜位置，有些仪器是校正分划板。光学对中器本身安装部位也有不同（基座或照准部），其校正方法有所不同（详见仪器使用说明书），如图 3-19 所示的光学对中器是安装在照准部上。

3.6 角度测量误差分析及注意事项

仪器误差、观测误差及外界条件都会对角度测量的精度造成影响，为了得到符合规定要求的角度测量成果，必须分析这些误差的影响，采取相应的措施，将其消除或控制在容许的范围以内。

3.6.1 角度测量误差分析

3.6.1.1 仪器误差的影响

仪器误差主要包括两个方面：一是由于仪器的几何轴线检校不完善（残余误差）而引起的误差，如视准轴不垂直于横轴的误差（视准轴误差），横轴不垂直于竖轴的误差（横轴不水平误差）等；二是由于仪器制造与加工不完善而引起的误差，如照准部偏心差、度盘刻划不均匀误差等。这些误差影响可以通过适当的观测方法和相应的措施加以消除或减弱。

A 视准轴误差的影响

如图 3-21 所示，设视准轴 OM 垂直于横轴 HH，由于存在视准轴误差 c，视准轴实际瞄准了 M'，其竖直角为 α，此时 M、M' 两点同高。m、m' 为 M、M' 点在水平位置上的投影，则 $\angle mOm' = \Delta c$，即为视准轴误差 c 对目标 M 的水平方向观测值的影响。

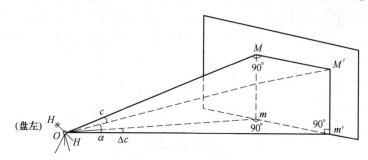

图 3-21 视准轴误差对水平方向的影响

由 Rt$\Delta mOm'$ 得

$$\sin\Delta c = mm'/Om' \tag{3-12}$$

而

$$mm' = MM' \tag{3-13}$$

由 Rt$\Delta MOM'$ 得

$$MM' = OM'\sin c \tag{3-14}$$

又由 Rt$\Delta M'm'O$ 得

$$Om' = OM'\cos\alpha \tag{3-15}$$

上述式 (3-12) ~ 式 (3-15) 经整理得

$$\sin\Delta c = \frac{OM'\sin c}{OM'\cos\alpha} = \frac{\sin c}{\cos\alpha} \tag{3-16}$$

顾及 Δc 和 c 均为很小角，则视准轴误差 c 对水平方向观测值的影响 Δc 为

$$\Delta c = \frac{c}{\cos\alpha} \tag{3-17}$$

由于水平角是两个方向观测值之差，故视准轴误差 c 对水平角的影响 $\Delta\beta$ 为

$$\Delta\beta = \Delta c_2 - \Delta c_1 = c\left(\frac{1}{\cos\alpha_2} - \frac{1}{\cos\alpha_1}\right) \tag{3-18}$$

式中，α 为目标的竖直角；c 为视准轴误差。

由式（3-17）可以看出，Δc 随竖直角 α 的增大而增大，当 $\alpha = 0°$ 时，$\Delta c = c$，说明视准轴误差 c 对水平方向观测值影响最小。由式（3-18）可以看出，视准轴误差 c 也会给水平角带来影响，但由于视准轴误差 c 在盘左、盘右位置时符号相反而数值相等，故用盘左、盘右位置观测取其平均值就可以消除视准轴误差的影响。

B　横轴不水平误差的影响

如图 3-22 所示，当横轴 HH 水平时，视准面为 OMm。当横轴 HH 不水平而倾斜了 i 角处于 $H'H'$ 位置时，视准面 OMm 也倾斜了一个 i 角，成为倾斜面 $OM'm$，此时对水平方向观测值的影响为 Δi。同样由于 i 和 Δi 均为小角，所以

$$i - \tan i = \frac{MM'}{mM}\rho,$$

$$\Delta i = \sin\Delta i = \frac{mm'}{Om'}\rho$$

因 $mm' = MM'$，$Om' = m'M'/\tan\alpha$，$m'M' = mM$，则对水平方向观测值的影响 Δi 为

$$\Delta i = i\tan\alpha \tag{3-19}$$

同样横轴不水平误差 i 对水平角的影响 $\Delta\beta$ 为

$$\Delta\beta = \Delta i_2 - \Delta i_1 = i(\tan\alpha_2 - \tan\alpha_1) \tag{3-20}$$

式中，α 为目标竖直角；i 为横轴不水平误差。

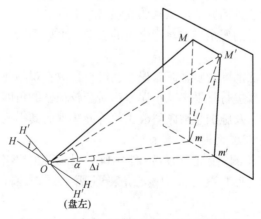

图 3-22　横轴不水平误差对水平方向的影响

式（3-19）中，当 $\alpha = 0°$ 时，$\Delta i = 0$，表明在视线水平时横轴不水平误差对水平方向观测值没有影响。由式（3-20）可以看出，横轴不水平误差 i 也会对水平角造成影响，但由于横轴不水平误差 i 在盘左、盘右位置时符号相反而数值相等，故用盘左、盘右位置观测取平均值可以消除横轴不水平误差的影响。

C 照准部偏心差的影响

照准部旋转中心应该与水平度盘刻划中心重合。如图 3-23 所示，设 O 为水平度盘刻划中心，O_1 为照准部旋转中心，两个中心不重合，称为照准部偏心差。此时仪器瞄准目标 A 和 B 的实际读数为 M_1' 和 N_1'。由图可知，M_1' 和 N_1' 比正确读数 M_1 和 N_1 分别多出 δ_a 和 δ_b，δ_a 和 δ_b 称为因照准部偏心差引起的偏心读数误差。显然，在度盘的不同位置上读数，其偏心读数误差是不相同的。

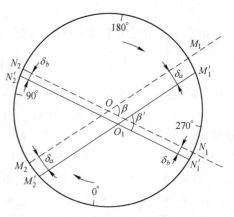

图 3-23 照准部偏心差的影响

瞄准目标 A 和 B 的正确水平方向读数应为

$$M_1 = M_1' - \delta_a \qquad N_1 = N_1' - \delta_b \qquad (3-21)$$

相应正确的水平角应为

$$\beta = N_1 - M_1 = (N_1' - \delta_b) - (M_1' - \delta_a) = (N_1' - M_1') + (\delta_a - \delta_b) = \beta' + (\delta_a - \delta_b)$$

$$(3-22)$$

式（3-22）中的 $(\delta_a - \delta_b)$ 即为照准部偏心差对水平角的影响。

由图 3-23 可以看出，在水平度盘对径方向上的读数，其偏心误差影响恰好大小相等而符号相反，如目标 A 对径方向两个读数为 $M_1 = M_1' - \delta_a$，$M_2 = M_2' + \delta_a$。因此将对径方向两个读数取平均值，就可以消除照准部偏心差对读数的影响。对于单指标读数的 J_6 型光学经纬仪取同一方向盘左、盘右位置读数的平均值，亦相当于同一方向在水平度盘上对径方向两个读数取平均，可以基本消除偏心差的影响。

D 其他仪器误差的影响

度盘刻划不均匀误差属仪器制造误差，一般此项误差的影响很小，在水平角观测中，采取测回之间变换度盘位置的方法可以减弱此项误差的影响。

竖盘指标差经检校后的残余误差对竖直角的影响，可以采取盘左、盘右位置观测取平均值的方法加以消除。

对于无法用观测方法消除的竖轴倾斜误差，可以采取在观测前仔细进行照准部水准管的检校和安置仪器时认真进行整平来减小误差；对于较精密的角度测量，还可以采取在各测回之间重新整平仪器以及施加竖轴倾斜改正数等办法减弱其影响。

3.6.1.2 仪器对中误差的影响

如图 3-24 所示，O 为测站中心，O' 为仪器中心，由于对中不准确，使 O 和 O' 不在同一铅垂线上。设 $OO' = e$（偏心距），θ 为偏心角，即观测方向与偏心距 e 方向的夹角。

由图 3-24 可知，

$$\beta = \beta' - (\delta_1 + \delta_2) \qquad (3-23)$$

式中，β 为正确的角值；β' 为有对中误差时观测的角值；δ_1、δ_2 为 A、B 两目标方向的改正值。

在 $\triangle AOO'$ 和 $\triangle BOO'$ 中，因为 δ_1、δ_2 为小角度，则

$$\delta_1 = \frac{e\sin\theta}{D_1}\rho \qquad (3-24)$$

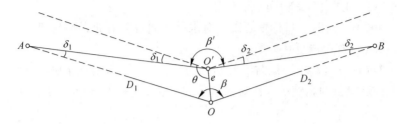

图 3-24 仪器对中误差影响

$$\delta_2 = \frac{e\sin(\beta' + \theta)}{D_2}\rho \tag{3-25}$$

式（3-24）和式（3-25）中的 θ 及 $(\beta'+\theta)$ 等角值均自 $O'O$ 方向按顺时针方向计。

故仪器对中误差对水平角的影响 $\Delta\beta$ 为

$$\Delta\beta = \beta' - \beta = \delta_1 + \delta_2 = e\rho\left[\frac{\sin\theta}{D_1} - \frac{e\sin(\beta' + \theta)}{D_2}\right] \tag{3-26}$$

由式（3-26）可知：

（1）当 β' 和 θ 一定时，δ_1、δ_2 与偏心距 e 成正比，即偏心距愈大，$\Delta\beta$ 愈大；

（2）当 e 和 θ 一定时，$\Delta\beta$ 与所测角的边长 D_1、D_2 成反比，即边长愈短，$\Delta\beta$ 愈大，表明对短边测角必须十分注意仪器的对中。

仪器对中误差对竖直角观测的影响较小，可忽略不计。

3.6.1.3 目标偏心误差的影响

目标偏心误差的影响是由于目标照准点上所竖立的标志（如测钎、花杆）与地面点的标志中心不在同一铅垂线上所引起的测角误差。如图 3-25 所示，O 为测站点，A、B 为照准点的标志实际中心，A'、B' 为目标照准点的中心，e_1、e_2 为目标的偏心距，θ_1、θ_2 为观测方向与偏心距方向的夹角，称为偏心角，β 为正确角度，β' 为有目标偏心误差时观测的角度（假设测站无对中误差），则目标偏心对方向观测值的影响分别为

$$\delta_1 = \frac{e_1\sin\theta_1}{D_1}\rho \tag{3-27}$$

$$\delta_2 = \frac{e_2\sin\theta_2}{D_2}\rho \tag{3-28}$$

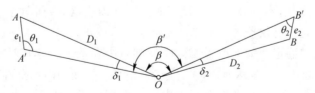

图 3-25 目标偏心误差影响

故目标偏心误差对水平角的影响 $\Delta\beta'$ 为

$$\Delta\beta' = \beta' - \beta = \delta_1 - \delta_2 = \rho\left(\frac{e_1\sin\theta_1}{D_1} - \frac{e_2\sin\theta_2}{D_2}\right) \tag{3-29}$$

由式（3-28）和式（3-29）可以看出：

（1）当 $\theta_1(\theta_2)$ 一定时，目标偏心误差对水平方向观测值的影响与偏心距 $e_1(e_2)$ 成正比，与相应边长 $D_1(D_2)$ 成反比。

（2）当 $e_1(e_2)$、$D_1(D_2)$ 一定时，若 $\theta_1(\theta_2) = 90°$，表明垂直于瞄准视线方向的目标偏心对水平方向观测值的影响最大；对水平角的影响 $\Delta\beta'$ 随着 $\theta_1(\theta_2)$ 的方位及大小而定，但与 β 角大小无关。

3.6.1.4 观测本身误差的影响

观测本身的误差包括照准误差和读数误差。影响照准精度的因素很多，主要因素有望远镜的放大率、目标和照准标志的形状及大小、目标影像的亮度和清晰度、人眼的判断能力等。所以，尽管观测者认真仔细地照准目标，但仍不可避免地存在照准误差，故此项误差无法消除，只能注意改善影响照准精度的多项因素，仔细完成照准操作，方可减小此项误差的影响。

读数误差主要取决于仪器的读数设备。对于 J_6 型光学经纬仪，其估读的误差一般不超过测微器最小格值的 1/10。例如分微尺测微器读数装置的读数误差为 ±0.1′（±6″），单平板玻璃测微器的读数误差（综合影响）也大致为 ±6″。为将读数误差控制在上述范围内，观测中必须仔细操作，照明亮度均匀，读数显微镜仔细调焦，准确估读，否则读数误差将会较大。

3.6.1.5 外界条件的影响

外界条件的影响因素很多，也比较复杂。外界条件对测角的主要影响有如下几点：

（1）温度变化会影响仪器（如视准轴位置）的正常状态；

（2）大风会影响仪器和目标的稳定；

（3）大气折光会导致视线改变方向；

（4）大气透明度（如雾气）会影响照准精度；

（5）地面的坚实与否、车辆的震动等会影响仪器的稳定。

这些因素都会给测角的精度带来影响。要完全避免这些影响是不可能的，但如果选择有利的观测时间和避开不利的外界条件，并采取相应的措施，可以使这些外界条件的影响降低到较小的程度。

3.6.2 角度测量注意事项

通过上述分析，为了保证测角的精度，观测时必须注意下列事项：

（1）观测前应先检验仪器，如不符合要求应进行校正。

（2）安置仪器要稳定，脚架应踩实，应仔细对中和整平。尤其对短边时应特别注意仪器对中，在地形起伏较大地区观测时，应严格整平。一测回内不得再对中、整平。

（3）目标应竖直，仔细对准地上标志中心，根据远近选择不同粗细的标杆，尽可能瞄准标杆底部，最好直接瞄准地面上标志中心。

（4）严格遵守各项操作规定和限差要求。采用盘左、盘右位置观测取平均值的观测方法。照准时应消除视差，一测回内观测避免碰动度盘。竖直角观测时，应先使竖盘指标水准管气泡居中后，才能读取竖盘读数。

（5）当对一水平角进行 m 个测回（次）观测，各测回间应变换度盘起始位置，每测回观测度盘起始读数变动值为 $180°/m$（m 为测回数）。

（6）水平角观测时，应以十字丝交点附近的竖丝仔细瞄准目标底部；竖直角观测时，应以十字丝交点附近的中丝照准目标的顶部（或某一标志）。

（7）读数应果断、准确，特别注意估读数。观测结果应及时记录在正规的记录手簿上，当场计算。当各项限差满足规定要求后，方能搬站。如有超限或错误，应立即重测。

（8）选择有利的观测时间和避开不利的外界因素。

3.7　电子经纬仪

电子经纬仪自 1968 年问世以来，发展很快，它标志着经纬仪已发展到了一个新阶段，为测量工作自动化创造了有利条件。电子经纬仪在结构与外观上和光学经纬仪相似，主要区别在于电子经纬仪用微机控制的电子测角系统代替了光学读数系统。它的特点是：

（1）使用电子测角系统，能自动显示测量成果，实现读数的自动化和数字化；

（2）采用积木式结构，便于与光电测距仪及数字记录器组合成全站型电子速测仪，若配以适当的接口，可把野外采集的数据直接输入计算机进行计算和绘图。

电子经纬仪有不同的设计原理和众多的型号。本节以科力达 ET-02 电子经纬仪为例，简要介绍其功能和电子测角的原理。

3.7.1　科力达 ET-02 电子经纬仪简介

如图 3-26 所示为科力达 ET-02 电子经纬仪外貌图。仪器上的光学对中器和管水准器均设在照准部上，竖盘采用了指标零点自动补偿装置，指标零点可以自动补偿，补偿器工作范围为 ±3′，精度为 ±1″。制动螺旋和微动螺旋同轴，用于粗瞄和精瞄。该仪器功能齐全、操作简单，可与科力达公司生产的 ND 系列测距仪和其他厂家生产的多种测距仪联机，组成组合式全站仪。

该仪器用于精密测角，其水平角、竖直角一测回的测角中误差约为 ±2″。

仪器的两侧设有键盘和显示器，键盘上仅 6 个功能键即可实现各种测量功能，该键盘具有一键双重功能，执行键上方标示测角功能，下方标示测距功能。液晶显示屏上，中间两行显示角度或距离观测结果，左右两侧显示数据的内容或采用的单位名称。

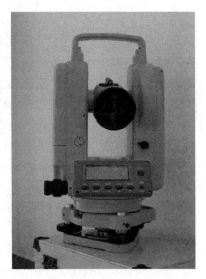

图 3-26　ET-02 电子经纬仪

连接测距仪后，仪器的测距模式有两种：一是精确测距，精度较高；二是跟踪测距，精度达 0.01m。另外需要提的是，现有很多仪器的测角模式也有两种：一是单次角度测量，精度较高；二是跟踪测量，随着经纬仪转动而改变显示的数值，适用于放样或跟踪活动目标，精度较低。仪器上有内嵌式电池盒，其电池可再次充电，每次充电后可单次测角1500 个，当仪器自动关闭电源时，所存储的信息不会消失。

设置在仪器对中器目镜下侧的接口，可用科力达、南方电缆与科力达和南方电子手簿连接，将仪器观测数据输入电子手簿进行记录。

3.7.2 电子经纬仪测角原理

目前，电子经纬仪的光电读数装置有下列三种系统：编码度盘测角系统、光栅度盘测角系统和动态测角系统。其测角原理各异。ET-02 电子经纬仪采用光栅动态度盘测角系统，现简述其测角原理。

该仪器的度盘为玻璃圆环，度盘分成 1024 个分划，每一分划由一对黑白条纹组成，白的透光，黑的不透光，如图 3-27 所示。测角时，由微型马达带动度盘旋转。

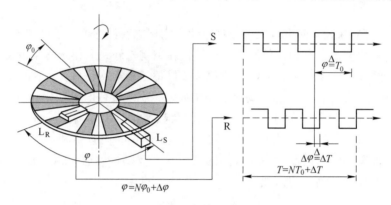

图 3-27　ET-02 电子经纬仪测角原理

光阑 L_S 固定在基座上，称为固定光阑，相当于光学度盘的零分划。光阑 L_R 在度盘的内侧，随照准部转动，称为活动光阑，相当于光学度盘的指标。这两种光阑距度盘中心远近不同，互不影响。为了消除度盘偏心差，同名光阑按对径位置设置，共两对，图 3-27 仅绘出一对。竖直度盘的固定光阑指向天顶方向。光阑上装有发光二极管和光电二极管，分别处于度盘上、下侧。发光二极管发射红外光线，通过光阑孔隙照到度盘上。当微型马达带动度盘旋转时，因度盘上明暗条纹而形成透光量的不断变化，这些光信号被设置在度盘另一侧的光电二极管接收，转换成正弦波的电信号输出，用以测角。测角就是要测出各方向的方向值，而方向值表现为 L_R 与 L_S 间的夹角 φ（相当于光学经纬仪的度盘读数）。设一对明暗条纹（每一分划）相应的角值为 φ_0，即

$$\varphi_0 = 360°/1024 = 21'05''.625 \tag{3-30}$$

则

$$\varphi = N\varphi_0 + \Delta\varphi$$

式中，N 为 φ 中包括的整分划数目；$\Delta\varphi$ 为不足一分划的余数。

通过仪器的粗测可以确定 N，从而得到 $N\varphi_0$；通过仪器的精测求得 $\Delta\varphi$，度盘转一周可测得 1024 个 $\Delta\varphi$，取其平均值作为最后的 $\Delta\varphi$。将粗测和精测数据由角度处理器进行衔接处理后即得完整的 φ 角值，送中央处理器，由液晶显示器显示或记录至数据终端。

显然，φ 角值的测定精度取决于精测的精度，同时由于光阑 L_S 和 L_R 识别标志分划的先后不同，所得的 φ 角值可以是 φ，也可能是 $360° - \varphi$，这由角度处理器自动作出正确判断。

使用这种动态测角系统应注意微型马达的转速要均匀、稳定。

习　题

3-1　何谓水平角？何谓竖直角？它们取值范围为多少？

3-2　DJ_6型光学经纬仪由哪几个部分组成？

3-3　经纬仪安置包括哪两个内容？怎样进行？目的何在？

3-4　经纬仪上的度盘配置装置有何作用？如何利用它将起始方向的水平度盘读数配置成$0°00′00″$？

3-5　试述测回法操作步骤、记录计算及限差规定。

3-6　测量竖直角时，每次竖直度盘读数前为什么应先使竖盘水准管气泡居中，然后再读数？

3-7　用J_6型光学经纬仪按测回法观测水平角，整理表3-4中水平角观测的各项计算。

表 3-4　水平角观测记录

测站	目标	竖盘位置	水平度盘读数	半测回平均值	一测回平均值	备　注
O	A	左	$0°00′24″$			
	B		$58°48′54″$			
	A	右	$180°00′54″$			读数估读至0.1′，记录时可写作秒数
	B		$238°49′18″$			

3-8　用J_6型光学经纬仪按中丝法观测竖直角，整理表3-5竖直角观测的各项计算。

表 3-5　竖直角观测记录

测站	目标	竖盘位置	竖盘读数	竖直角		竖盘指标差	备　注
				半测回	一测回		
1	2	3	4	5	6	7	8
O	A	左	$79°20′24″$				（盘左注记）读数估读至0.1′，记录时可写作秒数
		右	$280°40′00″$				
	B	左	$98°32′18″$				
		右	$261°27′54″$				

3-9　经纬仪有哪几条主要轴线？它们应满足什么条件？为什么？

3-10　角度观测有哪些误差影响？如何消除或减弱这些误差的影响？

3-11　用经纬仪瞄准同一竖直面内不同高度的两点，水平度盘上的读数是否相同？在竖直度盘上的两读数差是否就是竖直角？为什么？

4 距 离 测 量

地面两点间的距离是推算点坐标的重要元素之一，同时也是建筑工程中施工放样、设备安装的重要元素，因而距离测量也是最常见的测量工作。传统距离测量方法有皮卷尺测量、钢尺测量和视距测量。现代的测量方法有电磁波测距法和 GPS 卫星测量方法等。距离测量的方法很多，适用场合也不一样，本章重点介绍目前数字地形测量及常规工程测量中常用的钢尺量距、视距测量和电磁波测距方法。

4.1 钢尺量距

钢尺量距是工程测量中最常用的一种距离测量方法，钢尺量距工具简单，作业直观方便，精度较高。常用于图根控制测量、隐蔽地区的碎部测量以及工程测量等场合。

钢尺量距的基本步骤为定点、定线、量距及成果计算。首先介绍钢尺量距中所使用的基本工具。

4.1.1 钢尺量距工具

钢尺量距的主要工具是钢尺，辅助工具有标杆、测钎和垂球架等。

4.1.1.1 钢尺

钢尺又称钢卷尺，为薄钢制的带状尺，钢尺可以卷放在圆形的尺壳内，也可以卷放在金属的尺架上，如图 4-1 所示。钢尺的长度有 20m、30m 及 50m 等数种，其基本分划为厘米，最小分划为毫米。在每分米和每米的分划线处，有相应的注记。

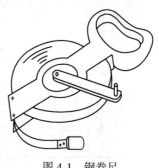

图 4-1 钢卷尺

由于尺上零点位置的不同，有端点尺和刻线尺的区分。端点尺是以尺的最外端作为尺的零点，如图 4-2 （a）所示；当从建筑物墙边开始丈量时，使用端点尺是非常方便的。刻线尺是以尺前端的一刻划线作为尺长的零点，如图 4-2 （b）所示。

4.1.1.2 辅助工具

钢尺量距中使用的辅助工具主要有标杆、测钎、垂球架等。标杆是红白色相间（每段 20cm）的木制圆杆，全长 2m 和 3m，如图 4-3 （a）所示，主要用于标志点位与直线定线。测钎是用粗钢丝制成的，形状如图 4-3 （b）所示，上端成环状，下端磨尖，用时插入地面，主要用来标志尺段端点位置和计算整尺段数。垂球架由三根竹竿和一个垂球组成，如图 4-3 （c）所示，是在倾斜地面量距的投点工具。

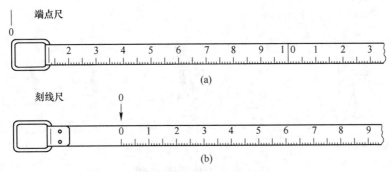

图 4-2 端点尺和刻线尺

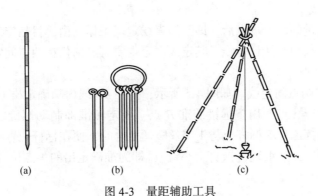

图 4-3 量距辅助工具

4.1.2 直线定线

4.1.2.1 定点

为了测量两点间的水平距离,需将点的位置用明确的标志固定下来。使用时间较短的临时性标志一般用木桩,在钉入地面的木桩顶面钉一个小钉,表示点的精确位置。需要长期保存的永久性标志用石桩或混凝土桩,在顶面刻十字线,以其交点表示点的精确位置。为了使观测者能从远处看到点位标志,可在桩顶标志中心上竖立标杆、测钎或悬吊垂球等。

4.1.2.2 两点间定线

当两个地面点之间的距离较长或地势起伏较大时,为便于量距,可分成几段进行丈量,即在两点连线的方向上竖立几根标杆,既可标定直线的方向和位置,又可作为分段丈量的依据。这种把多根标杆标定在已知直线上的工作称为直线定线,简称定线。

直线定线的方法主要有目估定线和经纬仪定线。

A 目估定线

如图 4-4 所示,*A*、*B* 为地面上待测距离的两个端点,现要在 *AB* 直线上定出 1、2 等点。先在 *A*、*B* 点竖立标杆,甲站在 *A* 点标杆后约 1m 处,用眼自 *A* 点标杆的一侧照准 *B* 点标杆的同一侧形成视线,乙按甲的指挥左右移动标杆,当标杆的同一侧移入甲的视线时甲喊"好",乙在标杆处插上测钎即为 1 点。同法可定出相继的点。直线定线一般应由远到近,即先定点 1,再定点 2;如果需将 *AB* 直线延长,也可按上述方法将 1、2 等点定在 *AB* 的延长线上。

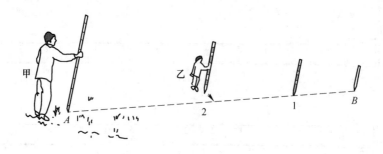

图 4-4　两直线间目估定线

B　经纬仪定线

确定了距离丈量的两个端点后，即开始直线定线工作。由于目估定线精度较低，在钢尺精密量距时，必须用经纬仪定线，其定线内容主要有经纬仪在两点间定线及经纬仪延长直线。

（1）经纬仪在两点间定线。如图 4-5 所示，欲在 AB 线内精确定出 1、2 点的位置。可由甲将经纬仪安置于 A 点，用望远镜照准 B 点，固定照准部制动螺旋。然后将望远镜向下俯视，用手势指挥乙移动标杆至与十字丝竖丝重合时，便在标杆位置打下木桩，再根据十字丝在木桩上刻出十字细线（或钉上小钉），即为准确定出的 1 点位置。

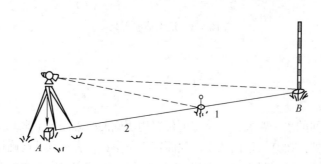

图 4-5　经纬仪两点间定线

（2）经纬仪延长直线。如图 4-6 所示，如果需将 AB 直线延长至 C 点，置经纬仪于 B 点，对中整平后，望远镜以盘左位置用竖丝瞄准 A 点，制动照准部，松开望远镜制动螺旋，倒转望远镜，用竖丝定出 C' 点。望远镜以盘右位置再瞄准 A 点，制动照准部，再倒转望远镜定出 C'' 点。取 $C'C''$ 的中点，即为精确位于 AB 直线延长线上的 C 点。这种延长直线的方法称为经纬仪正倒镜分中法，用正倒镜分中法可以消除经纬仪可能存在的视准轴误差与横轴不水平误差对延长直线的影响。

4.1.3　钢尺量距一般方法

4.1.3.1　平坦地面上的量距方法

如图 4-7 所示，欲量 A、B 两点之间的水平距离，先在 A、B 处竖立标杆，作为丈量时定线的依据；清除直线上的障碍物以后，即可开始丈量。

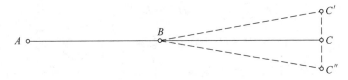

图 4-6 经纬仪延长直线

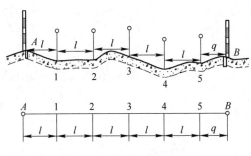

图 4-7 平坦地面量距方法

丈量工作一般由两人进行，后尺手持尺的零端位于 A 点，前尺手持尺的末端并携带一组测钎（5~10 根），沿 AB 方向前进，行至一尺段处停下。后尺手以尺的零点对准 A 点，当两人同时把钢尺拉紧、拉平和拉稳后，前尺手在尺的末端刻线处竖直地插下一测钎，得到点 1，这样便量完了一个尺段。如此继续丈量下去，直至最后不足一整尺段的长度，称之为余长（图 4-7 中 5B 段）；丈量余长时，前尺手将尺上某一整数分划对准 B 点，由后尺手对准 5 点，在尺上读出读数，两数相减，即可求得不足一尺段的余长，则 A、B 两点之间的水平距离为

$$D_{AB} = nl + q \tag{4-1}$$

式中，l 为尺长；q 为余长；n 为尺段数。

4.1.3.2 倾斜地面的量距方法

如果 A、B 两点间有较大的高差，但地面坡度比较均匀，大致成一倾斜面，如图 4-8 所示，则可沿地面丈量倾斜距离 D'，用水准仪测定两点间的高差 h，按式（4-2）、式 (4-3) 中的任一式计算水平距离 D：

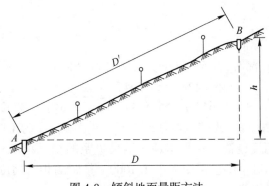

图 4-8 倾斜地面量距方法

$$D = \sqrt{D'^2 - h^2} \tag{4-2}$$

$$D = D' + \Delta D_h = D' - \frac{h^2}{2D'} \tag{4-3}$$

式中，ΔD_h 为量距时的高差改正（或称倾斜改正）。

4.1.3.3 高低不平地面的量距方法

当地面高低不平时，为了能量得水平距离，前、后尺手同时抬高并拉紧钢尺，使尺悬空并大致水平（如为整尺段时则中间有一人托尺），同时用垂球把钢尺两个端点投影到地面上，用测钎等作出标记，如图 4-9（a）所示，分别量得各段水平距离 l_i，然后取其总和，得到 A、B 两点间的水平距离 D。这种方法称为水平钢尺法量距。当地面高低不平并向一个方向倾斜时，可只抬高钢尺的一端，然后在抬高的一端用垂球投影，如图 4-9（b）所示。

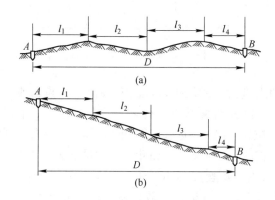

图 4-9 高低不平地面量距方法

4.1.4 成果计算

为了防止丈量错误和提高量距精度，距离要往、返丈量。上述介绍的方法为往测，返测时要重新进行定线。把往返丈量所得距离的差数除以往、返测距离的平均值，称为距离丈量的相对精度，或称相对误差：

$$K = \frac{|D_{往} - D_{返}|}{D_{平均}} \tag{4-4}$$

式中，K 为相对精度。

例如：距离 AB，往测时为 155.642m，返测时为 155.594m，则量距相对精度为

$$K = \frac{|155.642 - 155.594|}{(155.642 + 155.594)/2} = \frac{0.048}{155.618} \approx \frac{1}{3242}$$

在计算相对精度时，往、返差数取其绝对值，并化成分子为 1 的分式。相对精度的分母越大，说明量距的精度越高。在平坦地区钢尺量距的相对精度一般不应大于 1/3000；在量距困难地区，其相对精度也不应大于 1/1000。量距的相对精度没有超过规定值，可取往、返测量结果的平均值作为两点间的水平距离 D。

钢尺量距一般方法的记录、计算及精度评定见表 4-1。

表 4-1 钢尺一般量距记录及成果计算

线段	尺线长 /m	往测			返测			往返差 /m	相对 精度	往返平均 /m
		尺段数 /m	余长数 /m	总长 /m	尺段数 /m	余长数 /m	总长 /m			
AB	30	5	27.478	177.478	5	27.452	177.452	0.026	1/6800	177.465
BC	50	2	46.935	146.935	2	46.971	46.971	0.036	1/4080	146.953

4.1.5 钢尺量距误差及注意事项

4.1.5.1 钢尺量距误差

钢尺量距误差主要有钢尺误差、人为误差及外界条件的影响。

A 钢尺误差

如果钢尺的名义长度和实际长度不符，则产生尺长误差。尺长误差属系统误差，是累积的，所量距离越长，误差越大。因此新购置的钢尺必须经过检定，以求得尺长改正值。

B 人为误差

人为误差主要有钢尺倾斜和垂曲误差、定线误差、拉力误差及丈量误差。

(1) 钢尺倾斜误差和垂曲误差。当地面高低不平、按水平钢尺法量距时，钢尺没有处于水平位置或因自重导致中间下垂而成曲线时，都会使所量距离增大，因此丈量时必须注意钢尺水平。

(2) 定线误差。由于丈量时钢尺没有准确地放在所量距离的直线方向上，使所量距离不是直线而是折线，因而总是使丈量结果偏大，这种误差称为定线误差。一般丈量时，要求定线偏差不大于0.1m，可以用标杆目估定线。当直线较长或精度要求较高时，应用经纬仪定线。

(3) 拉力变化的误差。钢尺在丈量时所受拉力应与检定时拉力相同，一般量距中只要保持拉力均匀即可，而对较精密的丈量工作则需使用弹簧秤。

(4) 丈量本身的误差。丈量时在地面上标志尺端点位置插测钎时对点不准，前、后尺手配合不佳，余长读数不准，都会引起丈量误差，这种误差对丈量结果的影响可正可负、大小不定。因此，在丈量中应尽力做到对点准确，配合协调，认真读数。

C 外界条件的影响

外界条件的影响主要是温度的影响，钢尺的长度随温度的变化而变化，当丈量时的温度和标准温度不一致时，将导致钢尺长度变化。按照钢的线膨胀系数计算，温度每变化1℃，约影响长度为1/80000。一般量距时，当温度变化小于10℃时可以不加改正，但精密量距时必须考虑温度改正。

4.1.5.2 钢尺量距注意事项

(1) 丈量前应对丈量的工具进行检验，并认清尺子的零点位置。

(2) 为了减少定线对丈量产生的误差，必须按照定线的要求去做。

(3) 丈量时定线要直，拉力要均匀，做到尺平、直、稳。尺子不能打结或有扭折。

(4) 丈量至终点量余长时，注意尺上注记的方向，以免造成错误。

（5）计算全长时，应校核一下手中的测钎数，注意最末一段余长的测钎不应计算在内。

（6）避免读错和听错，记录要清晰，不得涂改，记好后要回读检核，以防止记错。

（7）注意爱护丈量工尺，钢尺易生锈，收工时立即用软布擦去钢尺上的泥土和水珠，涂上机油以防生锈；钢尺易折断，在行人和车辆多的地区量距时，严防钢尺被车辆压过而折断。当钢尺出现卷曲，切不可用力硬拉，应按顺时针方向收卷钢尺；不准将钢尺沿地面拖拉，以免磨损尺面刻划。

4.2 视距测量

视距测量是一种间接光学测距方法，它利用望远镜内视距丝装置，根据几何光学原理同时测定距离和高差。这种方法具有操作简便、迅速，不受地形限制等优点，虽然精度较低（视距测量的相对精度为 1/300~1/200），但能满足测定一般碎部点的要求，因此被广泛用于地形碎部测量中，也可用于检核其他方法量距可能发生的粗差。

4.2.1 视距测量原理

经纬仪、水准仪及大平板仪的望远镜内都有视距丝装置。视距丝是刻在十字丝分划板上与横丝平行且等距的上、下两条短横丝 m 和 n，如图 4-10 所示。从这两根视距丝引出的视线在竖直面内所夹的角度 φ 是固定角，该角的两边在尺上截得一段距离 $MN = l_i$，如图 4-11 所示，可以看出，已知固定角 φ 和尺上间隔 l_i，即可推算出两点间的距离（视距）D_i，如 $D_1 = \frac{1}{2}l_1 \cot\frac{\varphi}{2}$，$D_2 = \frac{1}{2}l_2 \cot\frac{\varphi}{2}$ 等。因为固定角 φ 保持不变，所以视距尺上间隔 l_i 将与距离 D_i 成正比例变化。

图 4-10 望远镜视距丝

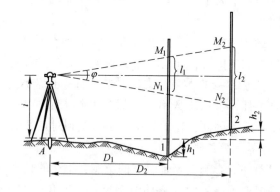

图 4-11 视距测量原理

4.2.1.1 视线水平时的距离与高差公式

如图 4-12 所示，欲测定 A、B 两点间的水平距离 D 及高差 h，可在 A 点安置经纬仪，B 点立视距尺，设望远镜视线水平，瞄准 B 点视距尺，此时视线与视距尺相垂直。若尺上 M、N 点成像在十字丝分划板上的两根视距丝 m、n 处，那么尺上 MN 的长度可由上、下视距丝读数之差求得。上、下视距丝读数之差称为视距间隔或尺间隔。

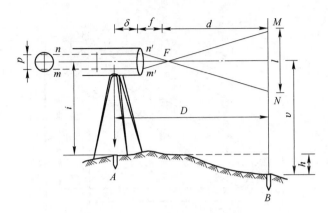

图 4-12　视线水平时的视距测量

l—视距间隔；p—视距丝间距；f—物镜焦距；δ—物镜至仪器中心的距离

图 4-12 中，由 $\triangle m'n'F$ 与 $\triangle MNF$ 相似可得 $\dfrac{d}{l}=\dfrac{f}{p}$，所以 $d=\dfrac{f}{p}l$。

由图 4-12 可以看出 $D=d+f+\delta$，则 A、B 两点间的水平距离为

$$D=\frac{f}{p}l+f+\delta$$

令 $\dfrac{f}{p}=k$，$f+\delta=c$，则有，

$$D=kl+c \tag{4-5}$$

式中，k 和 c 分别为视距乘常数和视距加常数。

目前常用的内对光望远镜的视距常数，设计时已使 $k=100$，$c=0$，所以式（4-5）可改写为

$$D=kl \tag{4-6}$$

同时，由图 4-12 可知，A、B 的高差为

$$h=i-v \tag{4-7}$$

式中，i 为仪器高，即桩顶到仪器横轴的高度；v 为瞄准目标高，即十字丝中丝在尺上的读数。

4.2.1.2　视线倾斜时的距离与高差公式

在地面起伏较大的地区进行视距测量时，只有使视线倾斜才能读取视距间隔，如图 4-13 所示。这时视线不垂直于视距尺，因此式（4-6）、式（4-7）不能适用。下面介绍视线倾斜时水平距离与高差的计算公式。

如图 4-13 所示，将仪器安置于 A 点，在 B 点竖立视距尺，照准视距尺时，视线的竖直角为 α，其上、下视距丝在视距尺上所截得的尺间隔为 MN。若能把视线倾斜时的尺间隔换算成与视线垂直的视距尺间隔 $M'N'$，就可用式（4-6）计算倾斜距离 D'，再根据 D' 和竖直角 α，算出水平距离 D 和高差 h。

在 $\triangle MM'E$ 和 $\triangle NN'E$ 中，由于 φ 角很小（约为 34'），故可将 $\angle MM'E$ 和 $\angle NN'E$ 近似地看成直角，而 $\angle MEM'=\angle NEN'=\alpha$，因此

$$M'N'=M'E+EN'=ME\cos\alpha+EN\cos\alpha=NM\cos\alpha$$

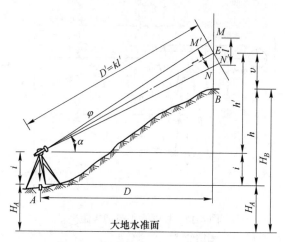

图 4-13 视线倾斜时的视距测量

设 MN 为 l，$M'N'$ 为 l'，则

$$l' = l \cdot \cos\alpha$$

根据式 (4-6)，可得倾斜距离

$$D' = kl' = kl\cos\alpha \tag{4-8}$$

由图 4-13 可以看出，A、B 两点间的水平距离

$$D = D'\cos\alpha = kl\cos^2\alpha \tag{4-9}$$

A、B 两点的高差

$$h = h' + i - v \tag{4-10}$$

式中，h' 为中丝读数处与横轴之间的高差，叫高差主值。

高差主值可按式 (4-11) 计算：

$$h' = D'\sin\alpha = kl\cos\alpha\sin\alpha = \frac{1}{2}kl\sin2\alpha \tag{4-11}$$

所以

$$h = \frac{1}{2}kl\sin2\alpha + i - v \tag{4-12}$$

如果 A 点的高程 H_A 为已知，则可得 B 点的高程为

$$H_B = H_A + h$$

$$H_B = H_A + \frac{1}{2}kl\sin2\alpha + i - v \tag{4-13}$$

式 (4-9)、式 (4-12) 是视距测量的基本公式。

4.2.2 视距测量的观测和计算

4.2.2.1 视距测量的观测

(1) 如图 4-13 所示，安置经纬仪于 A 点，量取仪器高 i，在 B 点竖立视距尺。

（2）盘左（或盘右），转动照准部照准 B 点视距尺，分别读取上、下、中三丝在标尺上截取的读数 M、N、v，算出视距间隔 $l=N-M$。在实际操作中，为方便高差计算，可使中丝对准仪器高读数，即 $v=i$。

（3）转动竖盘指标水准管微动螺旋，使竖盘指标水准管气泡居中，读取竖盘读数，并计算竖直角。

（4）根据视距尺间隔 l、竖直角 α、仪器高 i 及中丝读数 v，计算出水平距离 D 和高差 h。

4.2.2.2 视距测量的计算

视距测量的计算可用查视距计算表的方法，但目前科学计算器比较普及，并且这些计算器具有编制简短程序的功能（或称公式保留功能），因此可将视距测量计算式（4-9）和式（4-12）预先编制成程序，计算时输入已知数据及观测值，即可得到测站点到待定点的水平距离及高差和待定点的高程。

视距测量记录及计算如表 4-2 所示。

表 4-2 视距测量记录与计算

测站：A 测站高程：19.75m   仪器高：1.45m

照准点号	下丝读数 上丝读数 视距间隔/m	中丝读数 v/m	竖盘读数 L（盘左）	竖直角 $\alpha=90°-L$	水平距离 D/m	高差 h/m	高程 H/m
1	1.426 0.995 0.431	1.211	92°42′	−2°42′	43.00	−1.79	17.96
2	1.812 1.298 0.514	1.555	88°12′	+1°48′	51.35	+1.51	21.26
3	0.889 0.507 0.382	0.698	89°54′	+0°06′	38.20	+0.82	20.57

4.2.3 视距测量误差分析及注意事项

4.2.3.1 视距测量的误差

A 用视距丝读取视距尺间隔的误差

用视距丝在视距尺上读数的误差，与尺子最小分划的宽度、距离的远近、望远镜的放大率及成像清晰情况有关。因此读数误差的大小应视具体使用的仪器及作业条件而定。

B 视距尺倾斜的误差

视距尺倾斜对视距所产生的误差是系统性的，其影响随着地面坡度的增加而增加。特别是在山区作业时，往往由于地面有坡度而给人一种错觉，使视距尺不易竖直。

C 竖直角观测的误差

当竖直角不大时，竖直角观测误差对平距的影响较小，主要是影响高差。当竖直角

$\alpha = 50°$，若其误差为 $1'$，则视距为 100m 时，竖直角观测误差对高差的影响约为 0.03m。所以当仅用一个盘位观测时，应检校竖盘指标差或将指标差测定以改正竖直角。

4.2.3.2 外界条件的影响

A 大气折光的影响

由于视线通过的大气密度不同（特别是晴天，由于温差较大，造成大气密度很不均匀），而产生垂直折光差。越接近地面，视线受折光的影响越大。

B 空气对流使视距尺的成像不稳定

这种现象在视线通过水面上空和视线接近地面时较为突出，特别在烈日暴晒下更为严重，成像不稳定以及风力较大使视距尺不易稳定而产生抖动，造成读数误差的增大。

此外，视距乘常数 k 的误差、视距尺分划误差等都将影响视距测量的精度。

C 视距测量注意事项

（1）为减少垂直折光的影响，观测时应使视线离地面 1m 以上；

（2）观测时应使视距尺竖直，为减小它的影响，尽量采用带有圆水准器的视距尺；

（3）要严格测定视距乘常数，k 值应在 100±0.1 之内，否则应加以改正；

（4）视距尺一般应是厘米刻划的整体尺，如使用塔尺，应检查各节的接头是否准确；

（5）选择有利的观测时间。

4.3 电磁波测距

4.3.1 电磁波测距的基本原理

电磁波测距是利用电磁波作为载体进行距离测量的现代技术方法。其基本原理就是测定电磁波在测线两端点间往返传播的时间 t_{2D}，借助光在空气中的传播速度 c，计算两点间的距离 D，如图 4-14 所示。

$$D = \frac{1}{2}ct_{2D} \tag{4-14}$$

式中，c 为电磁波在大气中的传播速度；t 为电磁波在被测距离上往返传播时间。

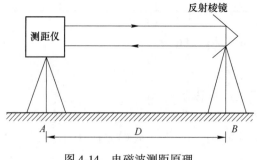

图 4-14 电磁波测距原理

由式（4-14）可以看出，测定距离的精度，主要取决于测定时间 t 的精度。由于电磁波的速度极高，以至于 t 值很小，必须用高分辨率的设备去确定电磁波在传输过程中的时间间隔或时刻，因此目前大多数仪器采用间接测定法测定时间 t。间接测定 t 的方法主要有脉冲法和相位法两种。

4.3.1.1　脉冲法

由测距仪的发射系统发出光脉冲，经被测目标反射后，再由测距仪的接收系统接收，测出这一光脉冲往返所需时间间隔内的脉冲个数以求得距离 D。

脉冲法测距主要优点是功率大、测程远，但测距的绝对精度比较低，一般只能达到米级，尚未达到地籍测量和工程测量所要求的精度。高精度的光电测距仪目前都采用相位法测距。

4.3.1.2　相位法

相位法通过测量连续的调制光波信号，在待测距离上往返传播所产生的相位变化，代替测定信号传播时间 t，从而获得被测距离 D。

为测定相位差，通常在发光二极管上加上频率为 f 的交变电压，这时发光二极管发射出来的光强就随注入的交变电流呈正弦波变化，这种光称为调制光，设调制光的频率为 f，则周期为 $T=1/f$，相位差为 2π，一周期的波长为 $\lambda = cT = c/f$，则 $c = \lambda f$。

如图 4-15 所示，测距仪在 A 点发射调制光，在 B 点安置反光镜，该调制光在 A、B 两点之间往、返传播。为说明问题方便，可将图中 B 点的反光镜处反射回的光线沿 AB 延长线方向展开至 A' 点，则 AA' 的距离为 $2D$。

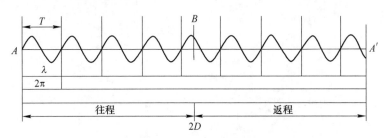

图 4-15　相位测距原理

设调制光在 2 倍距离上的传播时间为 t，则测距仪从发射调制光到接收到回光信号时调制光所经过的相位为 $\varphi = 2\pi ft$，故 $t = \dfrac{\varphi}{2\pi f}$。

从图 4-15 可知，φ 可以用 N 个整周期相位（$N \times 2\pi$）和一个不足整周期的相位尾数 $\Delta\varphi$ 之和来表示，即

$$\varphi = N \times 2\pi + \Delta\varphi = 2\pi\left(N + \frac{\Delta\varphi}{2\pi}\right) = 2\pi(N + \Delta N) \tag{4-15}$$

式中，ΔN 为不足一个整周期的比例数。

则

$$D = \frac{\lambda}{2}(N + \Delta N) = \frac{c}{2f}\left(N + \frac{\Delta\varphi}{2\pi}\right) \tag{4-16}$$

式（4-16）为相位法测距的基本公式，在该式中 c、f 为已知值，则只需要知道整周期数 N 和不足一个整周期的相位尾数 $\Delta\varphi$，就可以求得距离。

在式（4-16）中设 $l_{测} = \lambda/2$，称为测尺尺度，则

$$D = l_{测} \times (N + \Delta N) = N \times l_{测} + \Delta N \times l_{测} \tag{4-17}$$

这时式（4-17）与钢尺量距的公式类似，即 N 为数尺段数，$\Delta N \times l_{测}$ 为不足一整尺段的余长值。

测距仪上测量相位的装置（测相计）只能分辨 $0\sim2\pi$ 的相位变化，所以只能测量出不足 2π 的相位尾数 $\Delta\varphi$，即只能测出 ΔN，不能测出 N 值。

另外，测距仪测量不足一个整周期的精度只能达到 1/1000，为精确测距，就必须采用不同频率的调制光进行测量。例如，用调制光的频率为 15MHz，测尺长度为 10m 的调制光作为精测尺来测量小于 10m 的距离；用调制光的频率为 0.15MHz，测尺长度为 1000m 的调制光作为粗测尺来测量十米位和百米位距离。但测尺越长，测相精度越低，测距误差也就越大。为满足测程和精度的要求，测距仪都选用几个测尺配合测距，用长测尺测量距离的大数，用短测尺测量距离的精确小数（尾数部分）。

4.3.2 电磁波测距仪分类

目前电磁波测距仪已发展为一种常规的测量仪器，其型号、工作方式、测程、精度等级也多种多样，对于电磁波测距仪的分类通常有以下几种。

4.3.2.1 按载波分类

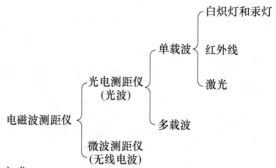

4.3.2.2 按测程分类

短程：<3km，用于普通工程测量和城市测量。

中程：3~5km，常用于国家三角网和特级导线。

长程：>15km，用于等级控制测量。

4.3.2.3 按测量精度分类

电磁波测距仪的精度，由其机械结构和工作原理决定，常用如下公式表示：

$$m_D = a + bD \tag{4-18}$$

式中，a 为不随测距长度变化的固定误差，mm；b 为随测距长度变化的误差比例系数，mm/km（常记为 ppm，即 part per million）；D 为测距边长度，km。

在式（4-18）中，设 $D=1$km 时，电磁波测距仪可划分为三级：

Ⅰ级：<5mm（每千米测距中误差）。

Ⅱ级：5~10mm。

Ⅲ级：11~20mm。

4.3.3 测距成果整理

测距仪测量的结果是仪器到目标的倾斜距离，要求得水平距离需要进行如下改正：

（1）加常数、乘常数改正。仪器加常数 C 主要是由于仪器中心与发射光位置不一致产生的差值；乘常数 R 是由仪器的主振荡频率变化造成的，对测定距离的影响

和距离的长度成正比,为一比例系数。加常数改正与距离无关,乘常数改正与距离成正比,即

$$\Delta D_R = RD' \qquad (4\text{-}19)$$

$$\Delta D_C = C \qquad (4\text{-}20)$$

(2)气象改正。仪器在制造时是按标准温度和标准气压设计的,但实际测量时的温度和气压与标准值是有一定差别的,一般测距仪都提供气象改正公式,用于进行气象改正。

(3)倾斜距离计算。观测值加上上述三项改正数后所得的距离为改正后的倾斜距离。

(4)水平距离计算。经上述改正计算的距离为仪器中心到反光镜中心的倾斜距离,因此必须进行水平距离的归算,也就是高差改正。

4.4 全站仪

全站仪是全站型电子速测仪的简称,是指在测站上一经观测,必要的观测数据如斜距、天顶距(竖直角)、水平角等均能自动显示,而且几乎是在同一瞬间内得到平距、高差和点的坐标。如通过传输接口把全站型速测仪野外采集的数据终端与计算机、绘图机连接起来,配以数据处理软件和绘图软件,即可实现测图的自动化。

从仪器结构来分,全站仪可分为"组合式"和"整体式"两种类型。"组合式"全站仪是将电子经纬仪、光电测距仪和微处理机通过一定的连接器构成一组合体,目前已很少使用。"整体式"全站仪是在一个仪器外壳内包含有电子经纬仪、光电测距仪和微处理机,电子经纬仪和光电测距仪使用共同的光学望远镜,方向和距离测量只需一次瞄准,使用十分方便,这类先进仪器在我国的建筑业和测绘业中得到了广泛的使用。全站仪代表性的仪器见表4-3。

表4-3 全站仪

| 厂家型号 | 精度 | | | 电子测角方式 | 最大测程 (棱镜数) | 数据记录 |
| | 测距 | 测角 | | | | |
		水平	竖直			
瑞士 Wild TCIL	$\pm(5\text{mm}+5\text{ppm}\times D)$	$\pm 2''$	$\pm 3''$	光栅度盘(增量式)	5~7km (11块)	磁带
西德 OPTON Elta2	$\pm[(5\sim10\text{mm})+2\text{ppm}\times D]$	$\pm 0.6''$		编码度盘(绝对式)	5km (18块)	固体存储块
瑞典 AGA140	$\pm(5\text{mm}+3\text{ppm}\times D)$	$\pm 2''$		电感式全电子测角系统	5.5km (8块)	数据记录器
日本 SOKKIA SET 2000	$\pm(2\text{mm}+3\text{ppm}\times D)$	$\pm 2''$		增量编码式	4.2km (9块)	存储卡

厂家型号	精度			电子测角方式	最大测程（棱镜数）	数据记录
	测距	测角				
		水平	竖直			
美国 HP3820A	±(5mm+ 5ppm×D)	±2″	±4″	增量编码相结合	5km（6块）	
中国 南方测绘 NTS-202	±(3mm+ 2ppm×D)	±2″		增量式	1.8km（3块）	PC-E500（s）电子手簿

4.4.1 苏一光 RTS600 系列全站仪的构造

全站仪的种类很多，各种仪器的使用方法由仪器自身的程序设计而定。使用任何一种全站仪前，必须认真阅读仪器使用说明书，了解仪器各部件功能和操作要点及注意事项。本节仅简单介绍目前较为常用的苏一光 RTS600 系列全站仪（图 4-16）。

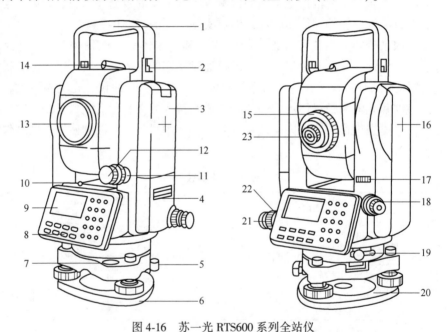

图 4-16　苏一光 RTS600 系列全站仪

1—提手；2—提手固定螺旋；3—电池；4—仪器型号；5—基座锁紧钮；
6—脚螺旋；7—圆水准器；8—按键；9—显示屏；10—管水准器；11—竖盘制动手轮；
12—竖盘微动手轮；13—物镜；14—粗瞄准器；15—调焦手轮；16—横轴中心；17—仪器型号；
18—下对点；19—RS232C 接口；20—基座；21—水平微动螺旋；22—水平制动螺旋；23—目镜

操作界面有显示屏和键盘，如图 4-17 所示。键盘主要包括电源开关键、照明键、软键、操作键和字母数字键，主要按键的功能见表 4-4。仪器显示分测量模式与菜单模式两种，见图 4-18。显示屏（LCD）可显示 4 行，每行 8 个汉字；测量时第一、二、三行显示测量数据，第四行显示对应相应测量模式中软键的功能，显示位置如图 4-19 所示。测量模式包括角度测量、斜距测量、平距测量、坐标测量；菜单模式由多级菜单构成，一级菜单主要包括放样、数据采集、程序、存储管理、设置等。在测量模式下软键的功能见表4-5。

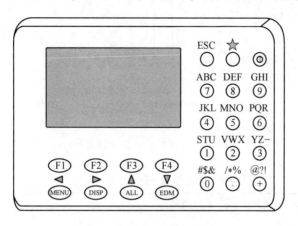

图 4-17　显示屏和键盘

表 4-4　主要按键的功能

按键	第一功能	第二功能
⊚	开/关机	
★	夜照明开/关	
ESC	退出各种菜单功能	
F1~F4	对应第四行显示的功能	功能参见所显示的信息
MENU	进入仪器主菜单	字符输入时光标向左移 内存管理中查看数据上一页
DISP	切换角度、斜距、平距和 坐标测量模式	字符输入时光标向右移 内存管理中查看数据下一页
ALL	一键启动测量并记录	向前翻页 内存管理中查看上一点数据
EDM	测距条件、模式设置菜单	向后翻页 内存管理中查看下一点数据
0~9	输入相应的数字	输入字母以及特殊符号

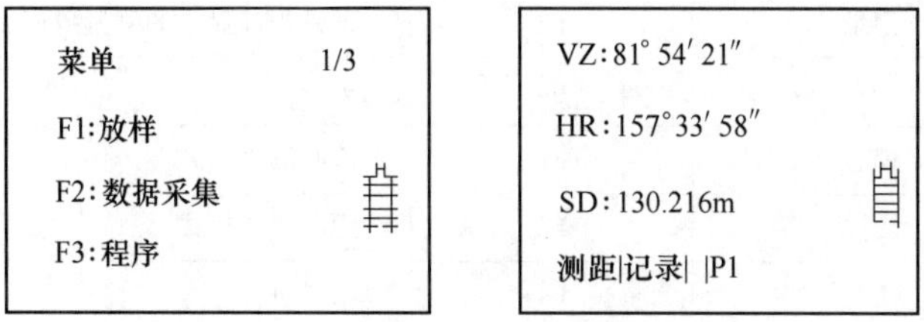

```
菜单              1/3        VZ:81° 54′ 21″

F1:放样                     HR:157° 33′ 58″

F2:数据采集                 SD:130.216m

F3:程序                     测距|记录| |P1
```

图 4-18　测量模式与菜单模式

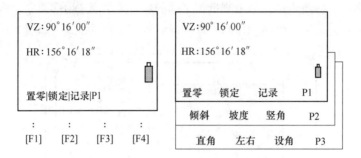

图 4-19　测量模式中软键显示

表 4-5　测量模式下软键 F1~F4 的功能

模式	显　示	软键	功　　能
角度测量	置零	F1	水平角置零
	锁定	F2	水平角锁定
	记录	F3	记录测量数据
	P1	F4	第一页
	倾斜	F1	设置倾斜改正功能开或关
	坡度	F2	天顶距/坡度的变换
	竖角	F3	天顶距/高度角的变换
	P2	F4	第二页
	直角	F1	直角蜂鸣（接近直角时蜂鸣器响）
	左右	F2	水平角顺/逆时针增加（默认右）
	设角	F3	预置一个水平角
	P3	F4	第三页
斜距测量	瞄准/测距	F1	打开激光/启动测量并显示
	记录	F2	记录测量数据
	P1	F4	第一页
	偏心	F1	偏心测量模式
	放样	F2	距离放样模式
	P2	F4	第二页
平距测量	瞄准/测距	F1	打开激光/测量并计算平距、高差
	记录	F2	记录当前显示的测量数据
	P1	F4	第一页
	偏心	F1	偏心测量模式
	放样	F2	距离放样模式
	P2	F4	第二页

模式	显示	软键	功能
坐标测量	瞄准/测距	F1	打开激光/启动测量并计算坐标
	记录	F2	记录当前显示的坐标数据
	P1	F4	第一页
	镜高	F1	输入棱镜高度
	测站	F3	输入测站点坐标
	P2	F4	第二页
	偏心	F1	偏心测量模式
	后视	F3	输入后视点坐标
	P3	F4	第三页

4.4.2 全站仪的使用

在全站仪使用的过程中仪器显示符号的名称见表4-6。

表4-6 仪器显示符号的名称

符号	名称	符号	名称
VZ	天顶距	HR/HL	水平角（顺时针增/逆时针增）
VH	高度角	SD/HD/VD	斜距/平距/高差
V%	坡度	N	北向坐标
Z	高程	E	东向坐标
PT#	点号	ST/BS/SS	测站/后视/碎部点标识
PCODE	编码	Ins. Hi（I. HT）	仪器高
ID	编码登记号	Ref. Hr（R. HT）	棱镜高

4.4.2.1 测量准备

全站仪安置各项操作同经纬仪的安置，且为便于安置，全站仪增加了激光对点器、垂直角倾斜改正等功能。

A 开机

（1）确认仪器已经对中整平。

（2）按红色◎开机键开机。

（3）按提示转动仪器测距头一周，听到"嘀"的一声响表示仪器初始化成功，可以正常使用。

确认显示窗中有足够的电池电量，当显示"电池电量不足"（电池用完）时，应及时更换电池并对电池进行充电。确认棱镜常数值（PSM）和大气改正值（PPM）。

B 关机

（1）按◎键。

（2）按F3键确认关机，按F4键返回到关机前界面。

4.4.2.2 全站仪主要功能的运用

在准备工作完成后，全站仪可进行水平角测量、竖直角测量、距离测量，利用应用软件还可进行地形测量、前方交会、后方交会、道路横断面测量、悬高测量以及按设计坐标进行点位放样等。下面仅介绍部分内容。

A　角度测量

水平角（右角）的测量操作步骤如下：

（1）选择角度测量模式，如图4-20（a）所示；

（2）照准第一个目标（A）；

（3）设置目标A的水平角读数为0°00′00″。按［F1］（置零）键和［F3］（是）键，如图4-20（b）、（c）所示；

（4）照准第二个目标（B），仪器显示目标A与B的水平夹角和B的垂直角，如图4-20（d）所示。

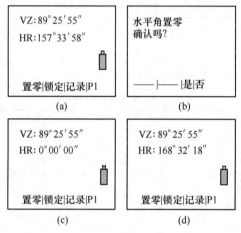

图4-20　水平角（右角）的测量

对于测量水平角有右角和左角之分。右角（HR）指水平角顺时针方向增加，左角（HL）指水平角逆时针方向增加。左角与右角的关系是互补关系，如图4-21所示，即左角+右角=360°。出厂默认设置为右角（HR）方式。若测量左角，可按下列步骤进行：

（1）按两次［F4］键跳过P1、P2，进入第3页（P3）功能。

（2）按［F2］（左右）键，水平角测量右角模式转换成左角模式。

（3）类似右角观测方法进行左角观测。

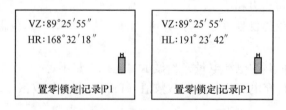

图4-21　角度测量的右角和左角

竖直角的测量操作步骤如下：

（1）选择角度测量模式；

（2）照准第一个目标（A）；

（3）按［F4］（P1）键，进入第 2 页功能，如图 4-22（a）所示；

（4）按［F3］键得到竖直角，如图 4-22（b）所示，或按［F2］键得到坡度，如图 4-22（c）所示。

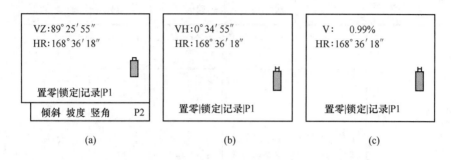

图 4-22　竖直角的测量

B　放样

放样程序在工作现场根据点号和坐标值将该点定位到实地。如果放样点坐标数据未被存入仪器内存，则可以通过键盘输入到内存，坐标数据也可以在内业时通过通信电缆从计算机上传到仪器内存，以便到工作现场能快速调用。放样步骤如下：

（1）在菜单模式下选择放样，如图 4-23（a）所示，选择坐标数据文件，如图 4-23（b）所示，可进行测站坐标数据及后视坐标数据的调用；

（2）设置测站点，如图 4-23（c）所示，输入坐标数据，如图 4-23（d）所示；

（3）设置后视点，输入坐标数据，确定方位角，如图 4-23（e）所示；

（4）输入或调用待放样点坐标，开始放样，如图 4-23（f）所示；

（5）转动照准部先将 dHR 接近 0，然后在此方向上移动棱镜，通过测距使 dHD 和 dZ 小于允许误差。当显示值 dHR，dHD 和 dZ 均小于允许误差时，则放样点的测设完成，如图 4-23（g）所示。

现对图 4-23（g）中的 dHR、dHD 和 dZ 进行说明。

dHR：对准放样点仪器应转动的水平角＝实际水平角–计算的水平角。当 dHR＝0°00′00″时，即表明放样方向正确。

dHD：对准放样点尚差的水平距离＝实测平距–计算平距。

dZ：对准放样点尚差的高差＝实测高差–计算高差。

C　数据采集

数据采集的操作步骤如下：

（1）在菜单模式下选择数据采集文件，如图 4-24（a）所示，使其所采集数据存储在该文件中；

（2）选择坐标数据文件。进行测站坐标数据及后视坐标数据调用，如图 4-24（b）所示，当无需调用已知点坐标数据时，可省略此步骤；

（3）设置测站点，输入仪器高和测站点号及坐标；

（4）设置后视点，通过测量后视点进行定向，确定方位角；

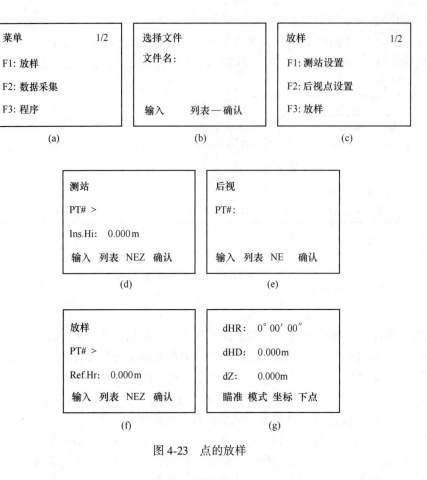

图 4-23 点的放样

（5）按［F3］（碎部点）键进入待测点测量显示，如图 4-24（c）所示；

（6）按［F1］（输入）键，依次输入 PT#（点号）、PCODE（编码）、Ref. Hr（棱镜高），按［F3］键测量，如图 4-24（d）所示；

（7）按［F2］（HD）键，选择采集数据的格式，仪器完成对待测点的测量并自动记录数据，如图 4-24（e）所示；

（8）返回到下点测量界面，点号自动加 1，可按［F4］（自动）键测量，仪器采集的数据格式默认为上次选定的格式，如图 4-24（f）所示。

4.4.3 全站仪的应用

全站仪的应用可归纳为以下 4 个方面：

（1）在地形测量中，可进行数字测图的野外数据采集；

（2）可用全站仪进行导线测量、前方交会、后方交会等；

（3）可用于施工放样测量，将设计好的管线、道路、工程建设中的建筑物、构筑物等的位置按图纸设计数据测设到地面上；

（4）通过数据输入输出接口设备，将全站仪与计算机、绘图仪连接在一起，形成一套完整的测绘系统，从而大大提高测绘工作的质量与效率。

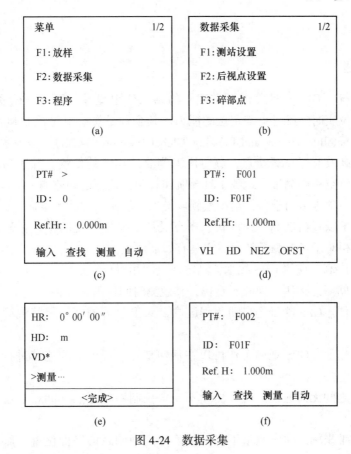

图 4-24 数据采集

4.4.4 全站仪使用时的注意事项

（1）全站仪的物镜不可对着阳光或其他强光源（如探照灯等），以免损坏物镜的光敏二极管，在阳光下作业时需撑伞。

（2）测站应远离变压器、高压线等，以防止强电磁场的干扰。

（3）测线应高出地面和离开障碍物 1.3m 以上。

（4）应避免测线两侧及镜站后方有反光物体（如房屋玻璃窗、汽车挡风玻璃等），以免背景干扰产生较大测量误差。

（5）旋转照准部时应匀速旋转，切忌急速转动。

（6）防止雨淋湿仪器，以免发生短路现象，烧毁电气元部件。

（7）任何温度的突变都会缩短仪器测程或使仪器受潮，注意使仪器有一个适应环境温度的缓变过程。

（8）选择有利的观测时间，一天当中，上午日出后半小时至一个半小时，下午日落前三小时至半小时为最佳观测时间，阴天、有微风时，全天都可观测。

（9）电池要经常进行充、放电的保养。依季节每一个月至三个月长期不用仪器时，应定期充电。通电一次，每次约一个小时。

（10）仪器在运输时必须注意防潮、防震和防高温。测量完毕应立即关机。迁站时应先切断电源，切忌带电搬动。

4.5 全球定位系统 GPS

4.5.1 GPS 概述

全球定位系统（GPS）是美国军方建立的第二代卫星导航系统，该系统具有在海、陆、空进行全方位实时三维导航与定位的能力，其全称是导航卫星授时和测距/全球定位系统（Navigaion Satellite Timing and Ranging/Global Position System）。该技术以全天候、高精度、自动化、高效益等显著特点，赢得广大测绘工作者的信赖，并成功应用于大地测量、工程测量、航空摄影测量、运载工具导航和管制、地壳运动监测、工程变形监测、资源勘查、地球动力学等多门学科，给测绘领域带来一场深刻的技术革命。

GPS 定位技术以其精度高、速度快、布点灵活、操作方便的特点正逐渐取代传统的控制测量方法，相对于经典测量技术，它具有如下优点：

（1）定位精度高。应用 GPS 技术，测定两点间相对位置精度可达 $10^{-7} \sim 10^{-6}$。

（2）观测时间短。运用快速相对定位，其观测时间仅需数分钟。

（3）操作简便。GPS 测量的自动化程度高，对卫星的捕获、跟踪观测、记录等均由仪器自动完成。

（4）全天候作业。GPS 观测工作可以在任何地点、任何时间连续进行，一般不受天气状况的影响。

（5）观测站之间无需通视。GPS 测量不要求控制网相邻点之间相互通视，因而布点较为灵活方便。

（6）提供三维坐标。GPS 测量不仅能精确测定观测站的平面位置，而且能精确测定观测点的大地高程。

4.5.2 GPS 系统的组成

GPS 卫星全球定位系统（GPS 系统）包括下列三大部分：GPS 卫星星座（空间部分）、地面监控系统（地面控制部分）、GPS 信号接收机（用户设备部分）。图 4-25 显示了 GPS 定位系统的三个组成部分及其基本功能。

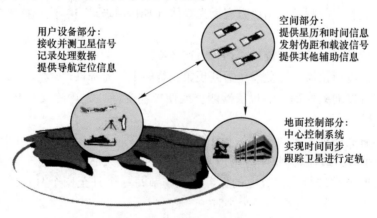

图 4-25　GPS 的空间、地面控制和用户设备部分

4.5.2.1 GPS 卫星星座（空间部分）

GPS 空间部分由 21+3 颗（备用 3 颗）卫星组成，分布在 6 个轨道上，如图 4-26 所示。每颗卫星覆盖全球 38%的面积，每个轨道面上有 4 颗卫星，按等间隔分布，可保证在地球上任何地点、任何时间、在高度角大于 15°以上的天空同时能观测到 4 颗以上卫星。

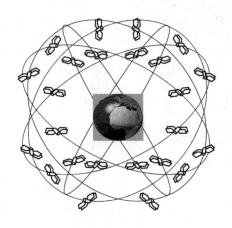

图 4-26　GPS 卫星轨道

4.5.2.2 地面监控系统（地面控制部分）

监控部分包括一个主控站、三个注入站和五个监控站。监控站的主要任务是监控卫星运行和服务状态，接收卫星运行信号并传送给主控站。主控站的任务是根据监控站观测资料，计算每颗卫星的轨道参数和卫星钟差改正数，推算一天以上的卫星星历和钟差，并转化为导航电文发给注入站。三个注入站的任务是在每颗卫星运行到上空时，把卫星星历、轨道纠正信息和卫星钟差纠正信息等控制参数和指令注入到卫星存贮器。

4.5.2.3 GPS 信号接收机（用户设备部分）

卫星星座于 1993 年建成以后，陆地、海洋和空间的广大用户，都可以在任何时候用 GPS 信号进行导航定位测量，因此，需要一种能够接收、跟踪、变换和测量 GPS 信号的卫星信号接收设备，我们称之为 GPS 信号接收机。

GPS 接收机由天线、主机、电源等部分组成，如图 4-27 所示为易测 E650 接收机。天线安放在整置于控制点的脚架上，接收卫星信号，在控制显示器上获得的是天线相位中心的三维坐标。有的接收机将天线与部分控制处理装置合在一起，称为传感器。接收机的主要任务是，当 GPS 卫星在用户视界升起时，接收机能够捕捉到按一定卫星高度截止角所选择的待测卫星，并能够跟踪这些卫星的运行，然后对所接收到的 GPS 信号进行变换、放大和处理，最终测量出 GPS 信号从卫星到接收天线的传播时间，解算出 GPS 卫星到测站的距离，实时地计算出测站的三维位置，甚至三维速度和时间。实际上，求算点的坐标就是空间距离的后方交会（见图 4-28），由于在结算中，只有测站点的坐标和接收机钟差共 4 个未知数，因此，至少要观测 4 颗以上卫星。另外，GPS 信号接收机不仅需要功能较强的机内软件，而且需要一个多功能的 GPS 数据测后处理软件包。接收机加处理软件包，才是完整的 GPS 信号用户设备。

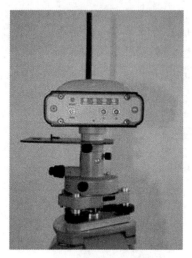

图 4-27 易测 E650 接收机

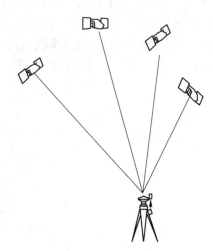

图 4-28 伪距法定位原理

4.5.3 GPS 坐标系统

GPS 所用的坐标系统是 World Geodetic System1984 坐标系，简称 WGS84 坐标系。WGS84 坐标系属于协议地球坐标系，坐标系的原点位于地球质心，Z 轴指向 BIH1984.0 定义的协议地球极（CTP）方向，X 轴指向 BIH1984.0 的零子午面与 CTP 赤道的交点，Y 轴垂直于 XOZ 平面，构成右手坐标系，如图 4-29 所示。

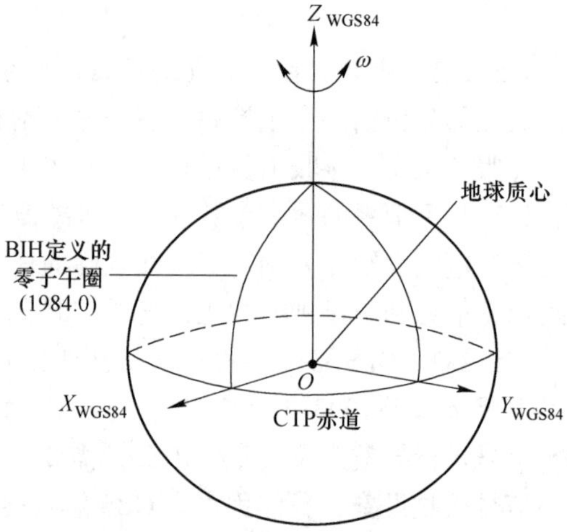

每一种坐标系都有两种表示形式，以经度 L、纬度 B、高程 H 表示的球面大地坐标系和以 X，Y，Z 表示的三维空间直角坐标系。GPS 接收机可以输出某一种坐标或同时输出两种坐标。

图 4-29 WGS 世界大地坐标系

因为 WGS84 坐标系与我国常用的坐标系的各项参数及定义不同，因此，要将 GPS 测得的 WGS84 坐标系测量成果转换成我国常用的 1954 年北京坐标系或者 1980 年西安坐标系方可用。

4.5.4 GPS 静态测量

GPS 静态测量是指采用两台或两台以上的接收设备，分别安置在一条或数条基线的端点上，各接收机置于站点保持相对静止状态，观测时段尽量保持在 45min 以上，同步采集一段时间的可见卫星的原始数据。当结束一个同步时段的数据收集之后，将 GPS 接收机移到另一组新的测站点，开始下一时段的静态数据采集工作。时段之间保持有一个衔接点（点连式）或两个衔接点（边连式），以便将前一时间段的观测点与新一时间段的观测点相衔接。静态测量是目前控制测量常用的一种模式，它与常规测量工作相类似，也分外业和内业两部分，主要包括技术设计、选点与建立标志、野外观测、观测成果检核、测后数据处理和技术总结等工作内容。

4.5.4.1　E650 接收机简介

E650 是合众思壮公司潜心研制的新一代高精度静态测量系统。该系统采用一体化设计理念，集 GPS 天线、GPS 接收机、锂电池和数据存储于一体。同时可以跟踪多达 12 颗 GPS 卫星，跟踪性能优越。整机高度密封，防水、防尘、防震。操作非常容易，用户只需轻轻一按，便可进行工作。大容量的存储空间可以减少用户不时清理内存的烦琐。E650 施工应用范围包括控制测量、工程测量、GIS 数据采集及勘界测量、面积测量等。

E650 主机是 E650 的核心部分，内置接收机、GPS 天线、电池，具有接收卫星信号、处理和存储静态数据等功能，主机操作界面和功能见图 4-30 和说明。

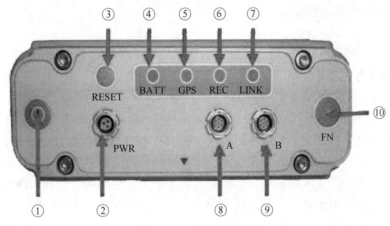

图 4-30　E650 操作面板

图 4-30 操作面板的主要按键和指示灯的功能如下：

①【I】开关机键功能：按下【I】（持续时间大于 2s）直到听见"嘀"一声，放开【I】，开机成功，各指示灯切换到正常显示状态。关机时按下【I】（持续时间大于 3s）直到听见"嘀"三声，放开【I】，3 个红色指示灯开始闪烁，所有指示灯熄灭，"嘀"声音停止，关机成功。

②【PWR】外部电源接口：外接 12V 直流电源给 E650 供电。当 E650 选择外部电源供电时，用外部供电线缆 Fisher 头的一端插入该接口，另一端连接 12V 直流电源。

③【RESET】强制关机键：持续按下【RESET】键 7s 以上，然后放开，E650 会强制进入关机状态。该功能只有在 E650 出现故障或无法正常关机情况下才使用。

④【BATT】电池状态灯：分别有绿慢闪、绿闪、绿快闪、红慢闪、红闪、红快闪 6 种，分别表示电池电量≥90%、电量≥70%、电量≥50%、电量≥30%、电量≥10% 到电池电量不足状态。黄慢闪和绿灯表示充电中和充电完成状态。

⑤【GPS】GPS 卫星状态指示灯：绿闪表示当前正使用的卫星数，红闪表示当前可见但未被使用的卫星数，红常亮表示 GPS 接收板故障。

⑥【REC】运行（记录）状态灯：绿快闪表示 E650 正向内部 CF 卡中写入数据，一

一般出现在记录数据阶段。红快闪表示 E650 正在从内部 CF 卡中读出数据，读完数据后，会听到"嘀"的两声提示音，表示读完，一般出现在数据上传阶段。红常亮表示 CF 卡故障或 CF 卡满，同时出现"嘀"的报警音。

⑦【LINK】数据连接指示灯：当在实施 RTK 测量时，基准站和流动站要进行数据通信，这时指示灯会正常显示绿快闪。

⑧⑨【A】和【B】串口通信接口：用外部串口通信电缆 Fisher 头的一端插入该接口，另一端连接 PC 机的串口。

⑩【FN】功能键：启动和停止数据记录。确保 E650 接收到了 3 颗以上卫星信息（即 GPS 绿灯连续闪 3 次以上）。按下【FN】超过 3s（每秒 E650 会"嘀"一声），放开【FN】。REC 绿灯快闪，开始记录数据，E650 进入记录数据状态，再次进行类似操作，E650 进入非记录数据状态。另外与【I】组合完成 E650 内部参数复位。

4.5.4.2 GPS 静态操作

A GPS 网的技术设计

根据 GPS 控制网的用途和用户要求，确定精度指标、设计网的图形结构和控制点的分布。技术设计是一项基础性、全局性的工作，只有精心设计，选择最优方案，才能达到高精度、高效益。

在 GPS 布设网形中，最常用的方式是同步图形扩展式，具体步骤就是将多台接收机安置在不同的测站上，观测一个同步时段后，把其中的几台接收机迁至另外几个测站上，和没有迁站的接收机一起再进行同步观测，周而复始，直至观测完网中所有点。每次观测都可得到一个同步图形，不同的同步图形间有若干个公共点相连，这种布网形式称为同步图形扩展式。同步图形扩展式作业方法简单，布网扩展速度快，图形精度高，因而在实践中得到了广泛应用。

例如：如果有 3 台 GPS，可以将 2 台 GPS 架在 G_1、G_2 控制点上，另一台 GPS 架在测区范围内 A_1 点上，同时进行静态观测半小时；然后 G_1、G_2 控制点上 GPS 不动，将 A_1 点上 GPS 移动到测区范围内 A_2 点上静态观测半小时；G_1、G_2 点上 GPS 仍然不动，将 A_2 点上 GPS 移动到 A_3 点上静态观测半小时。

如果只有 2 台 GPS，先将 2 台 GPS 架在 G_1、G_2 控制点上静态观测半小时，然后一台 GPS 不动，另一台分别拿到 A_1、A_2、A_3 点上各观测半小时。观测结束以后将数据统一导入计算机，用 GPS 后处理软件解算 A_1、A_2、A_3 点的西安 80 坐标。

B 选点与建立标志

因为 GPS 测量的观测站之间不要求相互通视，所以选点工作较为简便。选点时应注意以下几点：观测站要远离大功率的无线电发射台（如电台、微波站等，距离不小于 200m）和高压输电线（距离不得小于 50m）等，以避免其电磁场对 GPS 卫星信号的干扰；观测站附近不应有强反射的大面积水域、平坦光滑的地面等对电磁波反射强烈的物体，以减弱 GPS 卫星信号多路径误差的影响；观测站设在视野开阔的地方，以避免测站附近的地貌、地物引起较强的反射波及造成卫星信号的遮挡，通常视场内周围障碍物的高度角不大于 10°~15°。选点完成，应设置具有中心标志的标石，以精确标志点位，并应绘出 GPS 点之记及点的环视图。

C 观测

（1）天线安置。在选点处架设仪器，量取天线斜高并做记录，如图 4-31 所示。

（2）观测作业。外业观测的主要任务是利用 GPS 接收机采集来自 GPS 卫星的电磁波信号。外业观测应严格按照技术设计时所拟定的观测计划进行实施，只有这样，才能协调好外业观测的进程，提高工作效率，保证测量成果的精度。为了顺利地完成观测任务，在外业观测之前，还必须对所选定的接收设备进行严格的检验。

接收机操作的具体方法步骤，在仪器使用说明书中有说明。实际上，目前 GPS 接收机的自动化程度相当高，一般仅需按动开机键，就能顺利地自动完成测量工作，并且每做一步工作，显示屏、指示灯上均有提示，大大简化了外业操作工作，降低了劳动强度。

图 4-31　安置仪器

（3）观测记录。观测记录主要有 2 种：观测值记录和测量手簿。

观测值记录：观测值由接收机自动形成，并自动记录在存储器上。

测量手簿：测量手簿由观测人员填写，用来记录天线高度、气象数据和观测人员、观测时间、观测仪器等。

D 外业观测成果的检核

当外业观测完成后，在测区及时对观测数据的质量进行检核，以便及时发现不合格成果，并根据情况采取淘汰、重测或补测措施。

E 观测数据的测后处理

GPS 测量数据的测后处理，一般借助与接收机相应的后处理软件自动完成。随着定位技术的迅速发展，GPS 测量数据处理软件的功能和自动化程度将不断增强和提高。

F 技术总结

GPS 测量的外业工作和数据处理结束后，应及时编写技术总结，提交有关成果资料。

4.5.5 GPS RTK 动态测量

RTK（Real—Time Kinematic）的工作原理是在一个固定位置（基准站）安置一台 GPS 接收机，另一台或几台 GPS 接收机流动工作，称为流动站，基准站和流动站同时接受相同的 GPS 卫星发射的信号，基准站实时地将测得的载波相位观测值、伪距观测值、基准站坐标等用无线电传送给运动中的流动站，流动站通过无线电接收基准站发射的信息，将载波相位观测值实时进行差分处理，得到基准站和流动站基线向量（ΔX，ΔY，ΔZ），基线向量加上基准站坐标得到流动站每个点的 WGS84 坐标，通过坐标转换得到流动站每个点在当地坐标系的平面坐标（X，Y）和高程 H，这个过程就是实时动态定位，通常又称作 GPS-RTK 定位。GPS-RTK 定位技术主要用于地形测量、工程放样、碎部测量、各种实时动态定位的指挥调度系统等。

RTK 工作中基准站和流动站之间的数据传输模式有三种：分别是进口发射电台 UHF 内置、GPRS 和 GSM。三种通信模式一体化集成，相对应的主机接口见图 4-32，具体设置通信模式详见 RTK 测量的实施。

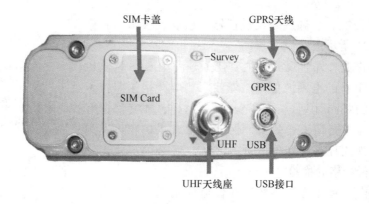

图 4-32 E650 操作面板

基准站、流动站的各项设置都通过 eSurvey 手簿（见图 4-33）操作软件完成，该软件用于完成原始数据记录、数据采集、放样、RTK 测量以及基本的坐标几何计算工作，其功能高效、实用，操作简单便捷。同时在 RTK 作业完毕之后，数据可以按照 U 盘式数据管理模式，也可以通过线缆式进行数据下载。在 RTK 放样过程中，我们可以采用两种方式，即移动方向、正北方向进行参考放样，并且软件在到达目标 1m 范围内会有智能语音提示，非常直观方便。下面就以 E650 为例，介绍 RTK 动态测量的实施过程。

4.5.5.1 进行点校正

当控制点坐标引入测区范围后，即 A_1、A_2、A_3 点的西安 80 坐标解算出来以后，开始进行点校正。首先将基准站架在基准点上（即一已知控制点），打开手簿电源按钮，点击开始菜单→选择资源管理器→eSurvey→eSurveyPlus→进入软件工作界面，进行相关设置。

图 4-33 eSurvey 手簿

具体流程为：

（1）新建项目。项目模块的主要功能包括：新建项目、最近项目、打开项目、备份工程（另存为）和编辑项目属性。若新建一个项目见图 4-34，在项目名称框内输入要创建的项目名称，见图 4-35，点击"坐标系统"按钮进入设置坐标系统界面，选择相应参数，比如，修改坐标系统至 80 坐标系统，如图 4-36 所示，设置中央子午线为测区所经过的 3 度带的中央子午线等，其他项目如实填写，设置完成以后，在"新建项目"界面点击"确定"即可。

（2）打开一个已有的或新建的项目，点击主界面的测量选项→点校正。进入如图4-37所示界面。

点击增加，向列表框增加校正点。首先，将仪器先架在控制点 A_1 点上，输入 A_1 点西安 80 坐标，并从主机获取 WGS84 坐标，这样 A_1 点的西安 80 坐标与 WGS84 坐标配对完毕，同理增加 A_2、A_3 点，然后就可以进行点校正，完成西安 80 坐标与 WGS84 坐标的配对，解算出 7 参数即可。结果菜单可以显示校正结果。最后点击应用，把校正参数应用到当前工程中。点校正就是求解 WGS84 坐标系（地心坐标系）和 80 坐标系（大地坐标系）的转换参数，并把这些参数应用于工程，使得我们测量得到的坐标为 80 通用坐标。

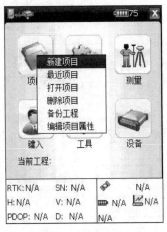

图 4-34　新建项目

图 4-35　输入名称

图 4-36　修改坐标系

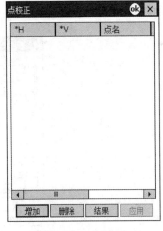

图 4-37　点校正

4.5.5.2　配置基准站

首先，点击主界面上方的 ，选择蓝牙连接或电缆搜索基准站设备，点击"连接"按钮，见图 4-38。

其次，选择要连接的蓝牙设备，连接主机，连接成功后界面上方的图标变为 。

再次，点击配置→基准站。

（1）设置基准站坐标。设置基准站坐标有三种方式：选择适当坐标系统，在坐标 ID 档内输入基准站坐标实际值；点击"自动获取"，从接收机读取 GPS 单点定位坐标，并将其作为基准站坐标；点击"选点"，在坐标管理列表中选取。

（2）配置 GPS。天线高有 650 斜高和 650 垂高两种。高度角，此项设置用来改善 GPS 定位解算的质量，高度角低于设置值的卫星数据在定位解算中将不被使用，高度角一般选定 5°。发射间隔为根据实际需要选择，一般为 2s。差分格式选择 NCT，见图 4-39。

图 4-38　连接界面图

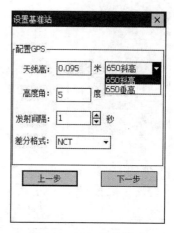

图 4-39　NCT 差分格式

（3）配置数据键。选择需要启动的链路方式，系统提供三种方式：电台、点对点、ENet，详见图 4-40。

图 4-40　启动的链路方式

电台：电台分外部电台和内部电台，用得较多的是内部电台。通过内置电台实现数据通信，此时链路方式选择"内部电台"，频点由用户自行选择。（注意：此处选择的频点要与设置流动站时选择的频点一致。）

点对点：通过内置 GSM 模块实现数据通信，输入主叫号码和被叫号码即可实现数据通信。

ENet：输入相应的 IP 地址即可。

最后，断开基准站连接，点击界面上方的 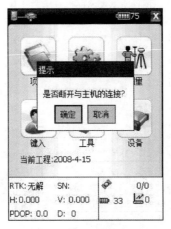，提示是否断开蓝牙连接，选择"确定"即可，如图 4-41 所示。

图 4-41　断开基准站连接

4.5.5.3　配置流动站

配置流动站的方法和基准站相同，需要注意的是必须使手簿先与基准站断开，然后再与流动站连接，再者就是基准站和流动站的数据通信模式要一致，电台频率的设置要一致。

4.5.5.4　RTK 地形点测量和放样

首先，点击测量→地形点测量，见图 4-42（a）和（b），此时观察 RTK 是否为固定解，如果是，那么流动站就能实时获得西安 80 坐标。点击菜单记录选项 ●，自动把点坐标保存到默认的工程文件中。

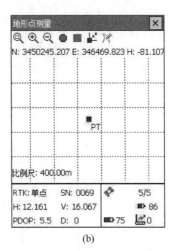

(a)　　　　　　　　　(b)

图 4-42　地形点测量

然后，点击测量→放样，放样形式包括点放样、直线放样、圆弧放样和道路放样，界面如图 4-43（a）所示。选择点放样的界面如图 4-43（b）所示。通过选择，从坐标管理中选择所需要的放样坐标，见图 4-43（c）。

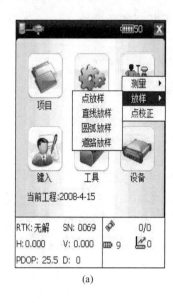
(a)

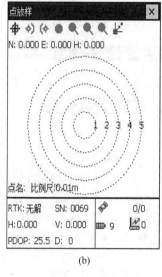
(b)

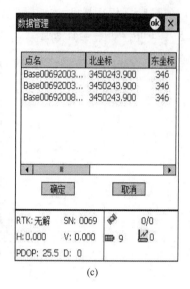
(c)

图 4-43　放样

4-1　距离测量有哪几种方法？

4-2　什么叫直线定线？量距时为什么要进行直线定线？如何进行直线定线？

4-3　钢尺量距影响精度的因素有哪些？测量时应注意哪些事项？

4-4　在测站 A 进行视距测量，仪器高 $i = 1.45\text{m}$，望远镜盘左照准 B 点标尺，中丝读数 $v = 2.56\text{m}$，视距间隔为 $l = 0.586\text{m}$，竖盘读数 $L = 93°28'$，求水平距离 D 及高差 h。

4-5　全站仪的主要技术指标有哪些？在使用全站仪时应注意哪些事项？

4-6　简述 GPS 系统的组成及其各部分的基本功能。

5 测量误差基本知识

5.1 测量误差概念

对某一客观存在的量进行多次观测，例如往返丈量某段距离或重复测某一水平角等，其多次测量结果总是存在着差异，这说明观测值中含有测量误差。产生测量误差的原因很多，概括起来有下列三个方面：观测者、测量仪器和外界条件。由于受到这些条件的影响，测量中的误差是不可避免的，因此测量工作者的责任就是在一定的观测条件下，采用合理的观测方法和手段，确保观测成果具有较高的质量，将误差减小或控制在允许的限度内。

5.1.1 测量误差的分类

测量误差按其对观测结果影响性质的不同可以分为系统误差与偶然误差两类。

5.1.1.1 系统误差

在相同的观测条件下对某一量进行一系列的观测，若误差的出现在符号和数值上均相同，或按一定的规律变化，则这种误差称为系统误差。例如用名义长度为 30.000m，而实际正确长度为 30.006m 的钢卷尺量距，每量一尺段就有 0.006m 的误差，其量距误差的影响符号不变，且与所量距离的长度成正比，因此系统误差具有积累性，对测量结果影响较大；另一方面，系统误差对观测值的影响具有一定的规律性，且这种规律性总能想办法找到，因此系统误差对观测值的影响可用计算公式加以改正，或用一定的测量措施加以消除或减弱。

5.1.1.2 偶然误差

在相同的观测条件下对某一量进行一系列的观测，若误差出现的符号和数值大小不一致，表面上没有规律，则这种误差称为偶然误差。偶然误差是由人力所不能控制的因素（例如人眼的分辨能力、气象因素等）共同引起的测量误差，其数值的正负、大小纯属偶然。例如在厘米分划的水准尺上读数，估读毫米数时，有时估读过大，有时过小；大气折光使望远镜中成像不稳定，引起目标瞄准有时偏左，有时偏右。多次观测取其平均，可以抵消掉一些偶然，因此偶然误差具有抵偿性，对测量结果影响不大；另一方面，偶然误差是不可避免的，且无法消除，但应加以限制。在相同的观测条件下观测某一量，所出现的大量偶然误差具有统计的规律，或称之为具有概率论的规律，关于这方面的内容将在5.1.3 节讨论。

5.1.1.3 粗差

除了上述两种误差以外，在测量工作中还可能发生错误，也就是粗差，例如瞄错目标、读错读数等，粗差是由于观测者的粗心大意所造成的。测量工作中，粗差是不允许的，含有错误的观测值应该舍弃，并重新进行观测。

5.1.2 多余观测

为了防止错误的发生和提高观测成果的质量，在测量工作中一般要进行多于必要的观测，称为多余观测。例如一段距离采用往返丈量，如果往测属于必要观测，则返测就属于多余观测；又如对一个水平角观测了3个测回，如果第一个测回属于必要观测，则其余2个测回就属于多余观测。多余观测可以帮助发现观测值中的错误，以便将错误剔除或重测。由于观测值中的偶然误差不可避免，有了多余观测，观测值之间必然产生差值（不符值、闭合差），因此我们可根据差值的大小来评定测量的精度（精确程度），差值如果大到一定的程度，就认为观测值中有错误（不属于偶然误差），称为误差超限。差值如果不超限，则按偶然误差的规律加工处理，称为闭合差的调整，以求得最可靠的数值。

5.1.3 偶然误差的特性

设某一量的真值为 X，对此量进行 n 次观测，得到的观测值为 l_1，l_2，$\cdots$，l_n，在每次观测中发生的偶然误差（又称真误差）为 Δ_1，Δ_2，$\cdots$，Δ_n，则定义：

$$\Delta_i = X - l_i \quad (i = 1, 2, \cdots, n) \tag{5-1}$$

测量误差理论主要讨论在具有偶然误差的一系列观测值中，如何求得最可靠的结果和评定观测成果的精度，为此需要对偶然误差的性质作进一步的讨论。

从某个偶然误差来看，其符号正负和数值的大小没有任何规律性，但是如果观测的次数很多，观察大量的偶然误差，就能发现隐藏在偶然性下面的必然性规律。进行统计的数量越大，规律性也越明显。下面结合某观测实例，用统计方法进行分析。

某一测区，在相同的观测条件下共观测了365个三角形的全部内角。由于每个三角形内角之和的真值（180°）已知，因此可以按式（5-1）计算三角形内角之和的偶然误差 Δ_i（三角形闭合差），再将正误差、负误差分开，并按其绝对值由小到大进行排列。以误差区间 $d\Delta = 2''$ 进行误差个数 k 的统计，顺便计算其相对个数 k/n（$n = 365$），k/n 称为误差出现的频率。结果见表5-1。

表5-1 偶然误差的统计

误差区间 d∆	负误差		正误差	
	k	k/n	k	k/n
0~2″	47	0.129	46	0.126
2″~4″	42	0.115	41	0.112
4″~6″	32	0.088	34	0.093
6″~8″	22	0.060	22	0.060
8″~10″	16	0.044	18	0.050
10″~12″	12	0.033	14	0.039
12″~14″	6	0.016	7	0.019
14″~16″	3	0.008	3	0.008
16″以上	1	0	0	0
Σ	180	0.493	185	0.507

按表 5-1 的数据作图 5-1。由图 5-1 可以直观地看出偶然误差的分布情况。图中以横坐标表示误差的正负与大小,以纵坐标表示误差出现于各区间的频率(相对个数)除以区间的间隔 dΔ,每一区间按纵坐标划分成矩形小条,则小条的面积代表误差出现在该区间的频率,而各小条的面积总和等于 1。该图(图 5-1)称为频率直方图。

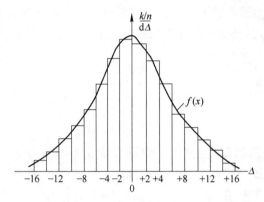

图 5-1　频率直方图

从表 5-1 的统计中可以归纳出偶然误差的 4 个特性:

(1)在一定观测条件下的有限观测中,绝对值超过一定限值的误差出现的频率为零;

(2)绝对值较小的误差出现的频率大,绝对值较大的误差出现的频率小;

(3)绝对值相等的正、负误差出现的频率大致相等;

(4)当观测次数无限增大时,偶然误差的算术平均值趋近于零,即偶然误差具有抵偿性。用公式表示为

$$\lim_{n \to \infty} \frac{[\Delta]}{n} = 0 \tag{5-2}$$

式中,[ ] 表示取括号中数值的代数和,即 $[\Delta] = \Delta_1 + \Delta_2 + \cdots + \Delta_n$;$n$ 为 Δ 的个数。

以上根据 365 个三角形角度闭合差作出的误差出现频率直方图的基本图形(中间高、两边低并向横轴逐渐逼近的对称图形),并不是一种特例而是统计偶然误差出现的普通规律,并且可以用数学公式来表示。

当误差的个数 $n \to \infty$,同时又无限缩小误差的区间 dΔ,则图 5-1 中各小长条的顶边的折线就逐渐成为一条光滑的曲线。该曲线在概率论中称为正态分布曲线,它完整地表示了偶然误差出现的概率 P(当 $n \to \infty$ 时,上述误差区间内误差出现的频率趋于稳定,成为概率)。

正态分布的数学方程式为

$$y = f(\Delta) = \frac{1}{\sqrt{2\pi}\sigma} e^{-\frac{\Delta^2}{2\sigma^2}} \tag{5-3}$$

式中,π 为圆周率,π = 3.1416;e 为自然对数的底,e = 2.7183;σ 为标准差;σ^2 为标准差的平方,称为方差。

方差为偶然误差平方的理论平均值,即

$$\sigma^2 = \lim_{n \to \infty} \frac{\Delta_1^2 + \Delta_2^2 + \cdots + \Delta_n^2}{n} = \lim_{n \to \infty} \frac{[\Delta\Delta]}{n} \tag{5-4}$$

标准差为

$$\sigma = \pm \lim_{n \to \infty} \sqrt{\frac{[\Delta\Delta]}{n}} \tag{5-5}$$

由式 (5-5) 可知, 标准差的大小取决于在一定条件下偶然误差出现的绝对值的大小。由于在计算时取各个偶然误差的平方和, 当出现有较大绝对值的偶然误差时, 在标准差 σ 中会得到明显的反映。式 (5-3) 称为正态分布的密度函数, 以偶然误差 Δ 为自变量, 标准差 σ 为密度函数的唯一参数。

5.2 评定精度的标准

5.2.1 中误差

在一定观测条件下观测结果的精度, 取标准差 σ 是比较合适的。但是在实际测量工作中, 不可能对某一量做无穷多次观测, 因此定义按有限次观测的结果偶然误差 (真误差) 求得的标准差为中误差 m, 即

$$m = \pm \sqrt{\frac{\Delta_1^2 + \Delta_2^2 + \cdots + \Delta_n^2}{n}} = \pm \sqrt{\frac{[\Delta\Delta]}{n}} \tag{5-6}$$

实际上, 中误差 m 是标准差 σ 的估值。

例 5-1 对三角形的内角进行两组观测 (各测 10 次), 根据两组观测值中的偶然误差 (真误差), 分别计算其中误差列于表 5-2。

表 5-2 按观测值的真误差计算中误差

序号	第一组观测			第二组观测		
	观测值 l_i	真误差 Δ_i	Δ_i^2	观测值 l_i	真误差 Δ_i	Δ_i^2
1	179°59′59″	+1″	1	180°00′08″	−8″	64
2	179°58′58″	+2″	4	179°59′54″	+6″	36
3	180°00′02″	−2″	4	180°00′03″	−3″	9
4	179°59′57″	+3″	9	180°00′00″	0″	0
5	180°00′03″	−3″	9	179°59′53″	+7″	49
6	180°00′00″	0″	0	179°59′51″	+9″	81
7	179°59′56″	+4″	16	180°00′08″	−8″	64
8	180°00′03″	−3″	9	180°00′07″	−7″	49
9	179°59′58″	+2″	4	179°59′54″	+6″	36
10	180°00′02″	−2″	4	180°00′04″	−4″	16
Σ		−2″	60		−2″	404
中误差	$[\Delta\Delta]_1 = 60, n = 10$			$[\Delta\Delta]_2 = 404, n = 10$		
	$m_1 = \pm\sqrt{\dfrac{[\Delta\Delta]_1}{n}} = \pm 2.5''$			$m_2 = \pm\sqrt{\dfrac{[\Delta\Delta]_2}{n}} = \pm 6.4''$		

从表 5-2 中可见, 第二组观测值的中误差大于第一组观测值的中误差, 虽然这两组观

测值的真误差之和 [Δ] 是相等的，但是在第二组观测值中出现了较大的误差（-8″，+9″），因此相对来说其精度较低。

在一组观测值中，当中误差 m 确定以后，就可以画出它所对应的误差正态分布曲线。根据式（5-3），当 $\Delta = 0$ 时，$f(\Delta)$ 有最大值。当以中误差 m 代替标准差 σ 时，最大值为 $\dfrac{1}{\sqrt{2\pi}\,m}$。

因此，当 m 较小时，曲线在纵轴方向的顶峰较高，表示小误差比较集中；当 m 较大时，曲线在纵轴方向的顶峰较低，曲线形状平缓，表示误差分布比较离散，如图 5-2 所示（$m_1 < m_2$）。

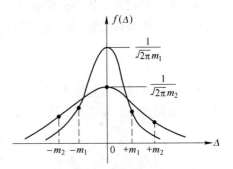

图 5-2　不同中误差的正态分布曲线

5.2.2 相对误差

在某些测量工作中，用中误差这个标准还不能反映出观测的质量，例如用钢尺丈量 200m 及 80m 两段距离，观测值的中误差都是 ±20mm，但不能认为两者的精度一样，因为量距误差与其长度有关，为此，用观测值中的中误差绝对值与观测值之比化为分子为 1 的分数的形式，称为相对误差。上例中，前者的相对中误差为 $K_1 = 0.02/200 = 1/10000$，而后者的相对中误差为 $K_2 = 0.02/80 = 1/4000$。前者精度高于后者。

5.2.3 极限误差

由频率直方图（图 5-1）知道，各矩形小条的面积代表误差出现在该区间中的频率；当统计误差的个数无限增加、误差区间无限减小时，频率逐渐稳定而成概率，直方图的顶边即形成正态分布曲线。因此根据正态分布曲线可以求得出现在小区间 $d\Delta$ 中的概率，即

$$P(\Delta) = f(\Delta)\,\mathrm{d}\Delta = \frac{1}{\sqrt{2\pi}\,m}\mathrm{e}^{-\frac{\Delta^2}{2m^2}}\mathrm{d}\Delta \tag{5-7}$$

根据式（5-7）和积分可以得到偶然误差在任意区间出现的概率。设以 k 倍中误差作为区间，则在此区间，中误差出现的概率为

$$P(\,|\Delta| < km) = \int_{-km}^{+km} \frac{1}{\sqrt{2\pi}\,m}\mathrm{e}^{-\frac{\Delta^2}{2m^2}}\mathrm{d}\Delta \tag{5-8}$$

式（5-8）经积分后，代入 $k=1$、$k=2$、$k=3$，可得到偶然误差的绝对值不在 1 倍中误差、2 倍中误差和 3 倍误差内的概率为

$$P(\,|\Delta| < m) = 0.683 = 68.3\%$$
$$P(\,|\Delta| < 2m) = 0.954 = 95.4\%$$
$$P(\,|\Delta| < 3m) = 0.997 = 99.7\%$$

由此可见，偶然误差的绝对值大于 2 倍中误差的约占误差总数的 5%，而大于 3 倍中误差的仅占误差总数的 0.3%。由于一般进行测量的次数有限，上述情况很少遇到，因此以 2 倍或 3 倍中误差作为容许误差的极限，称为容许误差或极限误差，即

$$\Delta_{容} = 2m \quad 或 \quad \Delta_{容} = 3m$$

前者要求较严，而后者要求较宽。测量中出现的误差如果大于容许值，是不正常的，即认为观测值中存在错误，该观测值应该放弃或重测。

5.3   观测值的精度评定

5.3.1   算术平均值

对某未知量进行 n 次等精度观测，其观测值分别为 l_1，l_2，$\cdots$，l_n，将这些观测值取算术平均值 x 作为该未知量的最可靠的数值，又称最或然值（也称为最或是值），即

$$x = \frac{l_1 + l_2 + \cdots + l_n}{n} = \frac{[l]}{n} \tag{5-9}$$

下面以偶然误差的特性来探讨算术平均值 x 作为某量的最或然值的合理性和可靠性。设某量的真值为 X，各观测值为 l_1，l_2，$\cdots$，l_n，其相应的真误差为 Δ_1，Δ_2，$\cdots$，Δ_n，则

$$\Delta_1 = X - l_1$$
$$\Delta_2 = X - l_2$$
$$\vdots$$
$$\Delta_n = X - l_n$$

将等式两端分别相加并除以 n，则

$$\frac{[\Delta]}{n} = X - \frac{[l]}{n} = X - x$$

根据偶然误差第 4 特性，当观测次数 n 无限增大时，$[\Delta]/n$ 就趋近于零，即

$$\lim_{n \to \infty} \frac{[\Delta]}{n} = 0$$

由此看出，当观测次数无限大时，算术平均值 x 趋近于该量的真值 X，但在实际工作中不可能进行无限次的观测，这样，算术平均值就不等于真值，因此，我们就把有限个观测值的算术平均值认为是该量的最或然值。

5.3.2   观测值的改正值

观测值的改正值（以 v 表示），是算术平均值与观测值之差，即

$$\begin{cases} v_1 = x - l_1 \\ v_2 = x - l_2 \\ \quad\vdots \\ v_n = x - l_n \end{cases} \tag{5-10}$$

将等式两端分别相加，得

$$[v] = nx - [l] \tag{5-11}$$

将 $x = [l]/n$ 代入式（5-11）得

$$[v] = n\frac{[l]}{n} - [l] \tag{5-12}$$

因此一组等精度观测值的改正值之和恒等于零，这一结论可作为计算工作的校核。

另外，设在式（5-10）中以 x 为自变量（待定值），则改正值 v_i 为自变量 x 的函数

（其中 $i=1$，2，…，n），如果使改正值的平方和为最小值，即

$$|vv|_{\min} = (x - l_1)^2 + (x - l_2)^2 + \cdots + x(l_n)^2 \tag{5-13}$$

以此作为条件（称为"最小二乘原则"）来求 x，这就是高等数学中求条件极值的问题。令

$$\frac{\mathrm{d}[vv]}{\mathrm{d}x} = 2[(x - l)] = 0$$

可得到

$$nx - [l] = 0$$

移项得

$$x = \frac{l}{n}$$

即式（5-9）。

由此可知，取一组等精度观测值的算术平均值 x 作为最或然值，并据此得到各个观测值的改正值是符合最小二乘原则的。

5.3.3 观测值的改正值计算中误差

一组等精度观测值在真值已知的情况下（例如三角形的内三角之和），可以按式（5-1）计算观测值的真误差，按式（5-6）计算观测值的中误差。

在一般情况下，观测值的真值 X 往往是未知的，真误差 Δ 也就无法求得，因此就不能用式（5-6）来求中误差。由 5.3.1 节和 5.3.2 节可知，在同样条件下对某量进行多次测量，可以计算其最或然值——算术平均值 x 及各个观测值的改正值 v_i，并且最或然值 x 在观测次数无限增多时，将逐渐趋近于真值 X。在观测次数有限时，以 x 代替 X，就相当于以改正值 v_i 代替真误差 Δ_i，由此得到按观测值的改正值计算观测值的中误差的实用公式：

$$m = \pm\sqrt{\frac{[vv]}{n-1}} \tag{5-14}$$

式（5-14）与式（5-6）不同之处在于分子以 $[vv]$ 代替 $[\Delta\Delta]$，分母以 $(n-1)$ 代替 n。实际上，n 和 $(n-1)$ 是代表两种不同情况下的多余观测数。因为在真值已知的情况下，所有 n 次观测均为多余观测，而在真值未知情况下，其中一个观测值是必要的，其余 $(n-1)$ 个观测值是多余的。

式（5-14）也可以根据偶然误差的特性来证明。根据式（5-1）和式（5-10）有

$$\Delta_1 = X - l_1 \quad v_1 = x - l_1$$
$$\Delta_2 = X - l_2 \quad v_2 = x - l_2$$
$$\vdots$$
$$\Delta_n = X - l_n, \quad v_n = x - l_n$$

左、右两式分别相减，得到

$$\begin{cases} \Delta_1 = v_1 + (X - x) \\ \Delta_2 = v_2 + (X - x) \\ \vdots \\ \Delta_n = v_n + (X - x) \end{cases} \tag{5-15}$$

对式（5-15）的各式取其总和，并顾及 $[v] = 0$，得到

$$[\Delta] = nX - nx$$

即

$$X - x = \frac{[\Delta]}{n} \tag{5-16}$$

为了求得 $[\Delta\Delta]$ 与 $[vv]$ 的关系，将式（5-15）的各式等号两端平方，取其总和，并顾及 $[v] = 0$，得到

$$[\Delta\Delta] = [vv] + n(X - x)^2 \tag{5-17}$$

式中，

$$(X - x)^2 = \frac{\Delta_1^2 + \Delta_2^2 + \cdots + \Delta_3^2}{n^2} + \frac{2(\Delta_1\Delta_2 + \Delta_2\Delta_3 + \cdots + \Delta_{n-1}\Delta_n)}{n^2} \tag{5-18}$$

式（5-18）等号右端第二项中 $\Delta_i\Delta_j (j \neq i)$ 为两个偶然误差的乘积，仍具有偶然误差的特性，根据其第 4 特性：当 n 为有限数值时，上式的值为一微小量，再除以 n 后更可以忽略不计，因此

$$\lim_{n \to \infty} \frac{\Delta_1\Delta_2 + \Delta_2\Delta_3 + \cdots + \Delta_{n-1}\Delta_n}{n} = 0$$

由此而得

$$(X - x)^2 = \frac{[\Delta\Delta]}{n^2} \tag{5-19}$$

将式（5-19）代入式（5-17），得到

$$[\Delta\Delta] = [vv] + \frac{[\Delta\Delta]}{n}$$

或

$$\frac{[\Delta\Delta]}{n} = \frac{[vv]}{n-1} \tag{5-20}$$

由此证明式（5-14）的成立。式（5-14）为对某一量进行多次观测而评定观测值精度的实用公式。对于算术平均值 x，其中误差 m_x 可用式（5-21）计算：

$$m_x = \frac{m}{\sqrt{n}} = \pm\sqrt{\frac{[vv]}{n(n-1)}} \tag{5-21}$$

式（5-21）为等精度观测算术平均值的中误差的计算公式。式（5-21）将在 5.4.2 节例 5-4 中进行证明。

例 5-2　对于某一水平角，在相同观测条件下用 J_6 光学经纬仪进行 6 次观测，求其算术平均值 x、观测值的中误差 m 以及算术平均值中误差 m_x。

计算在表 5-3 中进行。在计算算术平均值时，由于各个观测值相互比较接近，因此，令各观测值共同部分为 l_0，差异部分为 Δl_i，即

$$l_i = l_0 + \Delta l_i \quad (i = 1, 2, \cdots, n) \tag{5-22}$$

则算术平均值的实用计算公式为

$$x = l_0 + \frac{[\Delta l]}{n} \tag{5-23}$$

表 5-3 按观测值的改正值计算中误差

序号	观测值 l_i	Δl_i	改正值 v_i	v_i^2	计算 x, m 及 m_x
1	78°26′42″	42″	−7″	49	
2	78°26′36″	36″	−1″	1	$x = l_0 + \dfrac{[\Delta l]}{n} = 78°26′35″$
3	78°26′24″	24″	+11″	121	$[vv] = 300$, $n = 6$
4	78°26′45″	45″	−10″	100	
5	78°26′30″	30″	+5″	25	$m = \sqrt{\dfrac{[vv]}{n-1}} = \pm 7.8″$
6	78°26′33″	33″	+2″	4	
Σ	$l_0 = 78°26′00″$	210″	0″	300	$m_x = \dfrac{m}{\sqrt{n}} = \pm 3.2″$

5.4 误差传播定律及其应用

前面已经探讨了衡量一组等精度观测值的精度指标，并指出在测量工作中通常以中误差作为衡量精度的指标，但在实际工作中，某些未知量不可能或不便于直接进行观测，而需要由另一些直接观测量根据一定的函数关系计算出来。例如，欲测量不在同一水平面上两点间的水平距离 D，可以用光电测距仪测量斜距 D'，并用经纬仪测量竖直角 α，以函数关系 $D = D'\cos\alpha$ 来推算。在此情况下，显然函数值 D 的中误差与观测值 D' 及 α 的中误差之间有一定关系。阐述这种函数关系的定律，称为误差传播定律。

5.4.1 误差传播定律

下面推导一般函数关系的误差传播定律。

设有一般函数

$$z = f(x_1, x_2, \cdots, x_n) \tag{5-24}$$

式中，x_1，x_2，$\cdots$，x_n 为可直接观测的相互独立的未知量；z 为不便于直接观测的未知量。

设 $x_i(i = 1, 2, \cdots, n)$ 的独立观测值为 l_i。其相应的真误差为 Δx_i。由于 Δx_i 的存在，使函数 z 亦产生相应的真误差 Δz。将式（5-24）取全微分，即

$$\mathrm{d}z = \frac{\partial f}{\partial x_1}\mathrm{d}x_1 + \frac{\partial f}{\partial x_2}\mathrm{d}x_2 + \cdots + \frac{\partial f}{\partial x_n}\mathrm{d}x_n$$

因误差 Δx_i 及 Δz 都很小，故在上式中，可近似用 Δx_i 及 Δz 代替 $\mathrm{d}x_i$ 及 $\mathrm{d}z$，于是有

$$\Delta z = \frac{\partial f}{\partial x_1}\Delta x_1 + \frac{\partial f}{\partial x_2}\Delta x_2 + \cdots + \frac{\partial f}{\partial x_n}\Delta x_n \tag{5-25}$$

式中，$\dfrac{\partial f}{\partial x_i}$ 为函数 f 对各个变量的偏导数。

将 $x_i = l_i$ 代入各偏导数中，即为确定的常数，设

$$\left.\frac{\partial f}{\partial x_i}\right|_{x_i = l_i} = f_i$$

则式（5-25）可写成

$$\Delta z = f_1\Delta x_1 + f_2\Delta x_2 + \cdots + f_n\Delta x_n \tag{5-26}$$

为了求得函数和观测值之间的中误差关系式，设想对各 x_i 进行了 k 次观测，则写出 k

个类似于式（5-26）的关系式：

$$\Delta z = f_1 \Delta x_1^{(1)} + f_2 \Delta x_2^{(1)} + \cdots + f_n \Delta x_n^{(1)}$$

$$\Delta z = f_1 \Delta x_1^{(2)} + f_2 \Delta x_2^{(2)} + \cdots + f_n \Delta x_n^{(2)}$$

$$\vdots$$

$$\Delta z = f_1 \Delta x_1^{(k)} + f_2 \Delta x_2^{(k)} + \cdots + f_n \Delta x_n^{(k)}$$

将各式等号两边平方，再相加，得

$$\left[\Delta z^2\right] = f_1^2\left[\Delta x_1^2\right] + f_2^2\left[\Delta x_2^2\right] + \cdots + f_n^2\left[\Delta x_n^2\right] + \sum_{\substack{i,\,j=1 \\ i \neq j}}^{n} f_i f_j\left[\Delta x_i \Delta x_j\right] \quad (5\text{-}27)$$

式（5-27）两端各除以 k，得到

$$\frac{\left[\Delta z^2\right]}{k} = f_1^2\frac{\left[\Delta x_1^2\right]}{k} + f_2^2\frac{\left[\Delta x_2^2\right]}{k} + \cdots + f_n^2\frac{\left[\Delta x_n^2\right]}{k} + \sum_{\substack{i,\,j=1 \\ i \neq j}}^{n} f_i f_j\frac{\left[\Delta x_i \Delta x_j\right]}{k} \quad (5\text{-}28)$$

设对各 x_i 的观测值 l_i 为彼此独立的观测，则 $\Delta x_i \Delta x_j$（$i \neq j$ 时）亦为偶然误差。根据偶然误差的第 4 个特性可知，式（5-28）的末项当 $k \to \infty$ 时趋近于零，即

$$\lim_{k \to \infty} \frac{\left[\Delta x_i \Delta x_j\right]}{k} = 0$$

故式（5-28）可写为

$$\lim_{k \to \infty} \frac{\left[\Delta z^2\right]}{k} = \lim_{k \to \infty}\left(f_1^2\frac{\left[\Delta x_1^2\right]}{k} + f_2^2\frac{\left[\Delta x_2^2\right]}{k} + \cdots + f_n^2\frac{\left[\Delta x_n^2\right]}{k}\right) \quad (5\text{-}29)$$

根据中误差的定义，式（5-29）可写成

$$\sigma_z^2 = f_1^2\sigma_1^2 + f_2^2\sigma_2^2 + \cdots + f_n^2\sigma_n^2$$

当 k 值为有限值时，可写为

$$m_z^2 = f_1^2 m_1^2 + f_2^2 m_2^2 + \cdots + f_n^2 m_n^2 \quad (5\text{-}30)$$

$$m_z = \pm\sqrt{\left(\frac{\partial f}{\partial x_1}\right)^2 m_1^2 + \left(\frac{\partial f}{\partial x_2}\right)^2 m_2^2 + \cdots + \left(\frac{\partial f}{\partial x_n}\right)^2 m_n^2} \quad (5\text{-}31)$$

式（5-31）即为计算函数误差的一般形式。应用式（5-31）时必须注意，各观测值必须是相互独立的变量。

由此原理可推导和差函数、倍数函数和线性函数的中误差传播公式，如表5-4所示。

表5-4　中误差传播公式

函数	观测值 l_i	中误差公式
和差函数	$z = x_1 \pm x_2 \pm \cdots \pm x_n$	$m_z = \pm\sqrt{m_{x_1}^2 + m_{x_2}^2 + \cdots + m_{x_n}^2}$
倍数函数	$z = kx$	$m_z = \pm k m_x$
线性函数	$z = k_1 x_1 \pm k_2 x_2 \pm \cdots \pm k_n x_n$	$m_z = \pm\sqrt{k_1^2 m_{x_1}^2 + k_2^2 m_{x_2}^2 + \cdots + k_n^2 m_{x_n}^2}$

5.4.2　误差传播定律的应用

例 5-3　在 1：500 地形图上，量得某线段 AB 的平距为 $d_{AB} = 51.2\text{mm} \pm 0.2\text{mm}$，求 AB

的实地平距 D_{AB} 及其中误差 m_D。

解：函数关系为 $D_{AB} = 500d_{AB}$，则

$$f_1 = \frac{\partial D}{\partial d} = 500$$

$$m_d = \pm 0.2\text{mm}$$

代入误差传播公式（5-30）中，得

$$m_D^2 = 500^2 m_d^2 = 10000\text{mm}$$

$$m_D = \pm 100\text{mm}$$

最后得

$$D_{AB} = 25.6\text{m} \pm 0.1\text{m}$$

例 5-4　对某段距离测量了 n 次，观测值为 l_1，l_2，$\cdots$，l_n，所有观测值为相互独立的等精度观测值，观测值中误差为 m，试求其算术平均值 x 的中误差 m_x。

解：函数关系式为

$$x = \frac{[l]}{n} = \frac{1}{n}l_1 + \frac{1}{n}l_2 + \cdots + \frac{1}{n}l_n$$

对其取全微分

$$\text{d}x = \frac{1}{n}\text{d}l_1 + \frac{1}{n}\text{d}l_2 + \cdots + \frac{1}{n}\text{d}l_n$$

根据误差传播公式（5-30），有

$$m_x^2 = \frac{1}{n^2}m^2 + \frac{1}{n^2}m^2 + \cdots + \frac{1}{n^2}m^2$$

最后得

$$m_x = \frac{m}{\sqrt{n}}$$

即式（5-21）。n 次等精度直接观测值的平均值的中误差为观测值中误差的 $1/\sqrt{n}$ ，因此，增加观测次数可以提高算术平均值的精度。

5.4.3　权的概念

在对某一未知量进行不等精度观测时，各观测值的中误差各不相同，即观测值具有不同程度的可靠性。在求未知量最可靠值时，就不能像等精度观测那样简单地取算术平均值。因为较可靠的观测值，应对最后结果产生较大的影响。

各不等精度观测值的不同可靠程度，可用一个数值来表示，称为各观测值的权，用 P 表示。"权"是权衡轻重的意思，观测值的精度较高，其可靠性也较强，则权也较大。例如，设对某一未知量进行了两组不等精度观测，每组内各观测值是等精度的。设第一组观测了 4 次，其观测值为 l_1、l_2、l_3、l_4；第二组观测了 2 次，观测值为 l_1'、l_2'。这些观测值的可靠程度都相同，则每组分别取算术平均值作为最后观测值，即

$$x_1 = \frac{l_1 + l_2 + l_3 + l_4}{4}$$

$$x_2 = \frac{l_1' + l_2'}{2}$$

两组观测值合并，相当于等精度观测了 6 次，故两组观测值的最后结果应为

$$x = \frac{l_1 + l_2 + l_3 + l_4 + l_1' + l_2'}{6}$$

但对 x_1、x_2 来说，彼此是不等精度观测，如果用 x_1、x_2 来计算 x，则上式计算实际值是

$$x = \frac{4x_1 + 2x_2}{4 + 2} \tag{5-32}$$

从不等精度的观点来看，测量值 x_1 是 4 次观测值的平均值，x_2 是 2 次观测值的平均值，x_1 和 x_2 的可靠性是不一样的，故可取 4 和 2 为其相应的权，以表示 x_1、x_2 可靠程度的差别。若取 2 和 1 为其相应的权，x 的计算结果相同。由于式（5-32）分子、分母各乘一常数，最后结果不变，因此，权是对各观测结果的可靠程度给予数值表示，只具有相对意义，并不反映中误差绝对值的大小。

习　　题

5-1　怎样区分测量工作中的误差和错误？

5-2　偶然误差和系统误差有什么不同？偶然误差有哪些特性？

5-3　说明在什么情况下采用中误差衡量测量的精度？在什么情况下用相对误差？

5-4　何谓中误差？为什么用中误差来衡量观测值的精度？在一组等精度观测中，中误差与真误差有什么区别？

5-5　某直线丈量了 4 次，其结果为：124.387m，124.375m，124.391m，124.385m。计算其算术平均值、观测值中误差、算术平均值中误差和相对误差。

6　小地区控制测量

6.1　控制测量概述

在第 1 章中已经指出，测量工作必须遵循"从整体到局部，先控制后碎部"的原则，先建立控制网，然后根据控制网进行碎部测量或测设。控制网分为平面控制网和高程控制网，测定控制点平面位置 (X, Y) 的工作，称为平面控制测量，测定控制点高程 (H) 的工作，称为高程控制测量。国家控制网是在全国范围内建立的控制网，它是全国各种比例尺测图的基本控制，并为确定地球的形状和大小提供研究资料。国家控制网是用精密测量仪器和方法依照施测精度按一、二、三、四等四个等级逐级控制建立的。

如图 6-1 所示，一等三角锁是国家平面控制网的骨干。二等三角网布设于一等三角锁

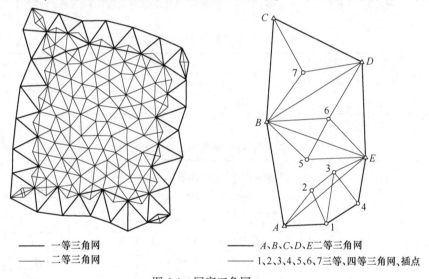

―――― 一等三角网
―――― 二等三角网

―――― A、B、C、D、E 二等三角网
―――― 1、2、3、4、5、6、7 三等、四等三角网、插点

图 6-1　国家三角网

环内，是国家平面控制网的全面基础。三、四等三角网为二等三角网的进一步加密。建立国家平面控制网，主要采用三角测量的方法。

图 6-2 是国家水准网布设示意图，一等水准网是国家高程控制网的骨干。二等水准网布设于一等水准环内，是国家高程控制网的全面基础。三、四等水准网为国家高程控制网的进一步加密。建立国家高程控制网，采用精密水准测量的方法。

在城市或厂矿地区，一般应在上述国家控制点的基础上，根据测区的大小、城市规划和施工测量的要求，布设不同等

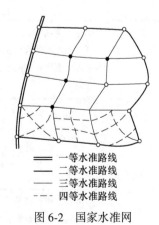

――― 一等水准路线
――― 二等水准路线
――― 三等水准路线
----- 四等水准路线

图 6-2　国家水准网

级的城市平面控制网，以供地形测图和施工放样使用。

按 2007 年《工程测量规范》（GB 50026—2007），平面控制网的主要技术要求如表 6-1~表 6-4 所示。

表 6-1 三角测量的主要技术要求

等级		平均边长/km	测角中误差/(")	起始边长相对中误差	最弱边边长相对中误差	测回数			三角形最大闭合差/(")
						1"	2"	6"	
二等		9	±1	≤1/250000	≤1/120000	12	—	—	±3.5
三等	首级	4.5	±1.8	≤1/150000	≤1/70000	6	9	—	±7
	加密			≤1/120000					
四级	首级	2	±2.5	≤1/100000	≤1/40000	4	6	—	±9
	加密			≤1/70000					
一级小三角		1	±5	≤1/40000	≤1/20000	—	2	4	±15
二级小三角		0.5	±10	≤1/20000	≤1/10000	—	1	2	±30

注：当测区测图的最大比例尺为 1：1000 时，一、二级小三角的边长可适当放长，但最大长度不应大于表中规定的 2 倍。

表 6-2 图根三角测量的主要技术要求

边长/m	测角中误差/(")	三角形个数	6"测回数	三角形最大闭合差/(")	方位角闭合差/(")
≤1.7测图最大视距	±20	≤13	1	±60	$±40\sqrt{n}$

注：n 为测站数。

表 6-3 导线测量的主要技术要求

等级	导线长度/km	平均边长/km	测角中误差/(")	测距中误差/mm	测距相对中误差	测回数			方位角闭合差/(")	相对闭合差
						1"	2"	6"		
三等	14	3	±1.8	±20	≤1/150000	6	10	—	$±3.6\sqrt{n}$	≤1/55000
四等	9	1.5	±2.5	±18	≤1/80000	4	6	—	$±5\sqrt{n}$	≤1/25000
一级	4	0.5	±5	±15	≤1/30000	—	2	4	$±10\sqrt{n}$	≤1/15000
二级	2.4	0.25	±8	±15	≤1/14000	—	1	3	$±16\sqrt{n}$	≤1/10000
三级	1.2	0.1	±12	±15	≤1/7000	—	1	2	$±24\sqrt{n}$	≤1/5000

注：（1）表中 n 为测站数。
（2）当测区测图的最大比例尺为 1：1000 时，一、二、三级导线的平均边长和总长可适当放长，但最大长度不应大于表中规定的 2 倍。

表 6-4 图根导线测量的主要技术要求

导线长度/m	相对闭合差	边长	测角中误差		6"测回数	方位角闭合差	
			一般	首级控制		一般	首级控制
≤1.0M	≤1/2000	≤1.5测图最大视距	±30	±20	1	$±60\sqrt{n}$	$±40\sqrt{n}$

注：（1）M 为测图比例尺的分母。
（2）隐蔽或施测图困难地区导线相对闭合差可放宽，但不应大于 1/1000。

直接供地形测图使用的控制点，称为图根控制点，简称图根点。测定图根点位置的工作，称为图根控制测量。图根点的密度（包括高级点），取决于测图比例尺和地物、地貌的复杂程度。平坦开阔地区图根点的密度可参考表 6-5 的规定；困难地区、山区，表中规定的点数可适当增加。

表 6-5　一般地区解析图根点的个数

测图比例尺	图幅尺寸/cm	解析控制点/个
1∶500	50×50	8
1∶1000	50×50	12
1∶2000	50×50	15
1∶5000	40×40	30

注：（1）表中所列点数指施测该幅图时，可利用的全部解析控制点。

（2）当采用全站仪测图时，控制点数量可适当减少。

至于布设哪一级控制作为首级控制，主要应根据城市或厂矿的规模来确定。中小城市一般以四等网作为首级控制网。面积在 $15 km^2$ 以下的小城镇，可用一级导线网作为首级控制。面积在 $0.5 km^2$ 以下的测区，图根控制网可作为首级控制。厂区可布设建筑方格网。

城市或厂矿地区的高程控制分为二、三、四等水准测量和图根水准测量等几个等级，它是城市大比例尺测图及工程测量的高程控制，其主要技术要求如表 6-6 和表 6-7 所示。同样，应根据城市或厂矿的规模确定城市首级水准网的等级，然后再根据等级水准点测定图根点的高程。

表 6-6　水准测量的主要技术要求

等级	每 km 高差中误差/mm	路线长度/km	水准仪的型号	水准尺	观测次数		往返较差、附合或环线闭合差/mm	
					与已知点联测	附合或环线	平地	山地
二等	±2	—	DS_1	铟瓦	往返各一次	往返各一次	$±4\sqrt{L}$	—
三等	±6	≤50	DS_1	铟瓦	往返各一次	往一次	$±12\sqrt{L}$	$±4\sqrt{n}$
			DS_3	双面		往返各一次		
四等	±10	≤16	DS_3	双面	往返各一次	往一次	$±20\sqrt{L}$	$±6\sqrt{n}$
五等	±15	—	DS_3	单面	往返各一次	往一次	$±30\sqrt{L}$	—

注：（1）结点之间或结点与高级点之间，其线路的长度不应大于表中规定的 0.7 倍。

（2）L 为往返测段附合或环线的水准路线长度，km；n 为测站数。

表 6-7　图根水准测量的主要技术要求

仪器类型	1km 高差中误差/mm	附合路线长度/km	视线长度/m	观测次数		往返较差、附合或环线闭合差/mm	
				支水准路线	附合或闭合路线	平地	山地
DS_{10}	±20	≤5	≤100	往返各一次	往一次	$±40\sqrt{L}$	$±12\sqrt{n}$

注：L 为往返测段附合或环线的水准路线长度 km；n 为测站数。

水准点间的距离，一般地区为 2~3km，城市建筑区为 1~2km，工业区小于 1km。一个测区至少设立三个水准点。

本章主要讨论小地区（10km^{2}以下）控制网建立的有关问题。下面将分别介绍用导线测量建立小地区平面控制网的方法和用三、四等水准测量及光电测距三角高程测量建立小地区高程控制网的方法。

6.2 直线定向

若想确定地面上两点之间的相对位置，仅知道两点之间的水平距离是不够的，还必须确定此直线与标准方向之间的关系。确定直线与标准方向之间的关系（水平角度）称为直线定向。

6.2.1 标准方向的种类

6.2.1.1 真子午线

通过地球表面某点的真子午面的切线方向，称为该点真子午线方向。真子午线方向是用天文测量方法或用陀螺经纬仪测定的。

6.2.1.2 磁子午线

磁子午线方向是在地球磁场的作用下，磁针自由静止时其轴线所指的方向。磁子午线方向可用罗盘仪测定。

6.2.1.3 坐标纵轴（X轴）

第 1 章已述及，我国采用高斯平面直角坐标系，每一 6°带或 3°带内都以该带的中央子午线的投影作为坐标纵轴。因此，在该带内直线定向，就用该带的坐标纵轴方向作为标准方向。如采用假定坐标系，则用假定的坐标纵轴（X轴）作为标准方向。

6.2.2 表示直线方向的方法

测量工作中，常采用方位角来表示直线的方向。由标准方向的北端起，顺时针方向量到某直线的水平角度，称为该直线的方位角。角值范围是 0°~360°。

6.2.2.1 真方位角 A

如图 6-3 所示，若标准方向 PN 为真子午线方向，并用 A 表示真方位角，则 A_1、A_2分别为直线 P1、P2 的真方位角。

6.2.2.2 磁方位角 A_m

若 PN 为磁子午线方向，则各角分别为相应直线的磁方位角，磁方位角用 A_m表示。

6.2.2.3 坐标方位角 α

若 PN 为坐标纵轴方向，则各角分别为相应直线的坐标方位角，用 α 表示。

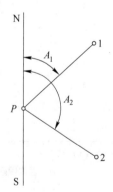

图 6-3 直线定向的方法

6.2.3 几种方位角之间的关系

6.2.3.1 真方位角与磁方位角之间的关系

由于地磁南北极 N'S' 与地球的南北极 NS 并不重合，因此，过地面上某点的真子午线方向与磁子午线方向常不重合，两者之间的夹角称为磁偏角，如图 6-4 中的 δ 所示，磁针北端偏于真子午线以东称东偏，δ 为正，偏于真子午线以西称西偏，δ 为负。直线的真方位角与磁方位角之间可用下式进行换算：

$$A = A_m + \delta \tag{6-1}$$

式中，δ 值东偏取正值，西偏取负值。我国磁偏角的变化范围在 $-10° \sim +6°$ 之间。

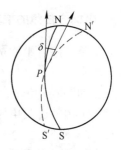

图 6-4　磁偏角 δ

6.2.3.2　真方位角与坐标方位角之间的关系

第 1 章中述及，中央子午线在高斯投影平面上是一条直线，作为该带的坐标纵轴，而其他子午线投影后为收敛于两极的曲线，如图 6-5 所示，图中地面点 M、N 等点的真子午线方向与中央子午线之间的角度，称为子午线收敛角，用 γ 表示。

对于某点的子午线收敛角 γ，可用下式计算：

$$\gamma = (L - L_0)\sin B \tag{6-2}$$

式中，L_0 为中央子午线的经度；L、B 为计算点的大地经度、纬度。

真方位角 A 与坐标方位角 α 之间的关系，如图 6-5 所示，可用下式进行换算：

$$A = \alpha + \gamma \tag{6-3}$$

从图 6-5 和式（6-2）中均可看出，子午线收敛角 γ 有正有负。在中央子午线以东地区，各点的坐标纵轴偏在真子午线的东边，γ 为正值；在中央子午线以西地区，γ 为负值。

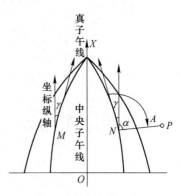

图 6-5　子午线收敛角 γ

6.2.3.3　坐标方位角与磁方位角之间的关系

若已知某点的磁偏角 δ 与子午线收敛角 γ，则坐标方位角 α 与磁方位角 A_m 之间的换算式为

$$\alpha = A_m + \delta - \gamma \tag{6-4}$$

6.2.4　正、反坐标方位角

测量工作中的直线都是具有一定方向的。如图 6-6 所示，直线 AB 的点 A 是起点，点 B 是终点，直线 AB 的坐标方位角 α_{AB} 称为直线 AB 的正坐标方位角，直线 BA 的坐标方位角 α_{BA} 称为直线 AB 的反坐标方位角（又可称为直线 BA 的正坐标方位角）。正、反坐标方位角相差 $180°$，即

$$\alpha_{AB} = \alpha_{BA} \pm 180°$$

由于地面各点的真（或磁）子午线收敛于两极，并不互相平行，致使直线的正、反真（或磁）方位角相差不等于 $180°$，给测量计算带来不便，所以，测量工作中均采用坐标方位角进行直线定向。

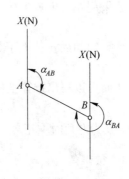

图 6-6　正、反坐标方位角

6.2.5 坐标方位角的推算

为了整个测区坐标系统的统一，测量工作中并不直接测定每条边的坐标方位角，而是通过与已知点（其坐标及方位角为已知）的连测以及测量水平角，以推算出各边的坐标方位角。如图 6-7 所示，B、A 为已知点，AB 边的坐标方位角 α_{AB} 为已知，通过连测求得 AB 边与 $A1$ 边的连接角为 β'，测出了各点的右（或左）角 β_A、β_1、β_2 和 β_3，现在要推算 $A1$、12、23 和 $3A$ 边的坐标方位角。所谓右（或左）角是指位于以编号顺序为前进方向的右（或左）侧边的角度。

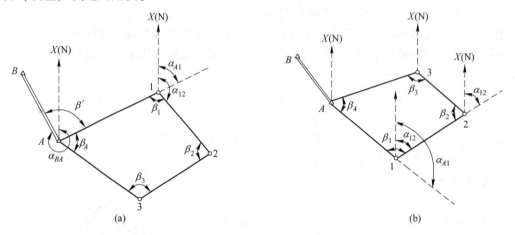

图 6-7 坐标方位角的推算

由图 6-7（a）可以看出：

$$\alpha_{A1} = \alpha_{AB} + \beta' - 360°$$
$$\alpha_{12} = \alpha_{A1} + 180° - \beta_1^{右}$$
$$\alpha_{23} = \alpha_{12} + 180° - \beta_2^{右}$$
$$\alpha_{3A} = \alpha_{23} + 180° - \beta_3^{右}$$
$$\alpha_{A1} = \alpha_{3A} + 180° - \beta_A^{右}$$

将算得的 α_{A1} 与原已知值进行比较，以检核计算中有无错误。推算过程中，如果 α 的推算值大于 360°，则应减去 360°；如果 α 的推算值小于 0°，则应加上 360°。

如果用左角推算坐标方位角，由图 6-7（b）可以看出：

$$\alpha_{12} = \alpha_{A1} + 180° + \beta_1^{左}$$

计算中如果 α 值大于 360°，应减去 360°。同理可得

$$\alpha_{23} = \alpha_{12} + 180° + \beta_2^{左}$$

从而可以写出推算坐标方位角的一般公式（前视边与后视边的方位角关系）：

$$\alpha_{前} = \alpha_{后} + 180° \pm \beta_{右}^{左} \tag{6-5}$$

式中，β 为左角时取正号，β 为右角时取负号。

6.2.6 象限角

X 和 Y 坐标轴方向把一个圆周分成 Ⅰ、Ⅱ、Ⅲ、Ⅳ 四个象限，测量中规定，象限按顺时针编号（数学中的象限是按逆时针编号的）。某直线与 X 轴北南方向所夹的锐角（从 0°

至 90°），再冠以象限符号称为该直线的象限角 R，如图 6-8 所示。根据象限角和坐标方位角的定义，可得到象限角和坐标方位角的关系，见表 6-8。

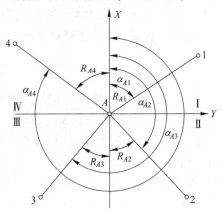

图 6-8 象限角与坐标方位角的关系

表 6-8 象限角与坐标方位角的关系

象限	象限角与坐标方位角的关系
I	$\alpha = R$
II	$\alpha = 180° - R$
III	$\alpha = 180° + R$
IV	$\alpha = 360° - R$

例如：某直线 AB 的坐标方位角 $\alpha_{AB} = 126°22'$，象限角为 $R_{AB} = SE53°38'$，即为南偏东（$180° - 126°22'$）$= 53°38'$。又如：某直线 CD 的象限角 $R_{CD} = NW33°48'$，则其坐标方位角应为 $\alpha_{CD} = 360° - 33°48' = 326°12'$。

6.2.7 用罗盘仪测定磁方位角

6.2.7.1 罗盘仪的构造

罗盘仪的种类很多，其构造大同小异，主要部件有磁针、刻度盘和瞄准设备等，如图 6-9 所示。

6.2.7.2 用罗盘仪测定直线的磁方位角

观测时，先将罗盘仪安置在直线的起点，对中，整平（罗盘盒内一般均设有水准器，指示仪器是否水平），旋松顶针螺旋，放下磁针，然后转动仪器，通过瞄准设备去瞄准直线另一端的标杆。待磁针静止后，读出磁针北端所指的读数，即为该直线的磁方位角。

目前，有些经纬仪配有罗针，用来测定磁方位角。罗针的构造与罗盘仪相似。观测时，先安置经纬仪于直线起点上，然后将罗针安置在经纬仪支架上。先利用罗针找到磁北方向，并拨动水平度盘位置变换轮，使经纬仪的水平度盘读数为零，

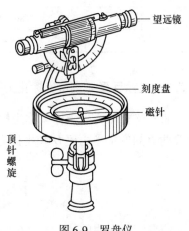

图 6-9 罗盘仪

然后瞄准直线另一端的标杆,此时,经纬仪的水平度盘读数即为该直线的磁方位角。

罗盘仪在使用时,不要使铁质物体接近罗盘,以免影响磁针位置的正确性。在铁路附近及高压线铁塔下观测时,磁针读数会受很大影响,应该注意避免。测量结束后,必须旋紧顶针螺旋,将磁针升起,避免顶针磨损,以保护磁针的灵敏性。

6.3 坐标换算

平面控制网中,任意两点在平面直角坐标系中的相互位置关系有两种表示方法:

(1)直角坐标表示法——用两点间的坐标增量 ΔX、ΔY 来表示。

(2)极坐标表示法——用两点间连线的坐标方位角 α 和水平距离 D 来表示。

如图 6-10 所示为两点间直角坐标和极坐标的关系。在平面控制网的内业计算中,经常要进行这两种坐标之间的换算。

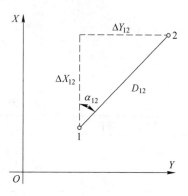

图 6-10 直角坐标与极坐标的关系

6.3.1 坐标正算(极坐标化为直角坐标)

极坐标化为直角坐标又称坐标正算,即已知两点间的水平距离 D 和坐标方位角 α,计算两点间的坐标增量 ΔX、ΔY,其计算式为:

$$\begin{cases} \Delta X_{12} = X_2 - X_1 = D_{12}\cos\alpha_{12} \\ \Delta Y_{12} = Y_2 - Y_1 = D_{12}\sin\alpha_{12} \end{cases} \quad (6\text{-}6)$$

式(6-6)计算时,sin 和 cos 函数值有正有负,因此算得的坐标增量同样有正有负。坐标增量正、负号的规律见表 6-9。

表 6-9 坐标增量正、负号的规律

象限	方位角 α	ΔX	ΔY
I	0°~90°	+	+
II	90°~180°	−	+
III	180°~270°	−	−
IV	270°~360°	+	−

6.3.2 坐标反算(直角坐标化为极坐标)

直角坐标化为极坐标又称坐标反算,即已知两点的直角坐标(或坐标增量 ΔX、ΔY),计算两点间的水平距离 D 和坐标方位角 α。根据式(6-6),得到

$$D_{12} = \sqrt{\Delta X_{12}^2 + \Delta Y_{12}^2} \quad (6\text{-}7)$$

$$\alpha_{12} = \arctan\frac{\Delta Y_{12}}{\Delta X_{12}} \quad (6\text{-}8)$$

需要特别说明的是:式(6-8)等式左边的坐标方位角,其值域为 0°~360°,而等式右边的 arctan 函数,其值域为−90°~90°,两者是不一致的。故当按式(6-8)的反正切函数计算坐标方位角时,计算器上得到的是象限角值,因此,应根据坐标增量 ΔX、ΔY 的

正、负号，按表6-9决定其所在象限，再把象限角换算成相应的坐标方位角。

6.4 导线测量

6.4.1 导线布设形式

将测区内相邻控制点连成直线而构成的折线图形，称为导线。构成导线的控制点称为导线点。导线测量就是依次测定各导线边的长度和各转折角值，再根据起算数据推算各边的坐标方位角，从而求出各导线点的坐标。

用经纬仪测量转折角，用钢尺测定边长的导线，称为经纬仪导线；若用光电测距仪（全站仪）测定导线边长，则称为光电测距导线。

导线测量是建立小地区平面控制网的一种常用方法。根据测区的具体情况，单一导线的布设有下列三种基本形式（见图6-11）：闭合导线、附合导线、支导线。

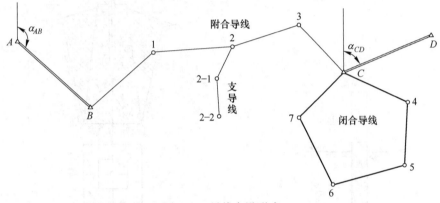

图6-11　导线布设形式

（1）闭合导线。以高级控制点 C、D 中的 C 点为起始点，并以 CD 边的坐标方位角 α_{CD} 为起始坐标方位角，经过4、5、6、7点仍回到起始点 C 形成一个闭合的多边形导线称为闭合导线。

（2）附合导线。以高级控制点 A、B 中的 B 点为起始点，以 AB 边的坐标方位角 α_{AB} 为起始坐标方位角，经过1、2、3点，附合到另外两个高级控制点 C、D 中的 C 点，并以 CD 边的坐标方位角为终边坐标方位角，这样的导线称为附合导线。

（3）支导线。由已知点2出发延伸出去（如2-1、2-2两点）的导线称为支导线。由于支导线缺少对观测数据的检核，故其边数及总长都有限制。

6.4.2 导线测量的外业工作

导线测量的外业工作包括踏勘选点及建立标志、量边、测角和连测。

6.4.2.1 踏勘选点及建立标志

在踏勘选点前，应调查收集测区已有地形图和高一级控制点的成果资料，把控制点展绘在地形图上，然后在地形图上拟定导线的布设方案，最后到野外去踏勘，实地核对、修改、落实点位。如果测区没有地形图资料，则需详细踏勘现场，根据已知控制点的分布、测区地形条件及测图和施工需要等具体情况，合理地选定导线点的位置。

　　实地选点时，应注意下列几点：

　　（1）相邻点间通视良好，地势较平坦，便于测角和量距；

　　（2）点位应选在土质坚实处，便于保存标志和安置仪器；

　　（3）视野开阔，便于施测碎部；

　　（4）导线各边的长度应大致相等，除特别情形外，对于二、三级导线，其边长应不大于350m，也不宜小于50m，平均边长参见表6-3和表6-4；

　　（5）导线点应有足够的密度，且分布均匀，便于控制整个测区。

　　导线点选定后，要在每个点位上打一大木桩，如图6-12所示，桩顶钉一小钉，作为临时性标志；若导线点需要保存的时间较长，就要埋设混凝土桩，如图6-13所示，桩顶刻"十"字，作为永久性标志。导线点应统一编号。为了便于寻找，应量出导线点与附近固定而明显的地物点的距离，绘一草图，注明尺寸，称为"点之记"，如图6-14所示。

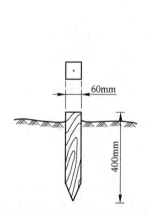

图 6-12　　（临时）导线点的埋设

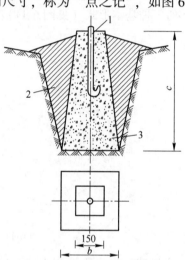

图 6-13　　（永久）导线点的埋设

1—粗钢筋；2—回填土；3—混凝土；

（b、c 视埋设深度而定）

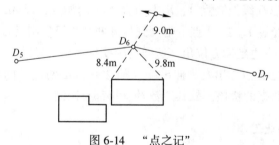

图 6-14　　"点之记"

6.4.2.2　量边

　　导线边长可用光电测距仪测定，测量时要同时观测竖直角，供倾斜改正之用。若用钢尺丈量，钢尺必须经过检定。对于一、二、三级导线，应按钢尺量距的精密方法进行丈量。对于图根导线，用一般方法往返丈量，取其平均值，并要求其相对误差不大于1/3000。钢尺量距结束后，应进行尺长改正、温度改正和倾斜改正，三项改正后的结果作为最终成果。

6.4.2.3 测角

用测回法施测导线左角（位于导线前进方向左侧的角）或右角（位于导线前进方向右侧的角）。一般在附合导线或支导线中，是测量导线的左角，在闭合导线中均测内角。若闭合导线按顺时针方向编号，则其右角就是内角。不同等级的导线的测角主要技术要求已列入表6-3及表6-4。对于图根导线，一般用 DJ$_6$ 级光学经纬仪观测一个测回。若盘左、盘右测得角值的较差不超过40″，则取其平均值作为一测回成果。

测角时，为了便于瞄准，可用测钎、觇牌作为照准标志，也可在标志点上用仪器的脚架吊一垂球线作为照准标志。

6.4.2.4 连测

如图6-15所示，导线与高级控制点连接，必须观测连接角 β_B、β_1，以及连接边 D_{B1}，作为传递坐标方位角和传递坐标之用。如果附近无高级控制点，则应用罗盘仪施测导线起始边的磁方位角，并假定起始点的坐标作为起算数据。参照第三、四章角度和距离测量的记录格式，做好导线测量的外业记录，并要妥善保存。

6.4.3 导线测量的内业计算

导线测量内业计算的目的就是求得各导线点的坐标。

计算之前，应注意以下几点：

（1）应全面检查导线测量外业记录、数据是否齐全，有无记错、算错，成果是否符合精度要求，起算数据是否准确。

（2）绘制导线略图，把各项数据标注于图上相应位置，如图6-16所示。

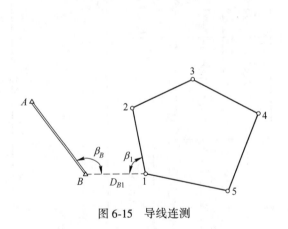

图6-15 导线连测　　　　　图6-16 闭合导线

（3）确定内业计算中数字取位的要求。内业计算中数字的取位，对于四等以下各级导线，角值取至秒，边长及坐标取至毫米（mm）；对于图根导线，角值取至秒，边长和坐标取至厘米（cm）。

6.4.3.1 闭合导线坐标计算

现以图6-16中的实测数据为例，说明闭合导线坐标计算的步骤。

A 准备工作

将校核过的外业观测数据及起算数据填入"闭合导线坐标计算表"（表6-10）中，起算数据用双线标明。

表 6-10　闭合导线计算表

点号 (1)	角度观测值 (2)	改正后角度 (3)	方位角 (4)	水平距离/m (5)	坐标增量 ΔY/m (6)	坐标增量 ΔX/m (7)	改正后增量 ΔY/m (8)	改正后增量 ΔX/m (9)	坐标 Y/m (10)	坐标 X/m (11)
1									200.00	500.00
			38°15′00″	112.01	+3 87.96	−1 69.34	87.99	69.33		
2	−9″ 102°48′09″	102°48′00″							287.99	569.33
			115°27′00″	87.58	+2 −37.64	0 79.08	−37.62	79.08		
3	−9″ 78°51′15″	78°51′06″							250.37	648.41
			216°35′54″	137.71	+4 −110.56	−1 −82.10	−110.52	−82.11		
4	−9″ 84°23′27″	84°23′18″							138.85	566.30
			312°12′36″	89.50	+2 60.13	−1 −66.29	60.15	−66.30		
1	−9″ 93°57′45″	93°57′36″	38°15′15″						200.00	500.00
Σ	360°00′36″	360°00′00″		426.80	−0.11	+0.03	0.00	0.00		

计算检核

$f_\beta = \sum \beta - (n-2) \times 180° = +36''$

$f_{\beta容} = \pm 40'' \sqrt{n} = \pm 80''$

$f_\beta \le f_{\beta容}$ （合格）

$\sum D = 426.80$

$f_X = \sum \Delta X = 0.11\text{m}, \quad f_Y = \sum \Delta Y = +0.03\text{m}$

$f = \sqrt{f_X^2 + f_Y^2} = 0.114\text{m}, \quad K = \dfrac{f}{\sum D} = \dfrac{1}{3700} < \dfrac{1}{2000}$ （符合精度要求）

B　角度闭合差的计算与调整

n 边形闭合导线内角和的理论值为

$$\beta_{理} = (n - 2) \times 180° \tag{6-9}$$

由于观测角度不可避免地含有误差，使实测的内角之和 $\beta_{测}$ 不等于理论值 $\beta_{理}$，而产生角度闭合差 f_β，其计算式为

$$f_\beta = \beta_{测} - \beta_{理} \tag{6-10}$$

各级导线角度闭合差的容许值 $f_{\beta容}$，见表 6-3 及表 6-4。f_β 超过 $f_{\beta容}$，则说明所测角度不符合要求，应重新检测角度。若 f_β 不超过 $f_{\beta容}$，可将闭合差反符号平均分配到各观测角度中。

改正之后，内角和应为 $(n-2) \times 180°$，本例应为 360°，以作计算校核。

C　推算各边的坐标方位角

根据起始边的已知坐标方位角及改正后的水平角，按下列公式推算其他各导线边的坐标方位角：

$$\alpha_{前} = \alpha_{后} + 180° + \beta_{左} \tag{6-11}$$

或

$$\alpha_{前} = \alpha_{后} + 180° - \beta_{右} \tag{6-12}$$

本例观测右角，按式（6-12）推算出导线各边的坐标方位角，列入表 6-10 的第 4 栏。在推算过程中必须注意：

（1）如果推算出的 $\alpha_{前} > 360°$，则应减去 360°。

（2）如果推算出的 $\alpha_{前} < 0°$，则应加上 360°。

（3）闭合导线各边坐标方位角的推算，直至最后推算出的起始边坐标方位角，它应与原有的起始边已知坐标方位角值相等，否则应重新检查计算。

D　坐标增量的计算及其闭合差的调整

（1）坐标增量的计算。如图 6-17 所示，设点 1 的坐标 (X_1, Y_1) 和 12 边的坐标方位角 α_{12} 均为已知，水平距离 D_{12} 也已测得，则点 2 的坐标为

$$\begin{cases} X_2 = X_1 + \Delta X_{12} \\ Y_2 = Y_1 + \Delta Y_{12} \end{cases} \tag{6-13}$$

式中，ΔX_{12}、ΔY_{12} 称为坐标增量，也就是直线两端点的坐标值之差。

式（6-13）说明，欲求待定点的坐标，必须先求出坐标增量。根据图 6-17 中的几何关系，可写出坐标增量的计算公式（即坐标正算公式）：

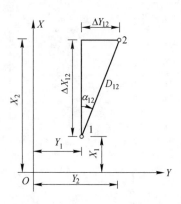

图 6-17　坐标增量的计算图

$$\begin{cases} \Delta X_{12} = D_{12}\cos\alpha_{12} \\ \Delta Y_{12} = D_{12}\sin\alpha_{12} \end{cases} \tag{6-14}$$

式中，ΔX_{12} 及 ΔY_{12} 的正负号，由 $\cos\alpha_{12}$ 及 $\sin\alpha_{12}$ 的正负号决定。

本例按式（6-14）所算得的坐标增量，填入表 6-10 的第 6、7 两栏中。

（2）坐标增量闭合差的计算与调整。如图 6-18 所示，闭合导线纵、横坐标增量代数和的理论值应为零，即

$$\begin{cases} \Delta X_{理} = 0 \\ \Delta Y_{理} = 0 \end{cases} \tag{6-15}$$

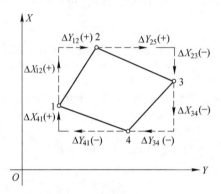

图 6-18   坐标增量闭合差

实际上由于量边的误差，往往使 $\Delta X_{测}$、$\Delta Y_{测}$ 不等于零而产生纵坐标增量闭合差 f_X 与横坐标增量闭合差 f_Y，即

$$\begin{cases} f_X = \sum \Delta X_{测} - \sum \Delta X_{理} = \sum \Delta X_{测} \\ f_Y = \sum \Delta Y_{测} - \sum \Delta Y_{理} = \sum \Delta Y_{测} \end{cases} \tag{6-16}$$

从图 6-19 明显看出，由于 f_X、f_Y 的存在，使导线不能闭合，11′边的长度 f_D 称为导线全长闭合差，用下式计算：

$$f_D = \sqrt{f_X^2 + f_Y^2} \tag{6-17}$$

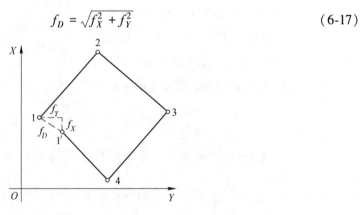

图 6-19   边长闭合差

仅从 f_D 值的大小还不能说明导线测量的精度是否满足要求，故应当将 f_D 与导线全长 D

相比，以分子为 1 的分数来表示导线全长相对闭合差，即

$$K = \frac{f_D}{\sum D} = \frac{1}{\sum D / f_D} \tag{6-18}$$

以导线全长相对闭合差 K 来衡量导线测量的精度较为合理，K 的分母值越大，精度越高。不同等级的导线全长相对闭合差的容许值 $K_容$ 已列入表 6-3 和表 6-4。若 K 超过 $K_容$，则说明成果不合格，此时应首先检查内业计算有无错误，必要时重测导线边长。若 K 不超过 $K_容$，则说明成果符合精度要求，可以进行调整，将 f_X、f_Y 反其符号按边长成正比分配到各边的纵、横坐标增量中去，以 v_{Xi}、v_{Yi} 分别表示第 i 边的纵、横坐标增量改正数，即

$$\begin{cases} v_{Xi} = -\dfrac{f_X}{\sum D} D_i \\[2mm] v_{Yi} = -\dfrac{f_Y}{\sum D} D_i \end{cases} \tag{6-19}$$

纵、横坐标增量改正数之和应满足下式：

$$\begin{cases} \sum v_X = -f_X \\ \sum v_Y = -f_Y \end{cases} \tag{6-20}$$

计算出的各边坐标增量改正数（取位到 cm）填入表 6-10 中的第 6、7 两栏坐标增量计算值的右上方（如+3，−1 等）。

各边坐标增量值加改正数，即得各边改正后坐标增量，填入表 6-10 中的第 8、9 两栏。改正后纵、横坐标增量之代数和应分别为零，以作计算校核。

E 计算各导线点的坐标

根据起点 1 的已知坐标（本例为假定值：$X_1 = 200.00\text{m}$，$Y_1 = 500.00\text{m}$）及改正后各边坐标增量，用下式依次推算 2、3、4 各点的坐标：

$$\begin{cases} X_前 = X_后 + \Delta X_{改正} \\ Y_前 = Y_后 + \Delta Y_{改正} \end{cases} \tag{6-21}$$

算得的坐标值填入表 6-10 中的第 10、11 两栏。最后还应推算起点 1 的坐标，其值应与原有的已知数值相等，以作校核。

6.4.3.2 附合导线坐标计算

附合导线的坐标计算步骤与闭合导线相同。角度闭合差与坐标增量闭合差的计算公式和调整原则也与闭合导线相同，即

$$f_\beta = \sum \beta_测 - \sum \beta_理$$

$$\begin{cases} f_X = \sum \Delta X_测 - \sum \Delta X_理 \\ f_Y = \sum \Delta Y_测 - \sum \Delta Y_理 \end{cases}$$

但对于附合导线，闭合差计算公式中的 $\sum \beta_理$、$\sum \Delta X_理$、$\sum \Delta Y_理$ 与闭合导线不同。下面着重介绍其不同点。

A 角度闭合差中 $\sum \beta_理$ 的计算

设有附合导线如图 6-20 所示，已知起始边 AB 的坐标方位角 α_{AB} 和终边 CD 的坐标方位角 α_{CD}。观测所有左角（包括连接角 β_B 和 β_C），由式（6-11）得到

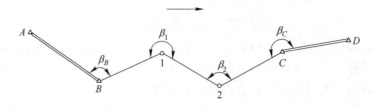

图 6-20 附合导线图

$$\begin{cases} \alpha_{B1} = \alpha_{AB} + 180° + \beta_B \\ \alpha_{12} = \alpha_{B1} + 180° + \beta_1 \\ \alpha_{2C} = \alpha_{12} + 180° + \beta_2 \\ \alpha_{CD} = \alpha_{2C} + 180° + \beta_C \end{cases} \qquad (6\text{-}22)$$

将式（6-22）的各式左、右两边分别相加，得

$$\alpha_{CD} = \alpha_{AB} + 4 \times 180° + \sum\beta^{左}$$

写成一般公式为

$$\alpha_{终} = \alpha_{始} + n \times 180° + \sum\beta^{左} \qquad (6\text{-}23)$$

式中，n 为水平角观测个数。

满足式（6-23）的 $\sum\beta^{左}$ 即为其理论值，将式（6-23）整理可得

$$\sum\beta^{左}_{理} = \alpha_{终} - \alpha_{始} - n \times 180° \qquad (6\text{-}24)$$

若观测右角，同样可得（请读者自行推导）

$$\sum\beta^{右}_{理} = \alpha_{始} - \alpha_{终} - n \times 180° \qquad (6\text{-}25)$$

B 坐标增量闭合差中 $\sum\Delta X_{理}$、$\sum\Delta Y_{理}$ 的计算

对图 6-20 所示的附合导线，有

$$\begin{cases} \Delta X_{B1} = X_1 - X_B \\ \Delta X_{12} = X_2 - X_1 \\ \Delta X_{2C} = X_C - X_2 \end{cases} \qquad (6\text{-}26)$$

将式（6-26）的各式左、右两边分别相加，得

$$\sum\Delta X = X_C - X_B$$

写成一般公式：

$$\sum\Delta X_{理} = X_{终} - X_{始} \qquad (6\text{-}27)$$

同样可得

$$\sum\Delta Y_{理} = Y_{终} - Y_{始} \qquad (6\text{-}28)$$

即：附合导线的坐标增量代数和的理论值应等于终、始两点的已知坐标值之差。

附合导线的导线全长闭合差、全长相对闭合差和容许相对闭合差的计算，以及增量闭合差的调整等，均与闭合导线相同。附合导线坐标计算的全过程，见表 6-11 的算例。

表 6-11 附合导线计算表

点号	角度观测值	改正后角度	方位角	水平距离/m	坐标增量		改正后增量		坐标	
					ΔX/m	ΔY/m	ΔX/m	ΔY/m	X/m	Y/m
(1)	(2)	(3)	(4)	(5)	(6)	(7)	(8)	(9)	(10)	(11)
A			45°00′12″							
B	+6″ 120°30′45″	120°30′51″							921.32	102.75
			104°29′21″	187.62	+3 −46.94	−3 181.65	−46.91	181.62		
1	+6″ 202°15′21″	202°15′27″							874.41	284.37
			82°13′54″	158.79	+3 21.46	−2 157.33	21.49	157.31		
2	+6″ 155°10′09″	155°10′15″							895.90	441.68
			107°03′39″	129.33	+2 −37.94	−2 123.64	−37.92	123.62		
C	+6″ 210°18′45″	210°18′51″							857.98	565.30
			76°44′48″							
D										
Σ	688°15′00″	688°15′24″		475.74	−63.42	462.62	−63.34	462.55		

计算检核	$\sum\beta_{理} = \alpha_{始} - \alpha_{终} + n \times 180° = 688°15′24″$ $f_\beta = \sum\beta - \sum\beta_{理} = +24″$ $f_{\beta容} = \pm40″\sqrt{n} = \pm80″$ $f_\beta \leqslant f_{\beta容}$（合格）	$\sum D = 475.74$ $f_X = \sum\Delta X - (X_{始} - X_{终}) = -0.08\text{m}, \ f_Y = \sum\Delta Y - (Y_{始} - Y_{终}) = -0.07\text{m}$ $f = \sqrt{f_X^2 + f_Y^2} = 0.107\text{m}, \ K = \dfrac{f}{\sum D} = \dfrac{1}{4400} < \dfrac{1}{2000}$（符合精度要求）

6.4.3.3 支导线的坐标计算

支导线中没有多余观测值，因此也没有闭合差产生，导线转折角和计算的坐标增量均不需要进行改正。支导线的计算步骤如下：

（1）根据观测的转折角推算各边坐标方位角；

（2）根据各边坐标方位角和边长计算坐标增量；

（3）根据各边的坐标增量推算各点的坐标。

以上各计算步骤的计算方法同闭合导线。

6.4.4 导线测量错误的查找方法

在导线计算中，如果发现闭合差超限，则应首先复查导线测量外业观测记录、内业计算时的数据抄录和计算。如果都没有发现问题，则说明导线外业中的测角、量距有错误，应到现场去返工重测。但在去现场之前，如果能分析判断错误可能发生在某处，则首先应到该处重测，这样就可以避免角度或边长的全部重测，大大减少返工的工作量。下面介绍仅有一个错误存在的查找方法。

6.4.4.1 一个角度测错的查找方法

在图 6-21 中，设附合导线的第 3 点上的转折角 β_3 发生一个 $\Delta\beta$ 的错误，使角度闭合差超限。如果分别从导线两端的已知坐标方位角推算各边的坐标方位角，则到测错角度的第 3 点为止，导线边的坐标方位角仍然是正确的。经过第 3 点的转折角 β_3 以后，导线边的坐标方位角开始向错误方向偏转，使以后各边坐标方位角都包含错误。

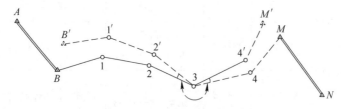

图 6-21　一个角度测错的查找方法

因此，一个转折角测错的查找方法如下：分别从导线两端的已知点及已知坐标方位角出发，按支导线计算导线各点的坐标，所得到的同一个点的两套坐标值非常接近的点，最有可能为角度测错的点。对于闭合导线，方法也相类似，只是从同一个已知点及已知坐标方位角出发，分别沿顺时针方向和逆时针方向，按支导线计算两套坐标值，去寻找两套坐标值接近的点。

6.4.4.2 一条边长测错的查找方法

当角度闭合差在容许范围以内，而坐标增量闭合差超限时，说明边长测量有错误，在图 6-22 中，设闭合导线中的 34 边 D_{34} 发生错误量为 ΔD。由于其他各边和各角没有错误，因此从第 4 点开始及以后各点，均产生一个平行于 34 边的移动量 ΔD。如果其他各边、角中的偶然误差忽略不计，则按式（6-17）计算的导线全长闭合差等于 ΔD，即

$$f = \sqrt{f_X^2 + f_Y^2} = \Delta D$$

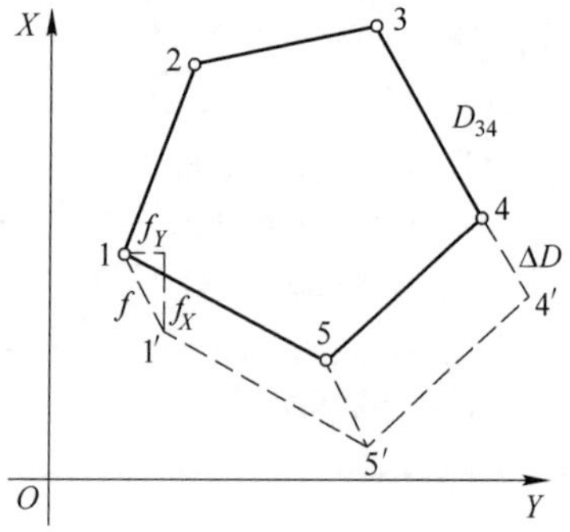

图 6-22　一条边长测错的查找方法

按式（6-8）计算的全长闭合差的坐标方位角即等于 34 边或 43 边的坐标方位角 α_{34}（或 α_{43}），即

$$\alpha_f = \arctan\frac{f_Y}{f_X} = \alpha_{34}（或\ \alpha_{43}）$$

据此原理，求得的 α_f 值等于或十分接近于某导线方位角（或其反方位角）时，此导线边就可能是量距错误边。

6.5 角度前方交会法

当导线点的密度不能满足工程施工或大比例尺测图要求，而需加密的点又不多时，可用角度前方交会法加密控制点。如图 6-23 所示，A、B、C 为三个已知点，P 为待定点，在三个已知点上观测了水平角 α_1、β_1、α_2、β_2。可用三角形 I 和 II 分两组解算 P 点的坐标。下面仅以 I 组三角形为例，介绍 P 点坐标的计算方法，见图 6-24。

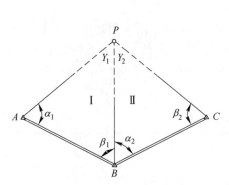

图 6-23 角度前方交会法图

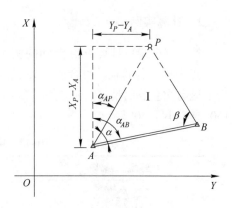

图 6-24 角度前方交会坐标推算

6.5.1 公式推导

从图 6-24 可见，

$$X_P - X_A = D_{AP}\cos\alpha_{AP}$$

$$= \frac{D_{AB}\sin\beta}{\sin(\alpha + \beta)}\cos(\alpha_{AB} - \alpha)$$

$$= \frac{D_{AB}\sin\beta}{\sin\alpha\cos\beta + \cos\alpha\sin\beta}(\cos\alpha_{AB}\cos\alpha + \sin\alpha_{AB}\sin\alpha)$$

$$= \frac{\dfrac{D_{AB}\sin\beta}{\sin\alpha\sin\beta}}{\dfrac{\sin\alpha\cos\beta + \cos\alpha\sin\beta}{\sin\alpha\sin\beta}}(\cos\alpha_{AB}\cos\alpha + \sin\alpha_{AB}\sin\alpha)$$

$$= \frac{D_{AB}\cos\alpha_{AB}\cot\alpha + D_{AB}\sin\alpha_{AB}}{\cot\beta + \cot\alpha}$$

$$= \frac{\Delta X_{AB}\cot\alpha + \Delta Y_{AB}}{\cot\alpha + \cot\beta}$$

$$= \frac{(X_B - X_A)\cot\alpha + Y_B - Y_A}{\cot\alpha + \cot\beta}$$

所以，

$$X_P = X_A + \frac{(X_B - X_A)\cot\alpha + Y_B - Y_A}{\cot\alpha + \cot\beta} \tag{6-29}$$

式（6-29）整理可得

$$X_P = \frac{X_A\cot\beta + X_B\cot\alpha - Y_A + Y_B}{\cot\alpha + \cot\beta} \tag{6-30a}$$

同理可得

$$Y_P = \frac{Y_A\cot\beta + Y_B\cot\alpha + X_A - X_B}{\cot\alpha + \cot\beta} \tag{6-30b}$$

6.5.2　计算实例

按式（6-30）计算 P 点坐标的实例数据列入表 6-12。表中系由三角形 Ⅰ、Ⅱ 两组计算 P 点坐标，若其较差符合表 6-13 的规定，则取两组结果的平均值作为 P 点的最后坐标。为了提高交会点的精度，在选定 P 点时，应尽可能使交会角 γ 近于 90°，一般应不大于 150°或不小于 30°。

表 6-12　角度前方交会坐标计算表

野外点位略图		点号	X/m	Y/m
	已知数据	D_6	116.942	683.295
		D_7	522.909	794.647
		D_8	781.305	435.018
	观测数据	Ⅰ组	$\alpha_1 = 59°10'42''$	
			$\beta_1 = 56°32'54''$	
		Ⅱ组	$\alpha_2 = 53°48'45''$	
			$\beta_2 = 57°33'33''$	
计算结果	（1）由 Ⅰ 组计算得 $X'_P = 398.151m$，$Y'_P = 413.249m$； （2）由 Ⅱ 组计算得 $X''_P = 398.127m$，$Y''_P = 413.215m$； （3）两组坐标较差为 $\Delta_P = \sqrt{\Delta X_P^2 + \Delta Y_P^2} = 0.042m \leqslant$ 限差； （4）P 点最后坐标为 $X_P = 398.139m$，$Y_P = 413.232m$			

注：在计算过程中，三角函数应取七位小数。

在应用式（6-30）时，已知点和待求点必须按 A、B、P 逆时针方向编号，在 A 点观测角编号为 α，在 B 点观测角编号为 β。

这里顺便指出，如果不能在一个已知点（例如 A 点）安置仪器，而在另一个已知点 B 及待求点 P 上观测了两个角度 β 和 γ，则同样可以计算 P 点的坐标，这就是角度侧方交会法，此时只要先计算出 A 点的 α 角，即可应用式（6-30）求解 X_p 与 Y_p。

表 6-13　加密点两组坐标较差限差表

测图比例尺	1∶500	1∶1000	1∶2000	1∶5000
两组坐标较差/m	0.1	0.2	0.4	0.8

6.6　三、四等水准测量

6.6.1　三、四等水准测量的主要技术要求

三、四等水准路线一般沿道路布设，尽量避开土质松软地段，水准点间的距离一般为 1~3km，工业厂区、城镇建筑区宜小于 1km。水准点应选在地基稳固，能长久保存和便于观测的地方。

三、四等水准测量的主要技术要求参见表 6-6。在观测中，每一测站的技术要求见表 6-14。

表 6-14 三、四等水准测量测站技术要求

等级	视线长度/m	视线高度/m	前后视距离差/m	前后视距累积差/m	红黑面读数差（尺常数误差）/mm	红黑面所测高差之差/mm
三等	≤75	≥0.3	≤3	≤6	≤2	≤3
四等	≤100	≥0.2	≤5	≤10	≤3	≤5

6.6.2 三、四等水准测量的方法

6.6.2.1 观测方法

三、四等水准测量的观测应在通视良好、望远镜成像清晰稳定的情况下进行，若用普通 DS_3 水准仪观测，则应注意每次读数前都应精平（使符合水准气泡居中）。如果使用自动安平水准仪，则无需精平，工作效率大为提高。以下介绍用双面水准尺法在一个测站的观测程序：

第一步后视水准尺黑面，读取上、下视距丝和中丝读数，记入记录表（表 6-15）中（1）、（2）、（3）；

第二步前视水准尺黑面，读取上、下视距丝和中丝读数，记入记录表中（4）、（5）（6）；

第三步前视水准尺红面，读取中丝读数，记入记录表中（7）；

第四步后视水准尺红面，读取中丝读数，记入记录表中（8）。

表 6-15 四等水准测量记录

日期： 年 月 日

观测者： 记录者： 校核者：

测站编号	点号 视距差 $d/\sum d$	后尺	上丝 下丝 视距	前尺	上丝 下丝 视距	方向	中丝读数 黑面	中丝读数 红面	黑+K −红 /mm	平均高差 /m	高程 /m
		（1）		（4）		后	（3）	（8）	（14）		
		（2）		（5）		前	（6）	（7）	（13）	（18）	
	（11）/（12）	（9）		（10）		后—前	（15）	（16）	（17）		
1	BM.1~TP.1	1329		1173		后	1080	5767	0		17.438
		0831		0693		前	0933	5719	+1	+0.1475	
	+1.8/+1.8	49.8		48.0		后—前	+0.147	+0.048	−1		17.5855
2	TP.1~TP.2	2018		2467		后	1779	6567	−1		
		1540		1978		前	2223	6910	−1	−0.4435	
	−1.1/+0.7	47.8		48.9		后—前	−0.444	−0.343	−1		17.142

注：表中所示的（1），（2），…，（18）表示读数、记录和计算的顺序。

这样的观测顺序简称为"后—前—前—后"，其优点是可以减弱仪器下沉误差的影响。概括起来，每个测站共需读取 8 个读数，并立即进行测站计算与检核，满足三、四等水准测量的有关限差要求后（见表 6-14）方可迁站。

6.6.2.2　测站计算与检核

A　视距计算与检核

根据前、后视的上、下视距丝读数计算前、后视的视距：

后视距离：(9) = 100 × [(1) - (2)]。

前视距离：(10) = 100 × [(4) - (5)]。

计算前、后视距差 (11)：(11) = (9) - (10)。

计算前、后视距离累积差 (12)：(12) = 上站(12) + 本站(11)。

以上计算得前、后视距，视距差及视距累积差均应满足表 6-14 要求。

B　尺常数 K 检核

尺常数为同一水准尺黑面与红面读数差。尺常数误差计算式为

$$\begin{cases} (13) = (6) + K_i - (7) \\ (14) = (3) + K_i - (8) \end{cases} \qquad (6\text{-}31)$$

式中，K_i 为双面水准尺红面分划与黑面分划的零点差 (A 尺 K_1 = 4687mm；B 尺 K_2 = 4787mm)。对于三等水准测量，尺常数误差不得超过 2mm；对于四等水准测量，不得超过 3mm。

C　高差计算与检核

按前、后视水准尺红、黑面中丝读数分别计算该站高差：

黑面高差：(15) = (3) - (6)。

红面高差：(16) = (8) - (7)。

红黑面高差之误差：(17) = (14) - (13)。

对于三等水准测量，(17) 不得超过 3mm；对于四等水准测量，不得超过 5mm。

红黑面高差之差在容许范围以内时，取其平均值作为该站的观测高差，即

$$(18) = \{(15) + [(16) \pm 100\text{mm}]\}/2 \qquad (6\text{-}32)$$

式 (6-32) 计算时，(15) > (16)，100mm 前取正号计算；(15) < (16)，100mm 前取负号计算。总之，平均高差 (18) 应与黑面高差 (15) 很接近。

D　每页水准测量记录计算校核

每页水准测量记录应作总的计算校核。

高差校核：$\sum(3) - \sum(6) = \sum(15)$，$\sum(8) - \sum(7) = \sum(16)$，$\sum(15) + \sum(16) = 2\sum(18)$ (偶数站) 或 $\sum(15) + \sum(16) = 2\sum(18) \pm 100\text{mm}$ (奇数站)。

视距差校核：$\sum(9) - \sum(10) =$ 本页末站(12) - 前页末站(12)。

本页总视距：$\sum(9) + \sum(10)$。

6.6.3　三、四等水准测量的成果整理

三、四等水准测量的闭合或附合路线的成果整理首先应按表 6-6 的规定，检验测段 (两水准点之间的路线) 往返测高差不符值 (往、返测高差之差) 及附合或闭合路线的高差闭合差。如果在容许范围以内，则测段高差取往、返测的平均值，路线的高差闭合差则反其符号按测段的长度成正比例进行分配。

6.7 光电测距三角高程测量

当地形高低起伏较大不便于水准测量时，由于光电测距仪和全站仪的普及，可以用光电测距三角高程测量的方法测定两点间的高差，从而推算各点的高程。

6.7.1 三角高程测量的计算公式

如图 6-25 所示，已知 A 点的高程 H_A，要测定 B 点的高程 H_B，可安置全站仪（或经纬仪配合测距仪）于 A 点，量取仪器高 i_A；在 B 点安置棱镜，量取其高度称为棱镜高 v_B；用全站仪中丝瞄准棱镜中心，测定竖直角 α。再测定 AB 两点间的水平距离 D（注：全站仪可直接测量平距），则 AB 两点间的高差计算式为

$$h_{AB} = D\tan\alpha + i_A - v_B \tag{6-33}$$

如果用经纬仪配合测距仪测定两点间的斜距 D' 及竖直角 α，则 AB 两点间的高差计算式为

$$h_{AB} = D'\sin\alpha + i_A - v_B \tag{6-34}$$

以上式（6-33）和式（6-34）中，α 为仰角时，$\tan\alpha$ 或 $\sin\alpha$ 为正，α 为俯角时为负。求得高差 h_{AB} 以后，按下式计算 B 点的高程：

$$H_B = H_A + h_{AB} \tag{6-35}$$

在三角高程测量公式（6-33）和式（6-34）的推导中，假设大地水准面是平面（见图 6-25），但事实上大地水准面是一曲面，在第 1 章中已介绍了水准面曲率对高差测量的影响，因此由三角高程测量公式计算的高差应进行地球曲率影响的改正，称为球差改正 f_1，如图 6-26 所示。按式（1-6），得

$$f_1 = \Delta h = \frac{D^2}{2R} \tag{6-36}$$

式中，R 为地球平均曲率半径，一般取 $R = 6371\text{km}$。另外，由于视线受大气垂直折光影响而成为一条向上凸的曲线，使视线的切线方向向上抬高，测得竖直角偏大，如图 6-26 所示，因此还应进行大气折光影响的改正，称为气差改正 f_2，f_2 恒为负值。气差改正 f_2 的计算公式为

$$f_2 = -k\frac{D^2}{2R} \tag{6-37}$$

式中，k 为大气垂直折光系数。

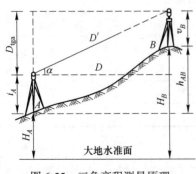

图 6-25 三角高程测量原理

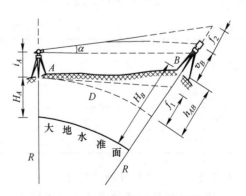

图 6-26 地球曲率及大气折光影响

球差改正和气差改正合称为球气差改正 f，则 f 应为

$$f = f_1 + f_2 = (1 - k)\frac{D^2}{2R} \tag{6-38}$$

大气垂直折光系数 k 随气温、气压、日照、时间、地面情况和视线高度等因素而改变，一般取其平均值。令 $k = 0.14$，在表 6-16 中列出水平距离 $D = 100 \sim 1000\text{m}$ 的球气差改正值 f，由于 $f_1 > f_2$，故 f 恒为正值。

表 6-16   三角高程测量地球曲率和大气折光改正（$k = 0.14$）

D/m	f/mm	D/m	f/mm	D/m	f/mm	D/m	f/mm
100	1	350	8	600	24	850	49
170	2	400	11	650	29	900	55
200	3	450	14	700	33	950	61
250	4	500	17	750	38	975	64
300	6	550	20	800	43	1000	67

考虑球气差改正时，三角高程测量的高差计算公式为

$$h_{AB} = D\tan\alpha + i_A - v_B + f \tag{6-39}$$

$$h_{AB} = D'\sin\alpha + i_A - v_B + f \tag{6-40}$$

由于折光系数的不定性，使球气差改正中的气差改正具有较大的误差。但是如果在两点间进行对向观测，即测定 h_{AB} 及 h_{BA} 而取其平均值，则由于 f_2 在短时间内不会改变，而高差 h_{BA} 必须反其符号与 h_{AB} 取平均，因此，f_2 可以抵消，故 f 的误差也就不起作用，所以作为高程控制点进行三角高程测量时必须进行对向观测。

6.7.2   三角高程测量的观测与计算

6.7.2.1   三角高程测量的观测

在测站上安置经纬仪（或全站仪），量取仪器高 i，在目标点上安置棱镜，量取棱镜高 v。i 和 v 用小钢卷尺量两次取平均，读数至 1mm。

用经纬仪望远镜中丝瞄准目标，将竖盘水准管气泡居中，读取竖盘读数，竖直角观测的测回数及限差规定见表 6-17。然后用测距仪（或全站仪）测定两点间斜距 D'（或平距 D）。

表 6-17   竖直角观测测回数与限差

项 目	一、二、三级导线		图根导线
	DJ$_2$	DJ$_6$	DJ$_6$
测回数	1	2	1
各测回竖直角互差	15″	25″	25″
各测回指标差互差	15″	25″	25″

6.7.2.2   三角高程测量的计算

三角高程测量的往测或返测高差按式（6-39）或式（6-40）计算。由对向观测所求得往、返测高差（经球气差改正）之差 $f_{\Delta h}$ 的容许值 $f_{\Delta h容}$（单位为 m）为

$$f_{\Delta h容} = \pm 0.1D \tag{6-41}$$

式中，D 为两点间平距，km。

如图 6-27 所示为三角高程测量实测数据略图，在 A、B、C 三点间进行三角高程测量，构成闭合路线，已知 A 点的高程为 56.432m，已知数据及观测数据注明于图 6-27 上，在表 6-18 中进行高差计算。

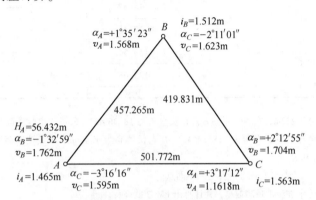

图 6-27　三角高程测量数据略图

表 6-18　三角高程测量高差计算 （m）

测站点	A	B	B	C	C	A
目标点	B	A	C	B	A	C
水平距离 D	457.265	457.265	419.831	419.831	501.772	501.772
竖直角 α	$-1°32'59''$	$+1°32'59''$	$-2°11'01''$	$+2°12'55''$	$+3°17'12''$	$-3°16'16''$
测站仪器高 i	1.465	1.512	1.512	1.563	1.563	1.465
目标棱镜高 v	1.762	1.568	1.623	1.704	1.618	1.595
球气差改正 f	0.014	0.014	0.012	0.012	0.017	0.017
单向高差 h	-12.654	$+12.648$	-16.107	$+16.111$	$+28.777$	-28.791
平均高差 $\bar{h}$	-12.651		-16.109		$+28.784$	

由对向观测所求得的高差平均值，计算闭合环线或附合路线的高差闭合差的容许值 $f_{h容}$（单位为 m）为

$$f_{h容} = \pm 0.05\sqrt{D^2} \tag{6-42}$$

式中，D 为两点间平距，km。

内业进行三角高程测量闭合路线的高差闭合差计算、高差调整及高程计算，高差闭合差按两点间的距离成正比反号分配，成果整理与水准测量内业处理相同。

习　题

6-1　什么叫控制测量？控制测量是如何分类的？

6-2　什么叫碎部点？什么叫碎部测量？

6-3　选择导线点应注意哪些问题？

6-4　按表 6-19 已知数据，计算闭合导线各点的坐标值。

表 6-19　闭合导线坐标计算

点号	角试观测值（右角）	坐标方位角	连长/m	坐标	
				X/m	Y/m
1				550.00	600.00
		342°45′00″	103.85		
2	139°05′00″				
			114.57		
3	94°15′54″				
			162.46		
4	88°36′36″				
			133.54		
5	122°39′30″				
			123.68		
1	95°23′30″				

6-5　已知 A 点高程 $H_A = 182.232m$，在 A 点观测 B 点得竖直角为 $18°36′48″$，量得 A 点仪器高为 $1.452m$，B 点棱镜高 $1.673m$。在 B 点观测 A 点得竖直角为 $-18°34′42″$，B 点仪器高为 $1.466m$，A 点棱镜高为 $1.615m$，已知 $D_{AB} = 486.751m$，试求 h_{AB} 和 H_B。

6-6　简要说明附合导线和闭合导线在内业计算上的不同点。

6-7　整理表 6-20 中的四等水准测量观测数据，并计算出 BM.2 的高程。

表 6-20　四等水准测量记录手簿

测站编号	点号	后尺	上丝 下丝 视距	前尺	上丝 下丝 视距	方向	中丝读数		黑+K-红 /mm	平均高差 /m	高程 /m
	视距差 d/∑d						后视	前视			
1	BM.1~TP.1	1 979		0 738		后	1 718	6 405	0	+1.241	$H_1 =$ 21.404
		1 457		0 214		前	0 476	5 265	-2		
	-0.2/-0.2	52.2		52.4		后-前	+1.242	+1.140	+2		
2	TP.1~TP.2	2 739		0 965		后	2 461	7 247			
		2 183		0 401		前	0 683	5 370			
	/					后-前					
3	TP.2~TP.3	1 918		1 870		后	1 604	6 291			
		1 290		1 226		前	1 548	6 336			
	/					后-前					
4	TP.3~TP.4	1 088		2 388		后	0 742	5 528			
	/	0 396		1 708		前	2 048	6 736			
	TP.4~BM.2					后-前					
5	/	1 656		2 867		后	1 402	6 090			
		1 148		2 367		前	2 617	7 404			
						后-前					$H_2 =$
检查计算	∑$D_a =$					∑后视 =		∑h =			
	∑$D_b =$					∑前视 =		∑h平均 =			
	∑$D_d =$					∑后视-∑前视 =		2∑h平均 =			

6-8　象限角与坐标方位角有何不同？如何进行换算？

6-9　何谓坐标正算？何谓坐标反算？写出相应的计算公式。

6-10　测得 AB 的磁方位角为 $60°45'$，查得当地磁偏角 δ 为西偏 $4°03'$，子午线收敛角 γ 为 $+2°16'$，求 AB 的真方位角 A 和坐标方位角 α。

6-11　在导线计算中，角度闭合差的调整原则是什么？坐标增量闭合差的调整原则是什么？

7 地形图的测绘

7.1 地形图的基本知识

测量工作要遵循"先控制后碎部"的原则，把地形测绘成图，应先根据测图目的及测区的具体情况建立平面及高程控制，然后根据控制点进行地物和地貌的测绘。按一定比例尺，用规定的符号表示地物、地貌的平面位置和高程的正射投影图，称为地形图。图 7-1 为 1：2000 比例尺的地形图示意图。

为了使全国采用统一的符号，国家测绘局颁发了各种比例尺的《地形图图式》，供测图、用图时使用。

7.1.1 地形图的比例尺

7.1.1.1 比例尺的表示方法

图上一段直线的长度与地面上相应线段的实地水平长度之比，称为该图的比例尺。比例尺的表示方法分为数字比例尺和图示比例尺两种。

（1）数字比例尺。数字比例尺用分子为 1，分母为整数的分数表示。设图上一段直线长度为 d，相应实地的水平长度为 D，则该图比例尺为

$$\frac{d}{D} = \frac{1}{M} \tag{7-1}$$

式中，M 为比例尺分母。M 越小，此分数值越大，则比例尺就越大。数字比例尺也可以写成 1：500、1：1000 等。

（2）图示比例尺。直线比例尺是最常见的图示比例尺。图 7-2 为 1：1000 的直线比例尺，取 2cm 为基本单位，每基本单位所代表的实地长度为 20m。图示比例尺标注在图纸的下方，便于用分规直接在图上量取直线段的水平距离，且可以抵消图纸伸缩的影响。

7.1.1.2 地形图按比例尺分类

通常把 1：500、1：1000、1：2000、1：5000、1：10000 比例尺的地形图称为大比例尺图；1：2.5 万、1：5 万、1：10 万比例尺的地形图称为中比例尺图；1：25 万、1：50 万、1：100 万比例尺的地形图称为小比例尺图。

比例尺为 1：500 和 1：1000 的地形图一般用平板仪、经纬仪或全站仪测绘，这两种比例尺地形图常用于城市详细规划、工程施工设计等。比例尺为 1：2000、1：5000 和 1：10000 的地形图一般用更大比例尺的图缩制，大面积的大比例尺测图也可以用航空摄影测量方法成图。1：2000 地形图常用于城市详细规划及工程项目初步设计，1：5000 和 1：10000 的地形图则用于城市总体规划、厂址选择、区域布置、方案比较等。

中比例尺地形图系国家的基本图，由国家测绘部门负责测绘，目前均用航空摄影测量方法成图。小比例尺地形图一般由中比例尺图缩小编绘而成。

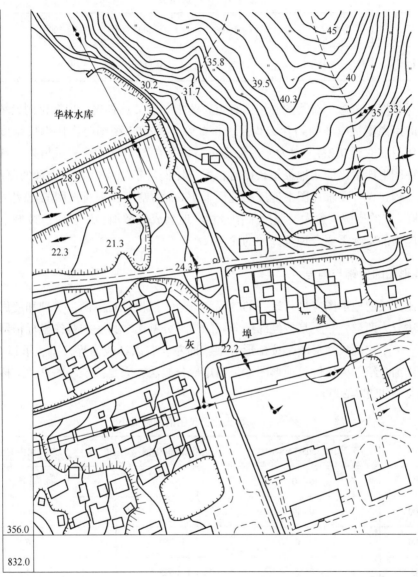

图 7-1　1∶2000 地形图示意图

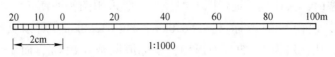

图 7-2　直线比例尺

7.1.1.3　比例尺精度

相当于图上 0.1mm 的实地水平距离称为比例尺精度。在图上，人们正常眼睛能分辨的最小距离为 0.1mm，因此一般在实地测图时，就只需达到图上 0.1mm 的正确性。显然，比例尺越大，其比例尺精度也越高。不同比例尺图的比例尺精度见表 7-1。

表 7-1　比例尺精度

比例尺	1：500	1：1000	1：2000	1：5000	1：10000
比例尺精度	0.05m	0.1m	0.2m	0.5m	1.0m

比例尺精度的概念，对测图和用图有重要的指导意义。首先，根据比例尺精度可以确定在测图时距离测量应准确到什么程度。例如在 1：2000 测图时，比例尺精度为 0.2m，故实地量距只需取到 0.2m，因为无论量得再精确，在图上也无法表示出来。其次，当设计规定需在图上能量出的实地最短长度时，根据比例尺精度可以确定合理的测图比例尺。例如某项工程建设，要求在图上能反映地面上 10cm 的精度，则所选图的比例尺就不能小于 1：1000。图的比例尺愈大，测绘工作量相应地会成倍增加，所以应该按城市规划和工程建设、施工的实际需要合理选择图的比例尺。

7.1.2　地形图的分幅与编号

各种比例尺的地形图应进行统一的分幅和编号，以便进行测图、管理和使用。地形图的分幅方法分为两类，一类是按经纬线分幅的梯形分幅法，另一类是按坐标格网分幅的矩形分幅法。中小比例尺地形图是按梯形分幅，即左、右以经线为界，上、下以纬线为界，本书不做详细介绍；大比例尺地形图常采用矩形分幅法，它是按统一的直角坐标格网划分的，图幅大小如表 7-2 所示。

表 7-2　几种大比例尺图的图幅大小

比例尺	图幅大小/cm×cm	实地面积/km²	1：5000 图幅内的分幅数
1：5000	40×40	4	1
1：2000	50×50	1	4
1：1000	50×50	0.25	16
1：500	50×50	0.0625	64

采用矩形分幅时，大比例尺地形图的编号，一般采用图幅西南角坐标公里数编号法。如图 7-1 所示，其西南角的坐标 $X = 356.0$km，$Y = 832.0$km，所以其编号为 "356.0-832.0"。编号时，比例尺为 1：500 地形图，坐标值取至 0.01km，而 1：1000、1：2000 地形图取至 0.1km。

对于面积较大的某些工矿企业和城镇，经常测绘有几种不同比例尺的地形图。地形图的编号往往是以 1∶5000 比例尺图为基础进行的。例如，某 1∶5000 图幅西南角的坐标值 $X=32$km，$Y=56$km，则其图幅编号为"32-56"（见图 7-3）。这个图号将作为该图幅中的其他较大比例尺所有图幅的基本图号。如图 7-3 所示，在 1∶5000 图号的末尾分别加上罗马数字Ⅰ、Ⅱ、Ⅲ、Ⅳ，就是 1∶2000 比例尺图幅的编号，如图 7-3 中的甲图幅，其编号为"32-56-Ⅰ"。同样，在 1∶2000 图幅编号的末尾分别再加上Ⅰ、Ⅱ、Ⅲ、Ⅳ，就是 1∶1000图幅的编号，如图 7-3 中的乙图幅，其编号为"32-56-Ⅳ-Ⅱ"。在 1∶1000 比例尺的图号末尾再加上Ⅰ、Ⅱ、Ⅲ、Ⅳ，就是 1∶500 图幅的编号，如图 7-3 中的丙图幅，其编号为"32-56-Ⅳ-Ⅲ-Ⅲ"。

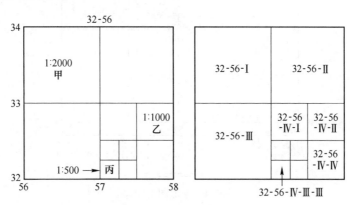

图 7-3　矩形分幅与编号

7.1.3　地形图的图框外注记

7.1.3.1　图名和图号
图名是用本图内最著名的地名或最大的村庄或最突出的地物、地貌等的名称来命名的。除图名之外还要注明图号，图号是根据统一的分幅进行编号的。图号、图名注记在北图廓上方的中央。

7.1.3.2　接图表
接图表用来说明本图幅与相邻图幅的关系。如图 7-4 的图廓左上方所示，中间一格画有斜线的代表本图幅，四邻分别注明相应的图名（或图号），按照接图表就可找到相邻的图幅。

7.1.3.3　比例尺
在每幅图的南图框外的中央均注有测图的数字比例尺，并在下方绘出直线比例尺。

7.1.3.4　坐标格网
图 7-4 中的方格网为平面直角坐标格网，其间隔通常是图上 10cm。在图廓四周均标有格网的坐标值。对于中、小比例尺地形图，在其图廓内还绘有经纬线格网，由经纬线格网可以确定各点的地理坐标。

7.1.3.5　三北方向线关系图
在许多中、小比例尺图的南图廓线右下方，还绘有真子午线 N、磁子午线 N′和纵坐标轴 X 这三者之间的角度关系图，称为三北方向线，如图 7-5 所示。从图 7-5 可看出，磁

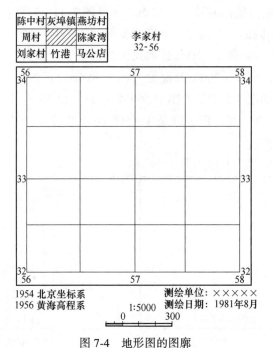

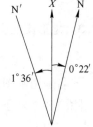

图 7-4 地形图的图廓

偏角 $\delta = -1°58'$（西偏），子午线收敛角 $\gamma = -0°22'$（纵坐标轴 X 位于真子午线 N 以西），利用该关系图，可根据图上任一方向的坐标方位角计算出该方向的真方位角和磁方位角。

图 7-5   三北方向线关系图

7.1.3.6 坡度比例尺

坡度比例尺是一种在地形图上量测地面坡度和倾角的图解工具。如图 7-6 所示，它是按如下关系制成的：

$$i = \tan\alpha = \frac{h}{dm} \qquad\qquad (7-2)$$

式中，i 为地面坡度；α 为地面倾角；h 为等高距；d 为相邻等高线平距；M 为比例尺分母。

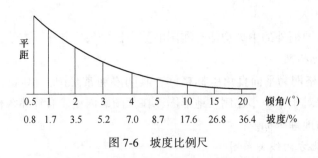

图 7-6 坡度比例尺

使用坡度比例尺时，用分规卡出图上相邻等高线的平距后，在坡度比例尺上使分规的一针尖对准底线，另一针尖对准曲线，即可在尺上读出地面坡度 i（百分比值）及地面倾角 α（度数）。

此外，地形图图廓的左下方一般应标注坐标系统和高程系统，右下方标注测绘单位和测绘日期等。

7.1.4 地物符号

地面上的地物和地貌，应按国家测绘总局发布的《地形图图式》中规定的符号描绘于图上。其中地物符号有下列几种：比例符号、非比例符号、半比例符号、地物注记。

7.1.4.1 比例符号

地物的形状和大小均按测图比例尺缩小，并用规定的符号描绘在图纸上，这种符号称为比例符号。如湖泊、稻田和房屋等，都采用比例符号绘制。表 7-3 中，从 1~12 号都是比例符号。

7.1.4.2 非比例符号

有些地物，如导线点、水准点和消火栓等，轮廓较小，无法将其形状和大小按比例缩绘到图上，而采用相应的规定符号表示在该地物的中心位置上，这种符号称为非比例符号。表 7-3 中，从 27~40 号都为非比例符号。非比例符号均按直立方向描绘，即与南图廓垂直。非比例符号的中心位置与该地物实地的中心位置关系随各种不同的地物而异，在测图和用图时应注意下列几点：

（1）规则的几何图形符号，如圆形、正方形、三角形等，以图形几何中心点为实地地物的中心位置；

（2）底部为直角形的符号，如独立树、路标等，以符号的直角顶点为实地地物的中心位置；

（3）宽底符号，如烟囱、岗亭等，以符号底部中心为实地地物的中心位置；

（4）几种图形组合符号，如路灯、消火栓等，以符号下方图形的几何中心为实地地物的中心位置；

（5）下方无底线的符号，如山洞、窑洞等，以符号下方两端点连线的中心为实地地物的中心位置。

7.1.4.3 半比例符号

地物的长度可按比例尺缩绘，而宽度不按比例尺缩小表示的符号称为半比例符号。用半比例符号表示的地物常常是一些带状延伸地物，如铁路、公路、通讯线、管道、垣栅等。表 7-3 中，从 13~26 号都是半比例符号。这种符号的中心线一般表示其实地地物的中心位置，但是城墙和垣栅等，地物中心位置在其符号的底线上。

7.1.4.4 地物注记

对地物加以说明的文字、数字或特有符号，称为地物注记。诸如城镇、学校、河流、道路的名称，桥梁的长宽及载重量，江河的流向、流速及深度，道路的去向，森林、果树的类别等，都以文字或特定符号加以说明。

表 7-3　地物符号

编号	符号名称	图　　例	编号	符号名称	图　　例
1	坚固房屋， 4—房屋层数	坚4　　　1.5	11	灌木林	0.5　1.0
2	普通房屋， 2—房屋层数	2　　　1.5	12	菜地	2.0　2.0　10.0　10.0
3	窑洞： 1. 住人的； 2. 不住人的； 3. 地面下的	1　2.5　2　2.0　3	13	高压线	4.0
4	台阶	0.5　0.5　0.5	14	低压线	4.0
5	花圃	1.5　1.5　10.0　10.0	15	电杆	1.0
6	草地	1.5　0.8　10.0　10.0	16	电线架	
7	经济作物地	0.8　3.0　蔗　10.0　10.0	17	砖、石及混凝土； 围墙	10.0　0.5　10.0　0.3
8	水生经济 作物地	3.0　藕　0.5	18	土围墙	10.0　0.5
9	水稻田	0.2　2.0　10.0　10.0	19	栅栏、栏杆	1.0　10.0
10	旱地	1.0　2.0　10.0　10.0	20	篱笆	1.0　10.0

续表 7-3

编号	符号名称	图 例	编号	符号名称	图例
21	活树篱笆	3.5　0.5　10.0 • ○○○ • • ○○○ • • ○○○ • 1.0　0.8	31	水塔	2.0 3.0 ⊙ 1.0 1.2
22	沟渠： 1—有堤岸的； 2—一般的； 3—有沟堑的	1 2　0.3 3	32	等高线： 1—首曲线； 2—计曲线； 3—间曲线	0.15 —— 87　1 0.3 —— 85　2 0.15 —— 6.0 —— 3 1.0
23	公路	0.3 0.3　沥 砾	33	气象站（台）	3.5 ⊕ 1.0
24	简易公路	8.0　　2.0	34	阀门	1.5 1.5 ⊖ 2.0
25	大车路	0.15 0.3　碎石	35	水龙头	3.5 ↑ 2.0 1.2
26	小路	4.0　1.0 0.3	36	旗杆	1.5 4.0 1.0 1.0
27	三角点， 点名为凤凰山， 高程为 394.468m	△ 凤凰山 394.468 3.0	37	路灯	2.5 1.0
28	图根点： 1—埋石的； 2—不埋石的	1　2.0 □ N16 84.46 2　2.5 ◇ D25 62.74 2.5	38	独立树； 1—阔叶； 2—针叶	1.5 1　3.0 ♀ 0.7 2　3.0 ♣ 0.7
29	水准点	2.0 ⊗ Ⅱ京石5 32.804	39	岗亭、 岗楼	90° ⌂ 3.0 1.5
30	钻孔	3.0 ⊙ 1.0	40	烟囱	3.5 ⊕ 1.0
			41	高程点及其注记	0.5·158.3　♣65.6

7.1.5 地貌符号——等高线

7.1.5.1 等高线的概念

测量工作中常用等高线来表示地貌。等高线是地面上高程相同的相邻各点所连接而成的闭合曲线。水面静止的池塘的水边线，实际上就是一条闭合的等高线。如图 7-7 所示，设有一座位于平静湖水中的小山丘，山顶被湖水淹没时的水面高程为 80m。然后水位下降 5m，露出山头，此时水面与山坡就有一条交线，而且是闭合曲线，曲线上各点的高程是相等的，这就是高程为 75m 的等高线。随后水位又下降 5m，山坡与水面又有一条交线，这就是高程为 70m 的等高线。依次类推，水位每降落 5m，水面就与地表面相交留下一条等高线，从而得到一组相邻高差为 5m 的等高线。设想把这组实地上的等高线沿铅垂方向投影到水平面 H 上，并按规定的比例尺缩绘到图纸上，就能够得到用等高线表示该山丘地貌的等高线图。

7.1.5.2 等高距和等高线平距

相邻等高线之间的高差称为等高距，常以 h 表示。图 7-7 中的等高距为 5m。在同一幅地形图上，等高距 h 是相同的。相邻等高线之间的水平距离称为等高线平距，常以 d 表示。h 与 d 的比值就是地面坡度 i，即

$$i = \frac{h}{dM} \tag{7-3}$$

式中，M 为比例尺分母。

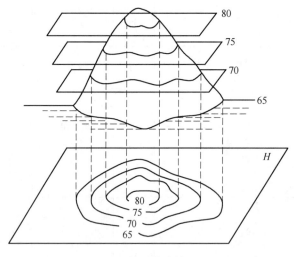

图 7-7　等高线

坡度 i 一般以百分率表示，向上为正、向下为负，例如 $i = +5\%$ 和 $i = -2\%$。因为同一张地形图内等高距 h 是相同的，所以地面坡度与等高线平距 d 的大小有关。由式（7-3）可知，等高线平距越小，地面坡度就越大；平距越大，则坡度越小；平距相等，则坡度相同。因此，可以根据地形图上等高线的疏、密来判定地面坡度的缓、陡。

7.1.5.3 典型地貌的名称

地貌是指地球表面的高低起伏形态，是地形图要表示的重要信息之一。地貌的基本形

态可以归纳为几种典型：山丘、洼地、山脊、山谷、鞍部、绝壁等（见图7-8（a））。凸起而高于四周的高地称为山丘；凹下而低于四周的低地称为洼地；山坡上隆起的凸棱称为山脊，山脊上的最高棱线称为山脊线；两山坡之间的凹部称为山谷，山谷中最低点的连线称为山谷线；近于垂直的山坡称为绝壁，上部凸出、下部凹入的绝壁称为悬崖；相邻两个山头之间的最低处形状为马鞍状的地形称为鞍部，它的位置是在两个山脊线和两个山谷线交会之处。

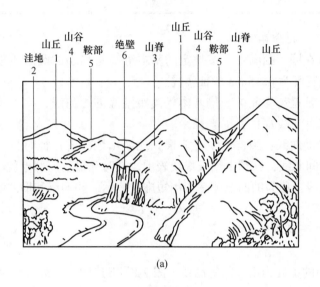

(a)

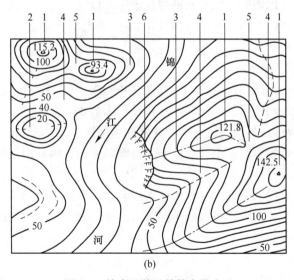

(b)

图7-8　综合地貌及其等高线表示

用等高线表示地貌，等高距越小，显示地貌就越详细；等高距越大，显示地貌就越简略。但是，当等高距过小时，图上的等高线过于密集，将会影响图面的清晰醒目。因此，在测绘地形图时，基本等高距的大小是根据测图比例尺与测区地形情况来确定的，参见表7-4。

表 7-4　地形图的基本等高矩 h　　　　　　　　　　　　　　（m）

比例尺	地形类别			
	平地	丘陵	山地	高山
1∶500	0.5	0.5	0.5 或 1.0	1.0
1∶1000	0.5	0.5 或 1.0	1.0	1.0 或 2.0
1∶2000	0.5 或 1.0	1.0	2.0	2.0

7.1.5.4　等高线的分类

（1）首曲线：在同一幅图上，按规定的基本等高距描绘的等高线称为首曲线，也称基本等高线。它是宽度为 0.15mm 的细实线。

（2）计曲线：凡是高程能被 5 倍基本等高距整除的等高线，称为计曲线。为了读图方便，计曲线要加粗（线宽 0.3mm）描绘。

（3）间曲线和助曲线：当首曲线不能很好地显示地貌的特征时，按 1/2 基本等高距描绘等高线，称为间曲线，在图上用长虚线表示。有时为显示局部地貌的需要，按 1/4 基本等高距描绘等高线，称为助曲线，一般用短虚线表示。间曲线和助曲线可不闭合，见图 7-8 地形图的左下部分。

7.1.5.5　用等高线表示典型地貌

A　山丘和洼地的等高线

图 7-8（b）中的 1 处为山丘的等高线，图 7-8（b）中的 2 处为洼地的等高线。它们投影到水平面上都是一组闭合曲线，从高程注记中可以区分这些等高线所表示的是山丘还是洼地，也可通过等高线上的示坡线（图 7-8（b）左上部分垂直于等高线的短线）来区分，示坡线的方向指向低处。

B　山脊和山谷的等高线

山脊的等高线是一组凸向低处的曲线（图 7-8（b）中的 3 处），各条曲线方向改变处的连接线（图 7-8（b）中点划线）即为山脊线。山谷的等高线为一组凸向高处的曲线（图 7-8（b）中的 4 处），各条曲线方向改变处的连接线（图 7-8（b）中虚线）称为山谷线。山脊和山谷的两侧为山坡，山坡近似于一个倾斜平面，因此山坡的等高线近似于一组平行线。

山脊线又称为分水线，山谷线又称为集水线。在地区规划及建筑工程设计时经常要考虑到地面的水流方向、分水线、集水线等问题，因此，山脊线和山谷线在地形图测绘和地形图应用中具有重要的意义。

C　鞍部的等高线

典型的鞍部是在相对的两个山脊和山谷的会聚处（图 7-8（b）中的 5 处）。它左右两侧的等高线是相对称的两组山脊线和两组山谷线。鞍部在山区道路的选线中是一个关节点，越岭道路常须经过鞍部。

D　绝壁和悬崖符号

绝壁和悬崖都是由于地壳产生断裂运动而形成的。绝壁有比较高的陡峭岩壁，等高线非常密集，因此在地形图上要用特殊符号来表示绝壁（图 7-8（b）中的 6 处）。悬崖是近乎直立而下部凹入的绝壁，若干等高线投影到地形图上会相交，如图 7-9 所示，俯视时隐蔽的等高线用虚线表示。

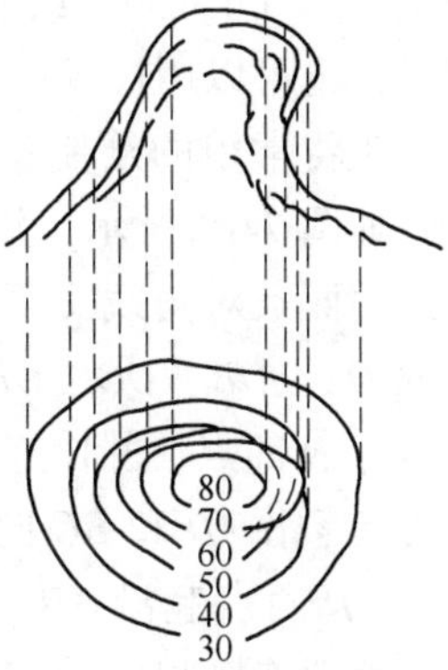

7.1.5.6 等高线的特性

为了掌握用等高线表示地貌时的规律性，现将等高线的特性归纳如下：

(1) 同一条等高线上各点的高程都相同；

(2) 等高线是闭合的曲线，如果不在本幅图内闭合，则必在图外闭合；

(3) 除在悬崖和绝壁处外，等高线在图上不能相交，也不能重合；

(4) 等高线的平距小表示坡度陡，平距大表示坡度缓，平距相同表示坡度相等；

(5) 等高线与山脊线、山谷线成正交。

图 7-9 悬崖的等高线

7.2 测图前的准备工作

7.2.1 图根控制测量及其数据处理

图根点是直接提供给测图使用的平面或高程控制点。测图前应先进行现场踏勘并选好图根点的位置，然后进行图根平面控制和图根高程控制测量。图根控制的测量方法和内业数据处理方法已在第 6 章中作了介绍。图根点的密度应根据测图比例尺和地形条件而定，平坦开阔地区的图根点密度不宜低于表 7-5 中的规定。

表 7-5 平坦开阔地区图根点的宽度

测图比例尺	每幅图的图根点数	每平方千米图根点数
1 : 500	8	135
1 : 1000	12	50
1 : 2000	15	15

7.2.2 图纸的准备

7.2.2.1 图纸的选用

地形图测绘应选用质地较好的图纸，如聚酯薄膜、普通优质绘图纸等。聚酯薄膜是一面打毛的半透明图纸，其厚度为 0.07~0.1mm，伸缩率很小，且坚韧耐湿，沾污后可洗，在图纸上着墨后，可直接复晒蓝图。但聚酯薄膜图纸易燃，有折痕后不能消除，在测图、使用、保管时要多加注意。普通优质的绘图纸容易变形，为了减少图纸伸缩，可将图纸裱糊在铝板或胶合木板上。

7.2.2.2 绘制坐标格网

在绘图纸上，首先要精确地绘制直角坐标方格网，每个方格为 10cm×10cm。格网线的宽度为 0.15mm，绘制方格网一般可使用坐标格网尺，也可以用长直尺按对角线法绘制方格网。

现将常用的绘制坐标格网的对角线法介绍如下：如图 7-10 所示，沿图纸的四个角，用长直线尺绘出两条对角线交于 O 点，自 O 点在对角线上量取 OA、OB、OC、OD 四段相等的长度得出 A、B、C、D 四点，并作连线，即得矩形 $ABCD$，从 A、B 两点起沿 AD 和 BC 向右每隔 10cm 截取一点，再从 A、D 两点起沿 AB、DC 向上每隔 10cm 截取一点，而后连接相应的各点即得到由 10cm×10cm 的正方形组成的坐标格网。

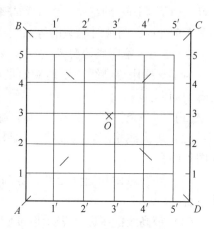

图 7-10　对角线法绘制方格网

绘制坐标格网线还可以有多种工具和方法，如坐标格网尺法、直角坐标仪法、格网板划线法、刺孔法等。此外，测绘用品商店还有印刷好坐标格网的聚酯薄膜图纸出售。

7.2.2.3　格网的检查和注记

在坐标格网绘好以后，应立即进行检查：首先检查各方格的角点，各方格的角点应在一条直线上，偏离不应大于 0.2mm；再检查各个方格的对角线，其长度应为 141.4mm，容许误差为 ±0.3mm，图廓对角线长度与理论长度之差的容许误差为 ±0.3mm；若误差超过容许值则应将方格网进行修改或重绘。坐标格网线的旁边要注记坐标值，每幅图的格网线坐标是按照图的分幅来确定的。

7.2.2.4　展绘控制点

展点时，首先要确定控制点（导线点）所在的方格。如图 7-11 所示（设比例尺为 1：1000），导线点 1 的坐标为 $X_1 = 624.32$m，$Y_1 = 686.18$m，由坐标值确定其位置应在 $klmn$ 方格内。然后从 k 向 n 方向、从 l 向 m 方向各取 86.18m，得出 a、b 两点，同样再从 k 和 n 点向上量取 24.32m，可得出 c、d 两点，连接 ab 和 cd，其交点即为导线点 1 在图上的位置。同法将其他各导线点展绘在图纸上。最后用比例尺在图纸上量取相邻导线点之间的距离和已知的距离相比较，作为展绘导线点的检核，其最大误差在图纸上应不超过 ±0.3mm，否则导线点应重新展绘。经检查无误，按图式规定绘出导线点符号，并注上点号和高程，这样就完成了测图前的准备工作。

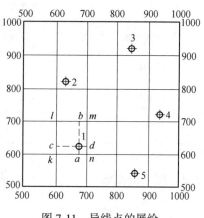

图 7-11　导线点的展绘

7.3　碎部测量的方法

测图常用的仪器有经纬仪、光电测距仪、大平板仪、小平板仪和全站仪等，这里仅介绍经纬仪测图法的作业。

7.3.1 碎部点的测定方法

碎部测量就是测定碎部点（地形特征点）的平面位置和高程。下面分别介绍碎部点的选择和碎部点位的测定方法。

7.3.1.1 碎部点的选择

A 地物点的选择及地物轮廓线的形成

地物测绘的质量和速度在很大程度上取决于立尺员能否正确合理地选择地物特征点。地物特征点主要是其轮廓线的转折点，如房角点、道路边线的转折点以及河岸线的转折点等。主要的特征点应独立测定，一些次要的特征点可以用量距、交会、推平行线等几何作图方法绘出。

一般规定，凡主要建筑物轮廓线的凹凸长度在图上大于 0.4mm 时，都要表示出来。例如对于 1∶1000 测图，主要地物轮廓凹凸大于 0.4m 时应在图上表示出来。

以下按 1∶500 和 1∶1000 比例尺测图的要求提出一些取点原则：

（1）对于房屋，可只测定其主要房角点（至少 3 个），然后量取其有关的数据，按其几何关系用作图方法画出其轮廓线。

（2）对于圆形建筑物，可测定其中心位置并量其半径后作图绘出，或在其外廓测定三点，然后用作图法定出圆心而作圆。

（3）对于公路，应实测两侧边线，而大路或小路可只测其一侧的边线，另一侧边线可按量得的路宽绘出；对于道路转折处的圆曲线边线，应至少测定 3 点（起点、终点和中点）。

（4）围墙应实测其特征点，按半比例符号绘出其外围的实际位置。

B 地貌特征点的选择

地貌特征点就是地面坡度及方向变化点。地貌碎部点应选在最能反映地貌特征的山顶、鞍部、山脊（线）、山谷（线）、山坡、山脚等坡度变化及方向变化处。根据这些特征点的高程勾绘等高线，即可将地貌在图上表示出来。为了能真实地表示实地情况，在地面平坦或坡度无显著变化地区，碎部点（地形点）的间距和测碎部点的最大视距，应符合表 7-6 的规定。城市建筑区的最大视距，参见表 7-7。

表 7-6 地形点的间距及最大视距

测图比例尺	地形点最大间距/m	最大视距/m	
		主要地物点	次要地物点及地形点
1∶500	15	60	100
1∶1000	30	100	150
1∶2000	50	180	250

表 7-7 城市建筑区测量地形点的最大视距

测图比例尺	最大视距/m	
	主要地物点	次要地物点及地形点
1∶500	50（量距）	70

测图比例尺	最大视距/m	
	主要地物点	次要地物点及地形点
1 : 1000	80	120
1 : 2000	120	200

7.3.1.2　碎部点位的测定方法

A　极坐标法

极坐标法是测定碎部点位最常用的一种方法。如图 7-12 所示，测站点为 A，定向点为 B，通过观测水平角 β_1 和水平距离 D_1 就可确定碎部点 1 的位置。同样，由观测值 β_2 和 D_2 又可测定点 2 的位置。这种定位方法即为极坐标法。

对于已测定的地物点应该连接起来的要随测随连。例如房屋的轮廓线 12、23 等，以便将图上测得的地物与地面上的实体相对照。这样，测图时如有错误或遗漏，就可以及时发现，并及时予以修正或补测。

B　方向交会法

当地物点距离较远或遇河流、水田等障碍不便丈量距离时，可以用方向交会法来测定。如图 7-13 所示，设欲测绘河对岸的特征点 1、2、3 等，自 A、B 两控制点向河对岸的点 1、2、3 等量距不方便，这时可先将仪器安置在 A 点，经过对点、整平和定向以后，测定 1、2、3 各点的方向，并在图板上画出其方向线，然后再将仪器安置在 B 点，按同样方法再测定 1、2、3 点的方向，在图板上画出方向线，则其相应方向线的交会点，即为 1、2、3 点在图板上的位置。

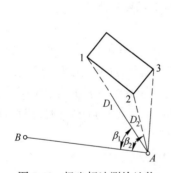

图 7-12　极坐标法测绘地物

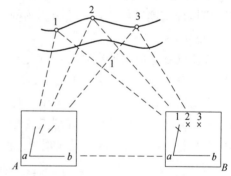

图 7-13　方向交会法测绘地物

C　距离交会法

测完主要房屋后，再测定隐蔽在建筑群内的一些次要的地物点，特别是这些点与测站不通视时，可按距离交会法测绘这些点的位置。

如图 7-14 所示，图中 P、Q 为已测绘好的地物点，如欲测定 1、2 点的位置，具体测法如下：用皮尺量出水平距离 $P1$、$P2$ 和 $Q1$、$Q2$，然后按测图比例尺算出图上相应的长度。在图上以 P 为圆心，用两脚规按 $P1$ 长度为半径作圆弧，再在图上以 Q 为圆心，用 $Q1$ 长度为半径作圆弧，两圆弧相交可得点 1；再按同法交会出点 2。连接图上的 1、2 两点即得地物一条边的位置。如果再量出房屋宽度，就可以在图上用推平行线的方法绘出该地物。

D 直角坐标法

如图 7-15 所示，P、Q 为已测建筑物的两房角点，以 PQ 方向为 Y 轴，找出地物点在 PQ 方向上的垂足，用皮尺丈量 Y_1 及其垂直方向的支距 X_1，便可定出点 1，同法可以定出 2、3 等点。与测站点不通视的次要地物靠近某主要地物，且在支距 X 很短的情况下，适合采用直角坐标法来测绘。

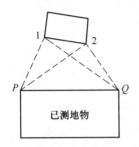

图 7-14 距离交会法测绘地物图

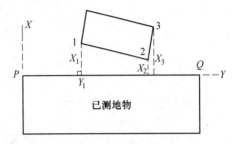

图 7-15 直角坐标法测绘地物

E 方向距离交会法

与测站点通视但量距不方便的次要地物点，可以利用方向距离交会法来测绘。方向仍从测站点出发来测定，而距离是从图上已测定的地物点出发来量取，按比例尺缩小后，用分规卡出这段距离，从该点出发与方向线相交，即得欲测定的地物点。这种方法称为方向距离交会法。

如图 7-16 所示，P 为已测定的地物点，现要测定点 1、2 的位置，从测站点 A 瞄准点 1、2，画出方向线，从 P 点出发量取水平距离 D_{P1} 与 D_{P2}，按比例求得图上的长度即可通过距离与方向交会得出点 1、2 的图上位置。

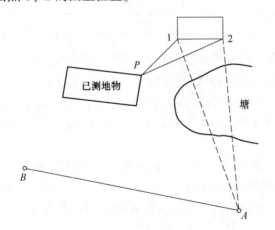

图 7-16 方向距离交会法测绘地物

7.3.2 经纬仪测绘法

经纬仪测绘法的实质是按极坐标法定点进行测图，观测时先将经纬仪安置在测站上，绘图板安置于测站旁，用经纬仪测定碎部点的方向与已知方向之间的夹角、测站点至碎部点的距离和碎部点的高程；然后根据测定数据用量角器和比例尺把碎部点的位置展绘在图纸上，并在点的右侧注明其高程，再对照实地描绘地形。此法操作简单、灵活，适用于各类地区的地形图测绘。具体操作步骤如下：

（1）安置仪器。如图 7-17 所示，安置仪器于测站点（控制点）A 上，量取仪器高 i，填入手簿（表 7-8）。

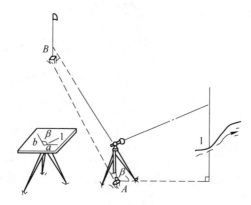

图 7-17　经纬仪测绘法

表 7-8　碎部测量手簿

测站点：A　　　定向点：B　　　$H_A = 56.43\mathrm{m}$　　　$i_A = 1.46\mathrm{m}$　　　$x = 0''$

点号	视距间隔 l/m	中丝读数 v/m	竖盘读数 L	竖直角 α	高差 h/m	水平角 β	平距 D/m	高程 H/m	备注
1	0.281	1.460	93°28′	−3°28′	−1.7	102°00′	28.00	54.73	山脚
2	0.414	1.460	74°26′	15°24′	10.70	129°25′	38.42	67.13	山顶
⋮									
50	0.378	2.460	91°14′	−1°14′	−1.81	286°35′	37.78	54.62	电杆

（2）定向。后视另一控制点 B，置水平度盘读数为 0°00′00″。

（3）立尺。立尺员依次将标尺立在地物、地貌特征点上。立标尺前，立尺员应弄清实测范围和实地情况，选定立尺点，并与观测员、绘图员共同商定跑尺路线。

（4）观测。转动照准部，瞄准点 1 的标尺，读取视距间隔 l，中丝读数 v，竖盘读数 L 及水平角 β。

（5）记录。将测得的视距间隔、中丝读数、竖盘读数及水平角依次填入手簿，如表 7-8 所示。对于有特殊作用的碎部点，如房角、山头、鞍部等，应在备注中加以说明。

（6）计算。先由竖盘读数 L 计算竖直角 $\alpha = 90° - L$，按第 4.2 节所述视距测量方法用计算器计算出碎部点的水平距离和高程。平距公式：$D = kl\cos^2\alpha$。高差公式：$h = \dfrac{1}{2}kl\sin 2\alpha + i - v$。

（7）展绘碎部点。用细针将量角器的圆心插在图纸上测站点 a 处，转动量角器，将量角器上等于 β 角值（碎部点 1 为 102°00′）的刻划线对准起始方向线 ab，如图 7-18 所示，此时量角器的零方向便是碎部点 1 的方向，然后用测图比例尺按测得的水平距离在该方向上定出点 1 的位置，并在点的右侧注明其高程。

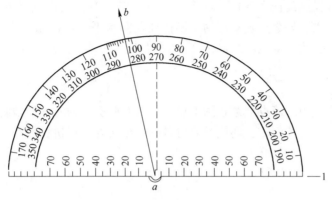

图 7-18 地形测量量角器

同法，测出其余各碎部点的平面位置与高程，绘于图上，并随测随绘等高线和地物。

为了检查测图质量，仪器搬到下一测站时，应先观测前站所测的某些明显碎部点，以检查由两个测站测得的该点平面位置和高程是否相符。如相差较大，则应查明原因，纠正错误，再继续进行测绘。

若测区面积较大，可分成若干图幅，分别测绘，最后拼接成全区地形图。为了相邻图幅的拼接，每幅图应测出图廓外 10mm。

在测图过程中，应注意以下事项：

（1）为方便绘图员工作，观测员在观测时，应先读取水平角，再读取视距尺的三丝读数和竖盘读数；在读取竖盘读数时，要注意检查竖盘指标水准管气泡是否居中；读数时，水平角估读至 5′，竖盘读数估读至 1′ 即可；每观测 20~30 个碎部点后，应重新瞄准起始方向检查其变化情况，经纬仪测绘法起始方向水平度盘读数偏差不得超过 3′。

（2）立尺人员在跑点前，应先与观测员和绘图员商定跑尺路线；立尺时，应将标尺竖直，并随时观察立尺点周围情况，弄清碎部点之间的关系，地形复杂时还需绘出草图，以协助绘图人员做好绘图工作。

（3）绘图人员要注意图面正确、整洁，注记清晰，并做到随测点、随展绘、随检查。

（4）当每站工作结束后，应进行检查，在确认地物、地貌无测错或漏测时，方可迁站。

7.3.3 测站点的增设

在测图过程中，由于地物分布的复杂性，往往会发现已有的图根控制点还不够用。此时可以临时增设（加密）一些测站点。

7.3.3.1 支点法

在现场选定需要增设的测站点，用极坐标法测定其在图上的位置，称为支点法。由于测站点的精度必须高于一般地物点，因此规定：增设支点前必须对仪器（经纬仪、平板仪、全站仪等）重新检查定向，支点的边长不宜超过测站定向边的边长，支点边长要进行往返丈量或两次测定，其差数不应大于 1/200。对于增设测站点的高程，则可以根据已知高程的图根点用水准仪或经纬仪视距法测定，其往返高差的较差不得超过 1/7 等高距。

7.3.3.2 内、外分点法

内、外分点法是一种在已知直线方向上按距离定位的方法。这种方法主要用在通视条件好、便于量距和设站的任意两控制点连线（内分点）或其延长线（外分点）上增补测站点。利用已知边内、外分点建立测站，不需要观测水平角；控制点至测站点间的距离、高差的测定与检核，均与支点法相同。

7.4　地形图的绘制与拼接

在外业工作中，当碎部点展绘在图上后，就可对照实地随时描绘地物和等高线。如果测区较大，由多幅图拼接而成，还应及时对各图幅衔接处进行拼接检查，最后再进行图的清绘与整饰。

7.4.1　地物描绘

地物要按地形图图式规定的符号表示。房屋轮廓需用直线连接起来，而道路、河流的弯曲部分则是逐点连成光滑的曲线。对于不能按比例描绘的地物，用相应的非比例符号表示。

7.4.2　等高线勾绘

在地形图上为了既能详细地表示地貌的变化情况，又不使等高线过密而影响地形图的清晰，等高线必须按规定的间隔（称为基本等高距）进行勾绘。对于不同的比例尺和不同的地形，基本等高距的规定见表7-4。

勾绘等高线时，首先用铅笔轻轻描绘出山脊线、山谷线等地性线，再根据碎部点的高程勾绘等高线。不能用等高线表示的地貌，如绝壁、悬崖、冲沟等，应按地形图图式规定的符号表示。由于碎部点是选在地面坡度变化处，因此相邻点之间可视为均匀坡度。这样可在两相邻碎部点的连线上，按平距与高差成比例的关系，内插出两点间各条等高线通过的位置。

7.4.2.1　解析法

如图7-19所示，A、B为地面上两个立尺点，两点间地面为同一坡度，测定两点的高程分别为57.6m和61.3m，等高距为1m，则其间有58m、59m、60m和61m四条等高线通过。A、B点的图上位置为a、b，可以用内插法求得ab连线上的上述四条等高线通过的点位。

设量得图上ab的距离$d=34$mm，则每米高差在图上的平距为$d_0=d/(H_B-H_A)=9.2$，从图7-19可以看出，点A、1之间的高差和点4、B之间的高差不足1m，其图上距离可分别计算：

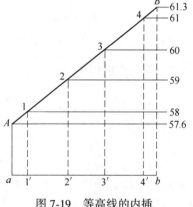

图7-19　等高线的内插

$a1'=h_{A1}d_0=(58.0\text{m}-57.6\text{m})\times9.2=3.7\text{mm}$

$4'b=h_{4B}d_0=(61.3\text{m}-61.0\text{m})\times9.2=2.8\text{mm}$

按上述计算数据便可在图上定出1′、2′、3′和4′的位置。

7.4.2.2　图解法

按照相似三角形原理可用图解法勾绘等高线：在一张透明纸上绘一组等间隔的平行

线，并在线两端注以数字，如图 7-20 所示。使用时在图上移动透明纸，使 a、b 两点分别位于线条的 7-6 和 1-3 处，ab 线与各平行线相交的点，即 a、b 之间各整米等高线通过之处，用铅笔尖刺于图纸上。

7.4.2.3　目估法

根据解析法原理，可用目估法来确定等高线通过的位置，其方法是"先确定头尾，后等分中间"。如上例，先算出 A、B 之高差为 3.7m，估计每米高差之平距值，先取 0.4mm 与 0.3mm，定出 58m 和 61m 的位置，再将中间分成三等分即可。此法在现场常用。

图 7-21 是根据地形点的高程，用内插法求得整米高程点，然后用光滑曲线连接等高点，勾绘而成的局部等高线地形图。勾绘等高线应在测图现场进行，至少应将计曲线勾绘好，以控制等高线走向，以便与实地地形相对照，如有错误或遗漏可以当场发现并及时纠正。

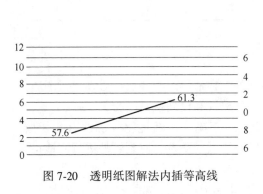

图 7-20　透明纸图解法内插等高线

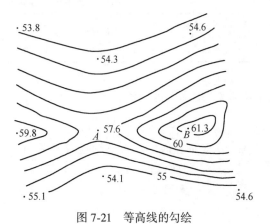

图 7-21　等高线的勾绘

7.4.3　地形图的拼接

由于测量和绘图误差的存在，分幅测图在相邻图幅的连接处，地物轮廓线和等高线都不会完全吻合，如图 7-22 所示。为了图的拼接，规范规定每幅图的图边应测出图幅以外 10mm，使相邻图幅有一条重叠带，以便于拼接检查。对于聚酯薄膜图纸，由于它是半透明的，故只需把两张图纸的坐标格网对齐，就可以检查接边处的地物和等高线的偏差情

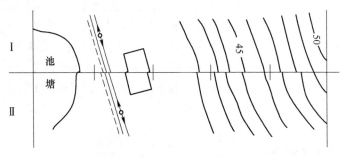

图 7-22　地形图的拼接

况。如果测图用的是图画纸，则须用透明纸条将其中一幅图的图边地物等描下来，然后与另一幅图进行拼接检查。

图的接边误差不应大于规定的碎部点平面、高程中误差的 $2\sqrt{2}$ 倍。在大比例尺测图中，关于碎部点的平面位置和按等高线内插求高程的中误差如表 7-9 和表 7-10 所规定。图的拼接误差小于限差时可以平均配赋（即在两幅图上各改正一半），改正时应保持地物、地貌相互位置和走向的正确性。拼接误差超限时，应到实地检查后再改正。

表 7-9 地物点点位中误差

地区分类	点位中误差
建筑区、平地及丘陵地	0.5
山地及旧街坊内部	0.75

表 7-10 等高线内插求点的高程中误差

地形分类	平地	丘陵地	山地	高山地
高程中误差（等高距）	1/3	1/2	2/3	1

7.4.4 地形图的检查

为了确保地形图质量，除施测过程中加强检查外，在地形图测完后，必须对成图质量做一次全面检查。地形图的检查包括图面检查、野外巡视和设站检查。

（1）图面检查。检查图面上各种符号、注记是否正确，包括地物轮廓线有无矛盾、等高线是否清楚、名称注记有否弄错或遗漏。如发现错误或疑点，应到野外进行实地检查修改。

（2）野外巡视。根据室内图面检查的情况，有计划地确定巡视路线，进行实地对照查看。野外巡视中发现的问题，应当场在图上进行修正或补充。

（3）设站检查。根据室内检查和巡视检查发现的问题，到野外设站检查，除对发现的问题进行修正和补测外，还要对本测站所测地形进行检查，看所测地形图是否符合要求，如果发现点位的误差超限，应按正确的观测结果修正。

7.4.5 地形图的整饰

地形图经过上述拼接、检查和修正后，还应进行清绘和整饰，使图面更为清晰、美观，然后作为地形图原图保存。地形图整饰的次序是先图框内、后图框外，先注记、后符号，先地物、后地貌（等高线注记和地物应断开）。图上的注记、地物符号、等高线等均应按规定的地形图图式进行描绘和书写。最后，在图框外应按图式要求写出图名、图号、接图表、比例尺、坐标系统及高程系统、施测单位、测绘者及测绘日期等。

7.5 大比例尺数字测图系统

7.5.1 数字测图系统的概念

数字测图（Digital Surveying and Mapping，简称 DSM）系统是以计算机为核心，在外

连输入输出设备硬、软件的支持下，对地形空间数据进行采集、输入、成图、输出、管理的测绘系统。广义地理解数字测图系统如图 7-23 所示。采集地形数据输入计算机，由机内的成图软件进行处理、成图、显示；经过编辑修改，生成符合图标的地形图，并控制绘图仪出图。数字测绘实质是一种全解析、机助测图的方法。在实际工作中，大比例尺数字测图（或数字地形测图）一般是指地面数字测图，也称全野外测图。传统的地形测图也是指地面测量（野外实地测量），而其他的方法都有自己的名称，如航空数字测图、数字化仪数字化图或扫描数字化图等。

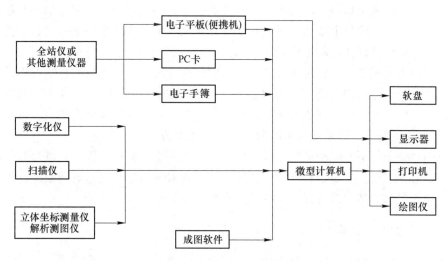

图 7-23 数字测图系统框图

7.5.2 数字测图方法

在数字测图系统中，由于空间数据的来源不同，采集的仪器和方法也不同。

7.5.2.1 野外数据采集法

用全站仪（或半站仪）进行实地测量，将野外采集的数据自动传输到电子手簿、磁卡或便携机内记录，并在现场绘制支形（草）图，到室内将数据自动传输到计算机，人机交互编辑后，由计算机自动生成数字地图，并控制绘图仪自动绘制地形图。这种方法是从野外实地采集数据的，又称地面数字测图。由于测绘仪器测量精度高，而电子记录又如实记录和处理，所以地面数字测图是几种数字测图方法中精度最高的一种，也是城市地区的大比例尺（尤其是 1 : 500）测图中最主要的测图方法。

7.5.2.2 原图（底图）数据采集法

在已进行过测绘工作的测区，有存档的纸介质（或聚酯薄膜）地形图即原图，也称底图。为了原图的计算机存档和修测、建立该地区的 GIS 或进行工程 CAD 等，就必须将原图数字化，才能将图输入计算机。数字化方法有两种：数字化仪数字化和扫描仪数字化。

（1）数字化仪数字化。数字化的过程，即用数字化仪对原图的地形特征逐点进行采集（称手扶数字化），将数据自动传输到计算机，处理成数字地形图的过程。数字化的图还可通过绘图仪绘制图解地形图（即白纸上的可视地形图）。

数字化图的精度一般低于原图的精度，尤其当作业员疲劳时，精度更受影响。但是目前，在我国数字仪数字化仍是建立 GIS 的主要数字化方法。

（2）扫描仪数字化。在数字化的过程中，对原图（矢量图）扫描数字化，获得栅格图形数据后，还必须将栅格数据转换为矢量数据，即扫描数据进入计算机后，还要通过屏幕人机交互，做矢量转换及屏幕数字化的工作。随着扫描数字化软件的不断完善，扫描数字化的方法将优于手扶数字化而得到广泛应用。

7.5.2.3　航片数据采集

这种方法是以航空摄影获取的航空相片作数据源，即利用测区的航空摄影测量获得的立体像对，在解析测图仪上或在经过改装的立体量测仪上采集地形特征点，自动传输到计算机内，经过软件处理，自动生成数字地形图，并控制绘图仪绘制地形图。

一般城市大面积 1∶2000 比例尺测图多采用航测方法。由于传统的测绘工作只注重出地形图底图，所以过去的航测也不出数字图。在一些城市建立 GIS 的工作中，只能将原图数字化来获取数字图。今后再进行航空摄影测量时，一定要有数字化的成果，可直接进入 GIS，而且能保证精度，这是城市 GIS 数据获取的主要方法。

在我国目前条件下，航测适用于较大面积、几年一次的测量工作，在城市利用新的航测数据建立 GIS 以后，只要用野外数字测图系统作为 GIS 地形数据的更新系统，用地面测绘的数字图作局部更新，即可保证 GIS 地形数据的现势性。

7.5.3　数字测图的作业模式

数字测记模式：野外测记，室内成图。用全站仪测量，电子手簿记录，同时配画标注测点点号的人工草图，到室内将测量数据直接由记录器传输到计算机，再由人工按草图编辑图形文件，并键入计算机自动成图，经人机交互编辑修改，最终生成数字图，由绘图仪绘制地形图。由于绘图软件的发展，外业采集智能化，计算机自动检索编辑图形文件等，从而使该种方法向智能化、快速化、高精度化方向发展。

电子平板测绘模式：内外业一体化，所显示即所测，实时成图。这是利用全站仪、便携机及相应的测图软件来实施外业测图的模式。用全站仪测量，便携机内的测图软件与全站仪通信、数据记录，并且能解算建模、图形编辑、修正、现场实时成图等，这样使数字测图真正实现了内外业一体化，测图的质量、效率、精度超过了所有传统测图法。

随着科技的发展，测绘仪器性能的提高，可以采取更自动化的模式：

（1）全站仪自动跟踪测量模式。测站为自动跟踪式全站仪，可以无人操作；棱镜站有跑镜员和电子平板操作员（甚至平板操作员兼任司镜员）。全站仪自动跟踪照准立在测点上的棱镜，测量的数据由测站自动传输给棱镜站的电子平板记录、成图。瑞典捷创力（Geotrnic）、日本拓普康（Topcon）等推出的自动跟踪全站仪的单测量系统，再加上电子平板即可实现此模式。1997 年徕卡（Leica）推出的 TCA 全站仪+RCSl000 控制器（遥控器），实现了遥控测量（Remote Control Surveying, RCS），使自动跟踪测量模式更趋于现实。测站无人操作，而在镜站遥控进行检查与编码。TCA 遥控测量系统与电子平板连接，则可实现自动跟踪模式的电子平板数字测图。目前此种模式价格昂贵，适用于特定的应用场合。

（2）GPS 测量模式。在 GPS 接收机应用中，采用 RTK（Real Time Kinematic）实时动态定位技术（又称载波相位差分技术），参考站（基准站）的 GPS 接收机通过数据链将其观测值及站坐标信息一起发给流动站的 GPS 接收机（用户站），流动站不仅接收来自参考站的数据，进行实时处理得到测点在指定坐标系的三维坐标成果，而且测程（基准站与流动站的距离）20km 以内可达厘米级精度。若与电子平板测图系统连接，就可现场实时成图，避免测后返工问题。

7-1 什么是比例尺精度？它在测绘工作中有何作用？

7-2 地物符号有几种？各有何特点？

7-3 何谓等高线？在同一幅图上，等高距、等高线平距与地面坡度三者之间的关系如何？

7-4 等高线有哪些基本特性？

7-5 测图前有哪些准备工作？控制点展绘后，怎样检查其正确性？

7-6 根据碎部测量记录表 7-11 中的数据，计算各碎部点的水平距离及高程。

表 7-11 碎部测量记录

测站点：A 定向点：B $H_A = 42.95\text{m}$ $i_A = 1.48\text{m}$ $x = 0°$

点号	视距间隔 l/m	中丝读数 v/m	竖盘读数 L	竖直角 α	高差 h/m	水平角 β	平距 D/m	高程 H/m	备注
1	0.552	1.480	83°36′			48°05′			
2	0.409	1.780	87°51′			56°25′			
3	0.324	1.480	93°45′			247°50′			
4	0.675	2.480	98°12′			261°35′			

7-7 简述经纬仪测绘法在一个测站测绘地形图的工作步骤。

7-8 为了确保地形图质量，应采取哪些主要措施？

7-9 根据图 7-24 上各碎部点的平面位置和高程，试勾绘等高距为 1m 的等高线。图中点划线表示山脊线，虚线表示山谷线。

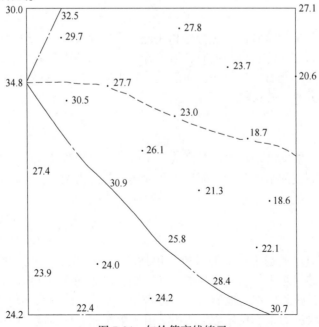

图 7-24 勾绘等高线练习

8 地形图的应用

8.1 地形图的识读

为了正确地应用地形图，首先必须识读地形图，在对地形图有了初步了解后再进行详细的地形分析。

8.1.1 图外注记识读

首先要了解这幅图的编号和图名，图的比例尺，图的方向以及采用什么坐标系统和高程系统。这样就可以确定图幅所在的位置，图幅所包括的面积和长宽等等。

对于小于 1：10000 的地形图，一般采用国家统一规定的高斯平面直角坐标系（1980年国家坐标系），城市地形图一般采用城市坐标系，工程项目总平面图大多采用施工坐标系。自 1956 年起，我国统一规定以黄海平均海水面作为高程起算面，所以绝大多数地形图都属于这个高程系统。我国自 1987 年启用"1985 国家高程基准"，全国均以新的水准原点高程为准。但也有若干老的地形图和有关资料，使用的是其他高程系或假定高程系，如长江中下游一带，常使用吴淞高程系，为避免工程上应用的混淆，在使用地形图时应严加区别。通常，地形图所使用的坐标系统和高程系统均用文字注明于地形图的左下角。

对地形图的测绘时间和图的类别要了解清楚，地形图反映的是测绘时的现状，因此要知道图纸的测绘时间，对于未能在图纸上反映的地面上的新变化，应组织力量予以修测与补测，以免影响设计工作。

8.1.2 地物识读

熟悉一些常用的地物符号，了解符号和注记的确切含义。根据地物符号，了解主要地物的分布情况，如村庄名称、公路走向、河流分布、地面植被、农田、山村等。图 8-1 为黄村的地形图，房屋东侧有一条公路，向南过一座小桥，桥下为双清河，河水流向是由西向东，图的西半部分有一些土坎。

8.1.3 地貌识读

要正确理解等高线的特性。根据等高线，了解图内的地貌情况，首先要知道等高距是多少，然后根据等高线的疏密判断地面坡度及地形走势。由图 8-1 可以看出：整个地形西高东低，逐渐向东平缓，北边有一小山头，等高距为 5m。

8.1.4 地形分析

地形分析就是对地形基本特征的分析，包括地形的长度、宽度、线段和地段的坡度等。地形分析的目的，是为了能充分合理地利用原有地形。例如，机场选址、综合业务区建设、防护工程设计过程，都与地形关系十分密切，另外，地形与环境、卫生、给排水和美感方面也有着很大的关系。在社会生活中，由于生产和人口高度集中引起的用地紧张以

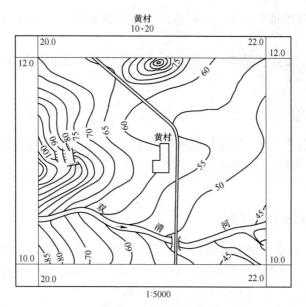

图 8-1　地形图识读

及城市设计和建设水平的提高，城市用地的地形分析显得日益重要。

（1）按自然地形和各项建设工程对地面坡度的要求，在地形图上根据等高距和等高线平距，计算出地面坡度。地面坡度分为 2% 以下，2%～5%，5%～8%，8% 以上等四类，分别用不同的符号表示在图上，如图 8-2 所示，同时计算出各类坡度区域的面积。

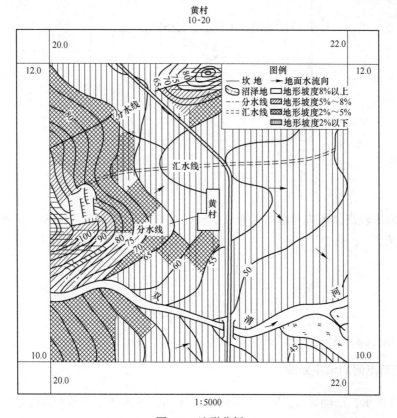

图 8-2　地形分析

（2）根据自然地形画出分水线、集水线和地表流水方向，从而确定汇水面积和考虑排水方式。

（3）画出冲沟、沼泽、漫滩、滑坡地段，以便结合水文和地质条件来考虑该地区的适用情况。

8.2 地形图应用的基本内容

在工程建设规划设计时，往往要用解析法或图解法在地形图上求出任意点的坐标和高程，确定两点之间的距离、方向和坡度，利用地形图绘制断面图等等，这就是用图的基本内容。

8.2.1 确定图上点的坐标

如图 8-3 所示，欲求 A 点的坐标，可先作坐标格网的平行线，并分别与格网的纵横线相交于 e、f 和 g、h，再用直尺量出 ag、ae 图上长度，设比例尺分母为 M，则 A 点坐标为

$$\begin{cases} X_A = X_a + agM \\ Y_A = Y_a + aeM \end{cases} \tag{8-1}$$

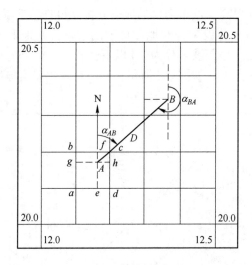

图 8-3 地形图的应用

若精度要求较高，则应考虑图纸伸缩变形的影响，此时还应量出 ab、ad 的图上长度，则 A 点坐标为

$$\begin{cases} X_A = X_a + \dfrac{ag}{ab} l \\ Y_A = Y_a + \dfrac{ae}{ad} l \end{cases} \tag{8-2}$$

式中，l 为理论长度 10cm 所代表的实地长度；X_a、Y_a 为 a 点的坐标。

8.2.2 确定两点间的水平距离

如图 8-3 所示，欲确定 A、B 两点间的水平距离，可采用如下两种方法：

（1）直接量测（图解法）。用卡规在图上直接卡出线段长度，再与图示比例尺比量，即可得其水平距离。也可以用刻有毫米的直尺量取图上长度 d_{AB} 并按比例尺（M 为比例尺分母）换算为实地水平距离，即

$$D_{AB} = d_{AB}M \tag{8-3}$$

或用比例尺直接量取直线长度。

（2）解析法。按式（8-2），先求出 A、B 两点的坐标，再根据 A、B 两点坐标由如下公式计算：

$$D_{AB} = \sqrt{(X_B - X_A)^2 + (Y_B - Y_A)^2} \tag{8-4}$$

8.2.3 确定两点间直线的坐标方位角

8.2.3.1 图解法

如图 8-3 所示，欲求 AB 坐标方位角 α_{AB}，可过 A 点作格网平行线，指向北方向，用量角器直接量取北方向与直线 AB 的夹角，即得 α_{AB} 值。

若要量得准确一些，可再从 B 点作一格网平行线，用量角器量出 α_{BA}，取 α_{AB} 和 α_{BA} 的平均值作为最后结果，即

$$\alpha_{AB} = \frac{1}{2}(\alpha_{AB} + \alpha_{BA} \pm 180°) \tag{8-5}$$

8.2.3.2 解析法

按式（8-2），先求出 A、B 两点的坐标，然后按下式计算 AB 的坐标方位角 α_{AB}，即

$$\alpha_{AB} = \arctan \frac{Y_B - Y_A}{X_B - X_A} = \arctan \frac{\Delta Y_{AB}}{\Delta X_{AB}} \tag{8-6}$$

当直线较长时，解析法可取得较好的结果。

8.2.4 确定点的高程

如图 8-4 所示，若 A 点恰好位于某等高线上，则等高线的高程即是 A 点的高程。若 M 点位于两等高线之间，则可过 M 点画一直线，此直线应正交于等高线，交两相邻等高线于 P、Q 两点，分别量出 PM 和 PQ 的长度，则 M 点的高程按下式比例内插求得，即

$$H_M = H_P + \frac{PM}{PQ}h \tag{8-7}$$

式中，h 为等高距；H_P 为通过 P 点的等高线高程。

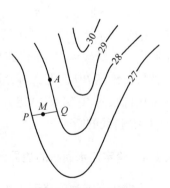

图 8-4 确定点的高程

8.2.5 确定两点间直线的坡度

在地形图上求得两点间的水平距离 D 及两点间高差 h 后，可根据下式求得该两点所在直线之坡度 i，即

$$i = \frac{h}{D} = \frac{h}{dM} \tag{8-8}$$

式中，d 为图上量得的两点间相应距离；M 为地形图比例尺的分母；i 有正负号，正号表示上坡，负号表示下坡，常用百分率或千分率表示。

如图 8-4 中的 P、Q 两点，其高差为 1m，图上量得两点间水平距离为 1cm，地形图比例尺为 1：1000，则 PQ 线的地面坡度为

$$i_{pQ} = \frac{h}{dM} = \frac{+1\text{m}}{0.01\text{m} \times 1000} = +10\%\tag{8-9}$$

如果两点间的距离较长，中间通过疏密不等的等高线，则式（8-9）所求地面坡度为两点间的平均坡度，或两点在空间连线的坡度。

8.2.6 按规定的坡度选定等坡路线

如图 8-5 所示，要从 A 向山顶 B 选一条公路的路线。已知等高线的基本等高距为 $h=5$m，规定坡度 $i=$ 5%，则路线通过相邻等高线的平距应该是 $D=h/i=$ 5m/5%=100m。在 1：10000 图上平距应为 1cm，用分规以 A 为圆心、1cm 为半径，作圆弧交 55m 等高线于 1 或 1′点。再以 1 或 1′为圆心，按同样的半径作圆弧交 60m 等高线于 2 或 2′点。同法可得一系列交点，直到 B。把相邻点连接，即得两条符合设计要求的路线及其大致方向。然后通过实地踏勘，综合考虑选出一条较理想的公路路线。

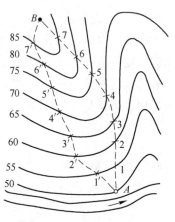

图 8-5 选定等坡路线

由图 8-5 可以看出，A—1′—2′—3′…路线的线形，不如 A—1—2—3…路线线形好。

8.2.7 绘制已知方向纵断面图

如图 8-6 所示，绘制折线 AB 断面。将折线与图上等高线交点用 1，2，3，…标明；将一毫米方格纸放在地形图的下方，在纸上画一直线 PQ 作为断面图的横坐标轴，代表水平距离，而纵坐标轴 AH 代表高程；将地形图上折线与等高线相交的各点，按水平距离的比例尺转绘到 PQ 线上，再分别过 PQ 线上这些点作垂线，按规定的高程比例尺（一般为距离比例尺的 10 倍或 20 倍）确定这些点的相应高度，最后用平滑曲线连接这些高程点，即得 AB 折线的断面图。

8.2.8 确定汇水面积的边界线

当在山谷或河流修建大坝、架设桥梁或敷设涵洞时，都要知道有多大面积的雨水汇集在这里，这个面积称为汇水面积。

汇水面积的边界是根据等高线的分水线（山脊线）来确定的。如图 8-7 所示，通过山谷，在 MN 处修建水库的水坝，就须确定该处的汇水面积，即由图中分水线（点划线）AB、BC、CD、DE、EF 与 FA 线段所围成的面积；再根据该地区的降雨量就可确定流经 MN 处的水流量。这是设计桥梁、涵洞或水坝容量的重要数据。

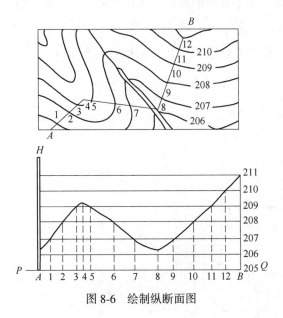

图 8-6 绘制纵断面图

图 8-7 确定汇水面积分界线

8.3 地形图上面积的量算

在规划设计中，往往需要测定某一地区或某一图形的面积。例如，林场面积调查、农田水利灌溉面积、土地面积规划等。

设图上面积为 $P_图$，则

$$P_实 = P_图 M^2 \tag{8-10}$$

式中，$P_实$ 为实地面积；M 为比例尺分母。

设图上面积为 10mm^2，比例尺为 1：2000，则实地面积 $P_实 = (10 \times 10^{-6})\,\text{m}^2 \times 2000^2 = 40\text{m}^2$。求算图上某区域的面积 $P_图$，一般有以下两种方法：图解法和解析法。

8.3.1 用图解法量测面积

8.3.1.1 几何图形计算法

如图 8-8 是一个不规则的图形，可将平面图上描绘的区域分成三角形、梯形或平行四边形等最简单规则的图形，用直尺量出面积计算的元素，根据三角形、梯形等图形面积计算公式计算其面积，则各图形面积之和就是所要求的面积。

用图解法计算面积的一切数据，都是取自图上，因受图解精度的限制，此法测定面积的相对误差大约为 1/100。

8.3.1.2 透明方格纸法

将透明方格纸覆盖在图形上，然后数出该图形包

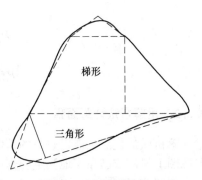

图 8-8 几何图形计算法

含的整方格数和不完整的方格数。先计算出每一个小方格的面积，这样就可以很快算出整个图形的面积。

如图 8-9 所示，先数整格数 n_1，再数不完整的方格数 n_2，则总方格数约为 $n_1 + \frac{1}{2}n_2$，然后计算其总面积 P：

$$P = (n_1 + \frac{1}{2}n_2)S \qquad (8\text{-}11)$$

式中，S 为一个小方格的面积。

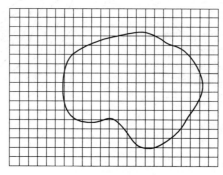

图 8-9 透明方格纸法

8.3.1.3 平行线法

先在透明纸上画出间隔相等的平行线，如图 8-10 所示。为了计算方便，间隔距离取整数为好。

将绘有平行线的透明纸覆盖在图形上，旋转平行线，使两条平行线与图形边缘相切，则相邻两平行线间截割的图形面积可全部看成是梯形，梯形的高为平行线间距 h，图形截割各平行线的长度为 l_1，l_2，$\cdots$，l_n，则各梯形面积分别为

$$P_1 = \frac{1}{2} \times h(0 + l_1)$$

$$P_2 = \frac{1}{2} \times h(l + l_2)$$

$$\vdots$$

$$P_n = \frac{1}{2} \times h(l_{n-1} + l_n)$$

$$P_{n+1} = \frac{1}{2} \times h(l_n + l_{n+1})$$

8.3.2 用解析法计算面积

解析法的优点是能以较高的精度测定面积。如果图形为任意多边形，且各顶点的坐标已在图上量出或已在实地测定，则可利用各点坐标以解析法计算面积。

如图 8-11 所示，点 1、2、3、4 为地块界址，各点坐标为已知。多边形地块 1234 的面积为 P，即

$$P = \frac{1}{2}(X_1 + X_2)(Y_2 - Y_1) + \frac{1}{2}(X_2 + X_3)(Y_3 - Y_2) -$$

$$\frac{1}{2}(X_1 + X_4)(Y_4 - Y_1) - \frac{1}{2}(X_3 + X_4)(Y_3 - Y_4)$$

整理后得

$$P = \frac{1}{2}[X_1(Y_2 - Y_4) + X_2(Y_3 - Y_2) + X_3(Y_4 - Y_2) + X_4(Y_1 - Y_3)]$$

或

$$P = \frac{1}{2}[Y_1(X_4 - X_2) + Y_2(X_1 - X_3) + Y_3(X_2 - X_4) + Y_4(X_3 - X_1)]$$

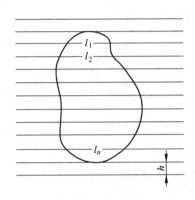

图 8-10　平行线法

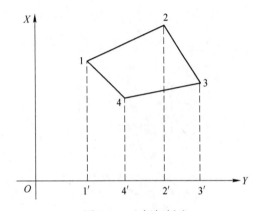

图 8-11　坐标解析法

推广至 n 边形，则

$$P = \frac{1}{2}\sum_{k=1}^{n} X_k(Y_{k+1} - Y_{k-1}) \tag{8-12}$$

或

$$P = \frac{1}{2}\sum_{k=1}^{n} Y_k(X_{k-1} - X_{k+1}) \tag{8-13}$$

应用上面式（8-12）和式（8-13）计算出两个结果，可相互检核。计算时应注意点号不要混乱，当 $k=1$ 时，$k-1=n$，而当 $k=n$ 时，$k+1=1$。式（8-12）和式（8-13）应用时，还应当注意到点号是按顺时针编号的，若逆时针编号，计算面积值不变，仅符号相反。

8.4　地形图上土方量的计算

在建筑设计与施工中，往往要对场地进行平整并计算填挖土石方量，通常可利用地形图进行，下面介绍计算方法。

8.4.1　方格法——设计水平场地

此法适用于地形起伏不大或地形比较规律的地区，如图 8-12 为一块待平整的场地，比例尺为 1:1000，等高距 0.5m，要求在划定范围内平整为某一设计高程的平地，满足填、挖方平衡的要求。

8.4.1.1 打方格网

在拟平整的范围内打上方格，方格大小根据地形复杂程度或地形图比例尺的大小、精度要求而定，为了方便计算，方格的边长一般为实地 10m、20m 或 50m 等。各方格顶点的地面高程根据等高线内插求得，注记于相应点的右上方（如图 8-12 所示），本例取边长为 20m 的方格。

8.4.1.2 计算设计高程

把每一方格四个顶点的高程加起来除以 4，得到每一方格的平均高程，再把每一方格的平均高程加起来除以方格格数，即得设计高程 H_0：

$$H_0 = \frac{H_1 + H_2 + \cdots + H_n}{n} = \frac{1}{n}\sum_{n=1}^{n} H_i \qquad (8\text{-}14)$$

式中，H_i 为每一方格的平均高程；n 为方格总数。

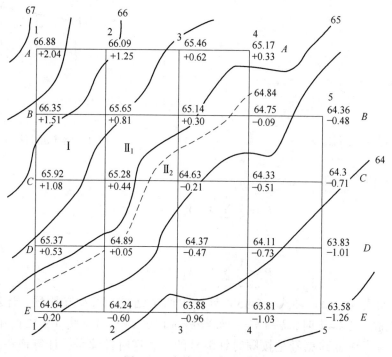

图 8-12 方格法土方量计算

从设计高程的计算可以分析出：角点 A_1、A_4、B_5、E_1、E_5 的高程只用了 1 次，边点 A_2、A_3、B_1、D_1 等的高程在计算中用过 2 次，拐点 B_4 的高程在计算中用了 3 次，其他的中间点 B_2、B_3、C_2、C_3 等的高程在计算中用过 4 次。这样，为了计算方便，计算设计高程的公式（8-14）可以写成

$$H_0 = \left(\sum H_{角} + 2\sum H_{边} + 3\sum H_{拐} + 4\sum H_{中}\right)/4n \qquad (8\text{-}15)$$

式中，n 为方格总数。

用式（8-15）对图 8-12 进行计算，得到其设计高程为 64.84m。在图 8-12 上用虚线描出 64.84m 的等高线，就是填挖分界线，或称为零线。

8.4.1.3　计算方格顶点的填挖高度

根据设计高程和方格顶点的地面高程，计算每一方格顶点的挖、填高度：

$$挖、填高度 = 地面高程 - 设计高程 \tag{8-16}$$

将计算好的挖、填高度标注在相应方格顶点的右下方，"+"号为挖，"-"号为填。

8.4.1.4　计算填、挖土方量

填、挖土方量（角点土方量 $V_角$，边点土方量 $V_边$，拐点土方量 $V_拐$，中点土方量 $V_中$）分别按下式计算：

$$
\begin{cases}
V_角 = h_角 \times \dfrac{1}{4} P_格 \\[3mm]
V_边 = h_边 \times \dfrac{2}{4} P_格 \\[3mm]
V_拐 = h_拐 \times \dfrac{3}{4} P_格 \\[3mm]
V_中 = h_中 \times \dfrac{4}{4} P_格
\end{cases}
\tag{8-17}
$$

式中，h 为各方格顶点的填、挖高度；$P_格$ 为每一方格内的实地面积；V 为填挖土方量。由图 8-12 可知，挖方方格顶点有 11 个，填方方格顶点有 13 个，分别列表（表 8-1 和表 8-2）计算（每格实地面积为 400m²）。

表 8-1　挖方土方量计算表

点号	挖深/m	点的状态	所占面积/m²	土方量/m³
$A1$	+2.04	角	100	204
$A2$	+1.25	边	200	250
$A3$	+0.62	边	200	124
$A4$	+0.33	角	100	33
$B1$	+1.51	边	200	302
$B2$	+0.81	中	400	324
$B3$	+0.30	中	400	120
$C1$	+1.08	边	200	216
$C2$	+0.44	中	400	176
$D1$	+0.53	边	200	106
				Σ：1855m³

表8-2　填方土方量计算表

点号	挖深/m	点的状态	所占面积/m²	土方量/m³
B4	-0.09	拐	300	27
B5	-0.48	角	100	48
C3	-0.21	中	400	84
C4	-0.51	中	400	204
C5	-0.71	边	200	142
D3	-0.47	中	400	188
D4	-0.73	中	400	292
D5	-1.01	边	200	202
E1	-0.20	角	100	20
E2	-0.60	边	200	120
E3	-0.96	边	200	192
E4	-1.03	边	200	206
E5	-1.26	边	100	126
				Σ: 1851m³

由本例列表（表8-1和表8-2）计算可知：挖方总量为1855m³，填方总量为1851m³，两者基本相等，满足"挖、填方平衡"的要求。

8.4.2　图解法——设计倾斜场地

当地形起伏较大，为了场地平整和排水需要，往往设计成一定坡度的倾斜场地，以利于各项建设需要。

8.4.2.1　确定填挖分界线

如图8-13所示，在 AA'B'B 范围内由北向南设计一坡度为-5%的倾斜场地，AA'边设计高程为67m。该图比例尺为1∶1000，等高距为1m。根据5%的坡度计算高差为1m时的图上平距 d 为

$$d = \frac{h}{iM} = \frac{1\text{m}}{5\% \times 1000} = 0.02\text{m} = 2\text{cm}$$

在图上作 AA' 的平行线，每平行线间距为2cm，对应平行线分别为11'、22'等（见图8-13），其相应高程分别为66m、65m 等，这些就是场地设计的等高线。

设计等高线与原地面相同高程的等高线的交点就是不填不挖点，将这些点连成虚线，此虚线就是挖填分界线（图上有 abcdef 和 a'b'c' 两条虚线，这是因为该图上的等高线为一个山脊，故填方在图上虚线的两侧）。

8.4.2.2　计算土方量——断面法

（1）绘制断面图。根据各设计等高线和图上原有等高线，就可以绘出各断面的断面图，此断面图以各设计等高线高度为高程起点。如图8-14所示，设计等高线与地表所围成的部分即为填挖面积，"+"表示挖方，"-"表示填方。

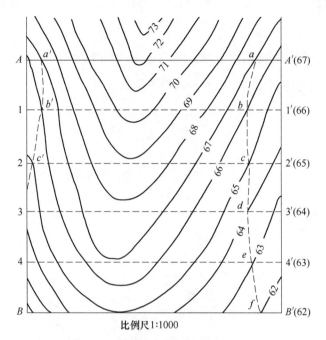

图 8-13 倾斜场地设计等高线的确定

（2）用求积仪或其他方式，量出各断面填挖方的面积。

（3）计算各相邻断面间的挖填土方量。该土方量可以近似地认为由 2 个相邻断面的面积取平均值，再乘以它们之间的距离。

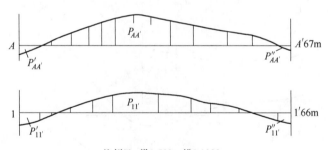

比例尺：纵1:500，横1:1000

图 8-14 断面图

如图 8-14 所示，AA 与 $11'$ 之间的土方量（挖方与填方分别计算）：

$$\begin{cases} V_{A1} = \dfrac{1}{2}(P_{AA'} + P_{11'})l \\[2mm] V'_{A1} = \dfrac{1}{2}(P'_{AA} + P'_{11'})l \\[2mm] V''_{A1} = \dfrac{1}{2}(P''_{AA} + P''_{11'})l \end{cases} \qquad (8\text{-}18)$$

式中，P 为挖方面积；P'、P'' 为填方面积；V_{A1} 为挖方量；V'_{A1} 和 V''_{A1} 为填方量；l 为两断面间实地距离。

同样方法计算各相邻断面的土方量，然后累加，即得总的挖、填土方量。注意用断面法计算土方量时，要考虑相邻两断面面积差异不应太大。

习　　题

8-1 图 8-15 为比例尺是 1：2000 的地形图，要求在图示方格网范围内平整为水平场地：
(1) 根据土方的填挖平衡原则，设计平整场地的设计标高。
(2) 在图上绘出填挖边界线。
(3) 计算填挖土方量。

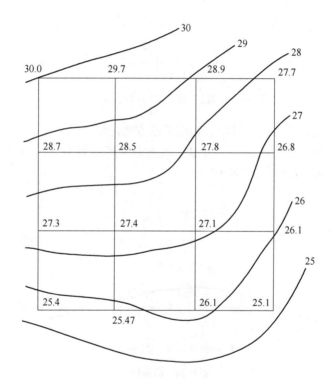

图 8-15 土方计算

8-2 图 8-16 为比例尺是 1：2000 的地形图，等高距为 1m，试根据本图进行下列计算：
(1) 量出 D 点与 C 点的高程，并确定 DC 的地面坡度。
(2) 按 5% 的坡度，自 A 点至导线点 61 选定路线。
(3) 绘制 MN 方向断面图。注：平距比例尺为 1：2000，高程比例尺为 1：200。
(4) 量出导线点 61 和三角点 08 的坐标值，再根据坐标值计算两点间的水平距离和方位角。
(5) 绘出水坝轴线 AB 的汇水面积周界，并计算出汇水面积。

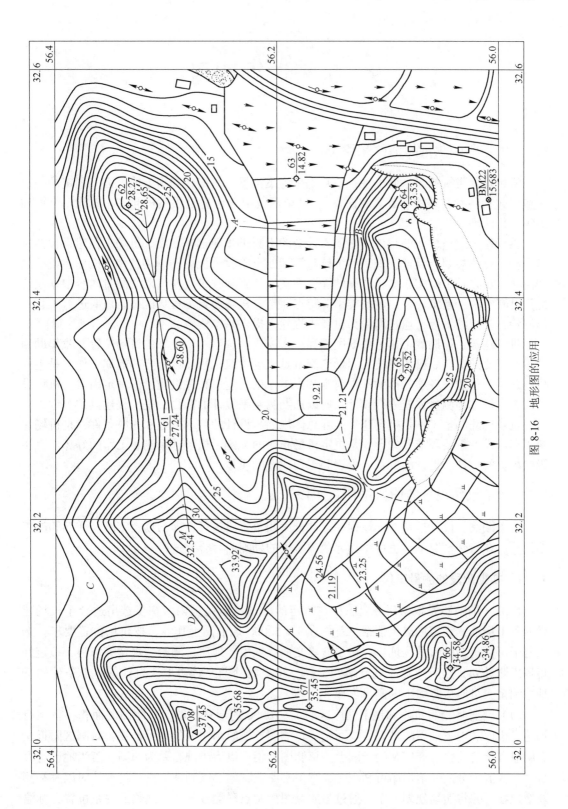

图 8-16　地形图的应用

9 机场选勘测量

9.1 机场勘测测量的地位和作用

机场随着飞机的诞生而出现，通常也称为飞机场，是指在陆地上或水面上划定的一块区域（包括各种建筑物、装置和设备），其全部或部分用途是供飞机起飞、着陆、停放和组织飞行活动。

机场作为航空事业的载体，正随着社会的不断进步而迅速发展。机场工程建设包括机场勘测、总体规划与设计、施工和维修与管理四个阶段。机场勘测测量作为机场建设的最初阶段，首先是组织实施工程建设的综合性实地调查和收集资料。勘测测量内容根据建筑地区已有资料、建筑规模、建筑类型等特点而定。机场建筑工程场区范围内要进行工程地形测绘、工程测量等，通过测量为机场工程建设提供基本资料。

机场建筑工程勘测工作是根据民用和军事需要，选出一个最好的机场位置并收集勘测测量所需要的资料。机场建筑工程勘测测量是机场建筑工程建设重要的前期工作，是进行机场建筑工程建设各项工作的基本前提和根本保证，是工程建设质量的决定因素。机场设计要先进行选勘测量才能进行设计，所以选勘测量是设计的前提，是工程建设的关键。

机场勘测测量工作是机场建筑工程总体规划与设计的基本依据和先决条件，是机场建筑工程建设的重要环节和先导，是决定机场布局的关键。机场选勘测量工作的好坏，直接影响机场的定位、设计的方案、投资和工程建设的质量。

9.2 机场勘测设计各阶段的测量工作

机场勘测、设计按基本建设程序，共分为四个阶段进行，即初勘、定勘、详勘和施工图设计。在特殊情况下，也可将相邻两个阶段的勘测内容合并进行。

9.2.1 初勘阶段的测量工作

初勘（踏勘）是根据任务要求，在指定的勘选地区范围内，初步选出适合于机场建设的若干场址，为定勘提供依据。首先在 1 : 50000 地形图上作业，按机场位置要求，选出若干可供选择的机场场址，并初步搜集交通、气象、地质、测绘、水文等资料，拟定好现场勘测计划，然后到实地进行踏勘工作。经现场踏勘，对初步认为具备基本条件的场址，测量人员应进行如下的测量工作：

（1）飞行场地、机库和地下油库区的 1 : 10000 地形草测图。草测图的面积，依飞行场地、机库和地下油库的规划需要而定。草测图要测绘出主要的地形地物，对测区附近具有明显方位的地物点亦应测绘于图上。草测图的精度以不出现粗差为原则。若当地已有万分之一或五千分之一地形图可利用时，则不必测图，但必须到现场进行检查核对以及补测新增地物，并将实地规划方案，通过与原测图控制点联测或与明显地物的关系位置，标绘于图上。

（2）净空草测。净空草测图是在五万分之一地形图上进行的，即通过联测将拟定的跑道位置绘于地形图上，并通过前方交会法补测可能影响飞机起飞和着陆安全的人工障碍物及近净空区的自然障碍物。

9.2.2 定勘阶段的测量工作

定勘是在初勘的基础上，对初勘阶段选出的认为有定勘价值的一个或几个场址，作进一步勘测比较，为定点和编制设计任务书提供结论性意见。

定勘阶段工作，着重于复查初勘阶段规划的飞行场地、机库和地下油库，初步选出跑道位置以及机库和地下油库的口部和轴线，并依地形条件，根据各综合业务区、库区的布置要求，初选各区位置，规划总体布局方案。在这一阶段中，测量人员需进行如下的测量工作：

（1）测绘机场飞行场地、各综合业务区、库区的勘选方案范围内的万分之一地形图，以便规划总体布局方案。其测图面积与机场等级、机场规模、地形条件、是否构筑洞库等因素有关，一般在 $10 \sim 50 \mathrm{km}^2$。

总体布局方案地形图，是机场测量工作中的一项主要任务。该图主要作为规划方案用图，结合机场的实际情况，图的内容与测绘除按国家规范及图式执行外，还有如下要求：

一是凡具有方位意义的目标均应测绘。

二是凡涉及占用耕地、经济园林、植被等境界应绘出，并注记说明。

三是居民点测其轮廓，要注记村名、户数、人数。

四是泉源、水井、池塘、钻孔、探井等主要地物应全部绘于图上。

关于控制网的布设问题：机场整个范围内的平面控制，其精度以满足万分之一规划图的要求为原则。当某些小测区（各库区、生产保障用房区等）测图比例尺要求较大、测图精度要求较高时，可各自单独布设控制网，保持本身的独立精度，无需同机场整个范围的平面控制网强制符合，但它的平面坐标及高程起算数据，仍应从机场的统一坐标系统推算。推算时，由于小测区控制点本身自成一精度较高系统，故仅需联测一点之坐标及一已知方位即可。

满足万分之一规划图测图的控制网，一般采用平均边长为 800m，起始边相对中误差为 1/15000，测角中误差为 ±10″，最弱边相对中误差为 1/2000 的闭合环形三角锁作为一级布网，如图 9-1 所示。当测区面积较小时，可布设单三角锁，中点多边形网等其他简单图形。如测区内有国家三角点可利用时，则可布设线形三角锁进行图根加密。

闭合环形三角锁如三角形个数大于 13 个时，应在锁的中部增量一条检查边。如图中的 CD，检查边应与起始边同精度丈量，并参与平差计算，但可采用概略方法进行。

在上述锁网控制下的图根加密，一般采用前方、侧方交会、电磁波测距导线和经纬仪视距导线等进行。经纬仪视距导线路线长度不应大于 3km，视距导线的边长采用全丝读数，当边长超过全丝读数时，应在直线的概略中部设置节点，在两端点各向节点读视距，改正后相加得边长。导线相对闭合差不大于 $\dfrac{1}{150\sqrt{n}}$，n 为导线边数。

测区高程控制：平地采用等外水准测量，山地采用三角高程测量。但三角高程测量的起点和终点，一般应附合在几何水准的高程控制点上。

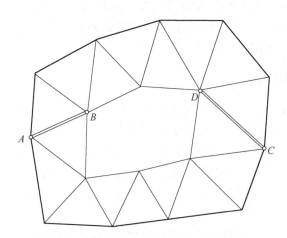

图 9-1　闭合环形三角锁平面控制网

控制网的坐标、高程系统，尽量与国家系统联测，采用国家统一系统。联测的精度不得低于控制网本身的精度。如联测确有困难，亦可采用假定独立坐标系，假设坐标原点，测定起始边的概略天文方位角或磁方位角。高程可从五万分之一地形图上查取，作为起算高程。如当地已有万分之一或五千分之一地形图时，应尽量利用，但必须到现场检核，重点区（如规划的飞行场、各库区、综合业务区）要进行修测。

（2）测绘机库区和地下油库区的二千分之一地形图，以供机库和地下油库的平面规划设计。其平面控制单独布设图根小三角。

（3）净空测量。详见第 9.5.3 节。

9.2.3　详勘阶段的测量工作

详勘（扩大初步设计）是根据批准的设计任务书，在设计人员现场指导下，为配合初步设计提供资料而进行的测量工作。这一阶段测量人员的主要工作内容是进行各区的大比例尺地形图和各种路线测量。

（1）测绘飞行场二千分之一地形图，供飞行场总体布置设计之用。

（2）测绘各综合业务区、库区的一千分之一地形图，为设计各区之用。

（3）测绘机库、地下油库的口部，以及指挥所、发信台、对空台的五百分之一地形图。

（4）拖机道、公路、排水线路、输油管路、输电线路的纵、横断面测量，以及地形复杂地段的带状地形图测量。

（5）远、近距导航台定位测量及导航台位置附近的五百分之一地形图测量。

各区大比例尺测图的平面控制，采用图根小三角或导线测量，同样亦需统一到整个机场测量的坐标系上。在跑道两端及洞库口部和各重要综合业务区、库区，还需埋设 2~4 个永久性控制桩。控制桩的高程：飞行场地、机库区、地下油库区按四等水准测量，自成闭合环；其他各区按等外水准测量。

大比例尺航空摄影测量成图和地面立体摄影测量成图，不仅提高了测图质量而且减轻了劳动强度，缩短了成图周期。在机场勘测中，应尽量采用这一技术，更好地为机场建设服务。

综合勘测三个阶段的测量工作说明见表9-1。

表 9-1 勘测三阶段

阶段	提供的主要图纸	用 途	平面控制方法	技术要求
初勘	1:10000 草测地形图	勘选场址	导线测量	不出现粗差
定勘	1:10000 地形图	飞机总体规划布局	平均边长为 800m 的线性锁或图根三角	以规划图需要来考虑技术指标
	1:2000 地形图	机库、地下油库规划布局	平均边长为 300m 的图根三角	
详勘	1:1000 地形图	各综合业务区、库区设计	边长 100~500m 的图根三角或图根导线	按工程测量技术规范要求
	1:2000 地形图	飞行场平面设计		

9.2.4 施工图设计阶段的测量工作

施工图设计是根据批准的设计任务书和总体布局方案，由施工部门的设计人员所进行的施工组织设计。这一阶段测量人员的主要工作内容如下：

（1）为飞行场的地势设计和土方调配，提供一千分之一或二千分之一方格地形图。其具体作业方法与要求见方格网测设部分。

（2）为洞库贯通而布设的地面控制网测量。其控制网等级，通过测前的精度估算而确定。

9.3 机场选勘工程测量技术要求

9.3.1 测量基本规定

机场地理位置和高程以主跑道中线中点为准。其坐标采用 1954 年北京坐标系或 1980 年国家坐标系，用经纬度表示，精确至 0.1s；高程采用 1985 年国家高程基准，精确至厘米。

跑道方向以跑道中线的大地方位角为准，精确至秒。跑道高程采用跑道中线中点及跑道中线两端点分别标记，精确至厘米。

机场测量控制应采用国家或该地区的坐标和高程系统。为方便工作起见，机场测量坐标应采用机场独立直角坐标系统，并给出该系统和国家或该地区统一坐标系统的换算公式。

机场测量控制网宜独立布网。与国家控制网联测时，取其坐标、高程与方位角、首级平面控制网的布网精度，以 1:1000 比例尺地形图测量精度为准。

9.3.2 行业规范标准

机场测量工作，除遵守机场勘测相关规范外，机场测图面积大于 50km² 的 1:5000 或 1:10000 地形图，应参照国家测绘局颁发的现行有关规范执行。测 1:500~1:5000 地形图，参照现行的《工程测量规范》（GB 50026）执行。

测区高程系统，宜采用 1985 国家高程基准。对于在已有高程控制网的地区进行测量时，可沿用原高程系统。小测区联测有困难时，亦可采用独立高程系统。

机场测量工作，还可采用能满足机场勘测相关规范各项精度指标和技术要求，并经过实践验证的其他方法。

9.4 机场选勘测量室内准备工作

这一阶段应通过图上选址，对拟选场址的区域内地形、机场净空、工程地质条件、建设条件等因素作出评价，并为场址方案选择提供测绘资料。

这一阶段的主要工作内容为搜集拟建场址附近地区的地形地貌测绘资料，在搜集、分析资料以及研究资料的基础上，进行现场调查，了解场址区的地质地貌、地形等条件；若已有资料不能满足要求时，应进一步工作，即进行测绘及必要的勘探工作。

根据勘测任务书要求，明确机场的战略位置、勘测范围和完成时间；利用收集的设计和勘测资料，在指定区域按照设计意图和要求，选择出两个以上作为选勘的场址，在图上进行优化；并在 1∶50000 地形图上标出各个场址的跑道和机场净空平面位置；拟定踏勘计划，做好现场踏勘的各种准备。

9.4.1 搜集选勘测量方面的资料

到有关省、市的地质、测绘、建设等部门，去收集有关的工程地质、测绘三角点成果表、建设规划、民政情况等资料。

（1）收集选勘地区的国家平面和高程控制点，以及其他部门的永久性测量标志。

（2）设计人员在图上选勘前，设计应收集的资料。收集可供利用的地形图，首先要找到任务书要求选勘地区的 1∶5000、1∶10000、1∶50000、1∶500000、1∶1000000 或更大比例尺地形图、航空遥感影像、数字地形图、航测影像及测量控制点成果等测量图纸和影像数据资料，以及国家或有关部门设立的三角点、导线点和水准点等资料；以便在图上选择机场位置，了解该地区交通情况等；其次收集 1∶500000 的航行图，以了解附近现有机场分布情况、跑道方向、机场等级、禁区和国家航线的位置范围等，以便选场时参考。

（3）收集有关飞机资料，以便初步算出跑道长度、净空要求等数据。如没有资料，也可先按规范数据考虑。向有关部门了解使用单位的人员编制和装备情况、机场的使用要求、机型及数量、年平均起落架次、年飞行总时数、客货运输量及远期发展规划等；勘选地区周围现有和拟建机场的位置、等级、跑道方位、机型、起落航线、飞行空域、航路及禁区等资料。

9.4.2 图上选址

在对上述资料充分分析研究的基础上，结合工程的各项具体要求，在划定的区域内进行图上选择作业。一般应提出几个方案作为现场踏勘场址。其目的是在地形图上选出可能修建机场的位置，为空中调查选位和地面现场踏勘指出方向。

初步计算出跑道长度及飞行场地其他部分的尺寸。把跑道长度、净空要求绘在透明纸上，按机场位置选择的要求，在指定地区内 1：5000、1：10000、1：50000 地形图，测量控制点及成果上，把所有适合机场位置的地区都找出来。有条件时可根据航测影像，利用航测的方式进行场址的室内预选和优化。在有 1：10000 或更大比例尺地形图的情况下，通过对图形的矢量化处理，由计算机辅助进行场址的室内预选和优化。

选址时要考虑的因素包括当地地形、隐蔽伪装情况、面积大小、净空情况、周围交通等因素；看与附近机场的关系如何，如是否符合战略布局，空域有没有干扰，与城市、禁区、国家航线的关系等。

通过上述分析选址，又能够去掉一些明显不合适的地区，保留所有可能的地区，把跑道位置和方向定下来。然后将适合的位置按位置和方向标到 1：500000 的地形图；或在航测影像上初选出几个净空、地形、地质条件好的场址，并且标出各个场址的跑道和净空带平面位置，作为现场踏勘的对象。如搜集到 1：20000 或其他比例尺的卫星影像、航测影像，可用立体量测仪或解析测图仪根据技术要求进行图上选址。

为了便于选址，要从以下几个层面对各个拟勘场址情况进行比较：

（1）场址名称、位置（跑道中点经纬度）、跑道中点及两端标高；

（2）与邻近机场、城镇位置关系；

（3）跑道方位（真、磁），端、侧净空情况，场区自然坡度；

（4）地形特征、地质条件；

（5）跑道与附近山体距离，山体比高其他情况。

通过对比，作出初步评价，确定空中调查与现场踏勘的场址。

9.5 现场踏勘测量

现场踏勘目的是初步了解各拟选场址的地形、地质、净空情况，为方案比选提供依据和要求。踏勘中检验地形图上的情况是否符合实际地形的情况，调查资料，以便根据现场的实际情况来初步查明各拟定场址的主要情况，为最优选址提供依据。

9.5.1 踏勘测量目的和内容

实地选勘的主要目的就是实地定位，对飞行区、机库区、台站区的位置在实地进行标定，特别是飞行区的标定重点是跑道的中心位置和方向在实地的确定。跑道中心位置和方向的确定一般有两种途径：一是在实地指定（其基础也是图上概略确定），再通过联测计算而得；二是在图上指定并读取，再在实地进行放样确定。

初步查明各预选场址的主要情况，为进行场址比较提供依据。主要从场地面积、净空条件两个方面勘测。因此，实地踏勘测量主要工作内容包括场区地形图草测和净空草测。

9.5.2 场区地形图草测

目的是供规划机场各区建筑物位置用。若场区已有 1：10000 地形图或更大比例尺的地形图可利用，则不必测图，但要到现场检查核对补测新增主要地物，并将跑道方位及经纬度实地测量规划方案联测标绘于图上。若场区无地形图、场址无地形图可利用时，应按勘测要求对飞行区、主要综合业务区及库区（如修建机库）开展 1：10000 地形图的测绘，其测量要求如下：（1）草测图可按 1：25000 地形图的精度实施；（2）其测绘面积与机场等级、机场规模、地形条件等有关，一般在 $10km^2$ 左右。

测量的目的是获得一个大致的量的概念，精度可低些。一般地形测量只测绘场区，场址有国家或地区控制点则必须进行联测，否则，可布设独立的图根平面控制网，高程控制采用图根三角高程；在场区各级基本控制点的基础上采用全站式电子速测仪、GPS 等布网。图根三角高程测量加密图根控制点。场区内没有基本控制点时可布设独立控制系统。其技术要求按《工程测量规范》（GB 50026—2007）的规定执行。

测量方法为通过沿跑道中心线插几根花杆，或利用天然方位物作为导线，用全站速测仪测量跑道长度、天然纵坡和横坡。有显著起伏的地区要测出高差和范围，场区以外可以用目视补充。草测图的主要内容应为场区内的主要地物，尤其是有明显方位的地物点、高压线路、通信及地形特征点。

9.5.3 净空草测

通过与国家平面控制网或明显地物、地形特征点联测，将现场选定的跑道位置绘于 1∶50000 或 1∶10000 地形图上。测定机场净空区内的周围有显著突出地面的人工障碍物（如高塔、烟囱、高楼、高压线、电线杆等）和天然障碍物（如山顶、土岗、山头等）与机场的相对位置（平面及高程位置），以便分析是否会影响飞机起飞和着陆的安全。

净空草测通常以采用图上工作为主，修测工作为辅；对天然障碍物进行判读，对人工障碍物进行测定。

净空草测的主要施测方法为先从 1∶50000 或 1∶100000 地形图上找出表 9-2 范围内对飞行安全有影响的障碍物，然后到现场测定这些障碍物的平面位置和标高，并且标到地形图上。

净空草测的范围见表 9-2。

表 9-2 净空草测的范围 （km）

范围＼机场等级	一	二	三	四	备注
跑道两端	14	20	20	20	
跑道两侧	6.5	13.1	15	15	

净空草测主要技术要求规定见表 9-3。

表 9-3 净空草测主要技术要求

范围＼项目	平面点位相位误差	高程误差/m
近净空内的障碍物	1/300	$0.05\sqrt{D^2}$
远侧净空内的障碍物	1/200	$5 \times S_{km}$

注：（1）表中点位是对测站控制点。

（2）D 为高程导线长度，以百米为单位。

（3）S_{km} 为测站点至净空点的距离，km。

较远的净空障碍物点的平面与高程位置通常采用三点前方交会与三角高程测量的方法测定。对于近净空区域内地形复杂的障碍物点的平面位置，可以采用全站速测仪极坐标法或 GPS 测定障碍物点的平面位置。

　　对于净空点的交会角不得小于 3°，三点前方交会公共边之高差不得大于 $5S_{km}$（单位为 m），净空草测也可用全站速测仪测出位置，或按图 9-2 求出距离。其方法是在测点 A 对准山头 B 转 90°，在直线上量取一定距离 AC，再从 C 点对准山头 B，向右转 90° 找出与 BA 延长线的交点 D，量出距离 AD。那么 $AB = \dfrac{AC^2}{AD}$，高程可由测得的角计算得出。总之，只要了解到距场区的距离和高差就行。一般检查，按净空允许的坡度，固定仰角去检查是否有超出允许坡度的山头。净空草测平面图主要内容：在净空平面图上应标出规划跑道位置、端净空面、侧净空面、大地和磁北方向、邻近气象台（站）的风徽图、净空区范围内各障碍物位置与高程。在净空剖面图上要标出净空限制面坡线和障碍物的高程。

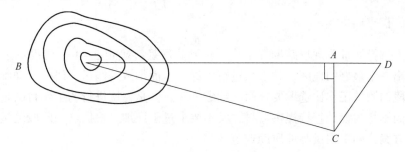

图 9-2　求目标距离的草测方法

9-1　请简述机场勘测设计各阶段的测量工作是什么？

9-2　请简述机场选勘工程测量技术要求是什么？

9-3　请简述机场选勘测量室内准备工作包括哪些内容？

9-4　请简述机场选勘测量阶段机场净空草测的方法和标准。

10 机场定勘测量

定勘是在选勘提供的资料的基础上，对保留的场址地区进行深入的勘测调查。定勘测量是现场测量选勘阶段的飞行场地规划方案，选出机场各区位置。机场具体位置在这阶段要确定下来，根据已掌握的资料和实际需要进行工程地质测绘或测量工作，根据需要进行工程测量、净空测量、工程地质测绘等工作。

10.1 测量步骤与内容

经过图上选择场址、现场踏勘等工作，选勘阶段最终确定 2~4 个建设场址。定勘测量要从中选出一个最好的地区，就必须进行更深入全面细致地测量、研究，详细比较。因此，这一阶段的测量工作比选勘要全面、细致一些。但是，所进行的工作目的是比较场区位置优劣，而不是为设计直接提供资料，又不要求过于详细。根据这一阶段测量特点和机场总体布局方案，确定测量与地质勘查范围。

10.1.1 准备工作

要检查一下是否有漏测的地方，因现场踏勘测量是根据图上所选出的位置进行的，图纸和现地实际情况往往有出入，特别是测绘已久的地形图，与实际情况出入较大。在现场踏勘测量过程中发现有新的可能作为机场的位置，要进行补充踏勘测量，以免遗漏。

如果选勘后保留的地区较多，如 3~4 个，为了减少工作量，也可根据选勘的资料，选出 1~2 个条件更好一些的地区作为定勘测量的重点对象。

10.1.2 现场踏勘测量

图上选址、现场踏勘等工作完成后，选勘阶段最终确定的建设场址有 2~4 个。到达预定现场后，为了迅速开展工作，先定出跑道方向和位置，概略布置机场各区（疏散区和主要综合业务区）的位置等，然后开展地形测量、净空测量、工程地质勘查等工作。根据任务需求，明确要求，分组分工同时开展测量工作，保证测量工作快速展开、快速完成。

10.2 地形测量

根据机场总体布局方案，确定测量范围，面积宜在 10~30km^2。主要测出跑道和疏散区的位置，用来规划跑道位置和方向、估计土方量、了解疏散区的情况。一般采用1∶5000的比例尺，等高距视地形起伏大小而定，通常为 0.5m，考虑到跑道前后左右移动进行比较的要求，测量范围要比规划的跑道位置稍大一些。有条件时应优先采用数字测图或利用场址已有 1∶5000 或 1∶10000 的地形图对机场范围进行修测。

如有当地大比例尺地形图则只要进行一些核对就行。如有洞库，需测下列地形图：洞库平面位置图（1∶2000）、洞库口部地形图（1∶500）、洞库轴线纵断面图（1∶500~1∶1000）。

防洪排水工程测量主要施测洪水位标高、出水口标高及容泄区面积。

10.2.1 平面控制测量

平面控制网的设计，应结合已搜集的测量资料和机场总体布局方案，在现场踏勘和周密调查研究的基础上进行，并应在设计中对控制网进行优化。平面控制测量范围包括飞行区、库区、台站区及线路等范围。

平面控制网的布设，应遵守分级布网逐级控制，宜整体布设和平差计算，如分区、分级布设应联系于主控制网上，并应考虑详勘阶段的需要，符合因地制宜、技术先进、经济合理、确保质量的原则。

平面控制点位置的选定应符合下列要求：

（1）相邻点之间通视，点位能长期保存；

（2）便于加密、扩展和寻找；

（3）观测视线避开发热体和强电磁场的干扰，超越（或旁离）障碍物应在1.3m以上；

（4）控制点之间应避免高差较大的现象。

平面控制网的建立，可采用全球定位系统（GPS）测量、三角测量、二边测量和导线测量等方法。平面控制测量的等级当采用三角测量或三边测量时依次为三、四等和一、二级小三角，当采用导线测量时依次为三、四等和一、二、三级导线，控制点标志可埋设临时标志桩或永久性标石，但重点位置（中心点、端点、主要控制点或引测点）必须埋设永久性标石，以利于长期保存。

平面控制网坐标系的确定，宜满足侧区内投影长度变形值不大于2.5cm/km。根据所处的地理位置和平均高程，可按下列方法选择坐标系：

（1）当投影长度值不大于2.5cm/km时，采用高斯正形投影3°带平面直角坐标系统。

（2）特殊情况下，当投影长度变形值大于2.5cm/km时，可采用投影于抵偿高程面上的高斯正形投影3°带平面直角坐标系统，或者投影于1954年北京坐标系或1980年国家大地坐标系椭球面上的高斯正形投影任意带平面直角坐标系。

（3）投影于抵偿高程面上的高斯正形投影任意带平面直角坐标系。

控制网与国家或地区控制网进行联测，并且其等级高于国家或地区控制网时，应保持其本身的精度。

控制网的计算应运用两个坐标系统，即国家或地区大地坐标系和机场独立直角坐标系，并提供两个坐标系之间的换算公式。宜将机场跑道中心线设置为机场独立直角坐标系的水平轴，跑道中心线的中点设置为使机场总体区域坐标为非负数的机场独立直角坐标系的非零原点。

10.2.2 平面控制网主要技术要求

工程测量规范要求四等以下各级平面控制的最弱边边长（或最弱点点位）中误差不大于0.1mm，对1∶500比例尺和1∶1000比例尺地形图来说，就是5cm和10cm。这样规定的控制网精度，可以满足各种大比例尺测图及一般施工放样精度的需要。机场位置要避开城镇、大型厂矿及人口稠密区，测图面积在 30km² 以内，因此机场建筑工程控制网精度应满足 1:1000 比例尺地形图精度。飞机飞行场地和各营、库区均为独立区，以线路网组成松散联系。即使某测区需要提高测图精度，也可采用建立独立小网的方法来解决。因此本规范对一、二级小三角及相应导线的边长适当放宽：一级小三角 1.5km，二级小三角 0.8km，一级导线 6km，二级导线 4km，三级导线 2km。全区的首级控制网以满足 1:1000 比例尺测图精度考虑，符合机场建筑工程的特点，是合理的。三角锁、网的主要技术要求，应遵守表 10-1 的规定；导线测量的主要技术要求，应遵守表 10-2 的规定；三边测量的主要技术要求，应遵守表 10-3 的规定；GPS 控制网的主要技术指标，应遵守表 10-4 的规定。

表 10-1　三角测量的主要技术要求

等级	平均边长 /km	测角中误差 /(″)	起始边边长相对中误差	最弱边边长相对中误差	测回数			三角形最大闭合差 /(″)
					DJ_1	DJ_2	DJ_6	
三等	2.0	±1.8	≤ 1/150000	≤ 1/70000	6	9	—	±7.0
四等	1.0	±2.5	≤ 1/100000	≤ 1/40000	4	6	—	±9.0
一级小三角	0.5	±5.0	≤ 1/40000	≤ 1/20000	—	2	4	±15.0
二级小三角	0.3	±10.0	≤ 1/20000	≤ 1/10000	—	1	2	±30.0

表 10-2　导线测量的主要技术要求

等级	导线长度 /km	平均边长 /km	测角中误差 /(″)	测距中误差 /mm	测距相对中误差	测回数			方位角闭合差 /(″)	相对闭合差
						DJ_1	DJ_2	DJ_6		
三等	14	3	1.8	20	≤ 1/150000	6	10	—	$3.6\sqrt{n}$	≤ 1/55000
四等	9	1.5	2.5	18	≤ 1/80000	4	6	—	$5\sqrt{n}$	≤ 1/35000
一级	6	0.6	5	15	≤ 1/30000	—	2	4	$10\sqrt{n}$	≤ 1/15000
二级	4	0.3	8	15	≤ 1/14000	—	1	3	$16\sqrt{n}$	≤ 1/10000
三级	—	—	12	15	≤ 1/7000	—	1	2	$24\sqrt{n}$	≤ 1/5000

表 10-3　三边测量的主要技术要求

等　级	平均边长/km	测距相对中误差
二等	3.0	≤ 1/250000
三等	2.0	≤ 1/150000
四等	1.0	≤ 1/100000
一级小三角	0.5	≤ 1/40000
二级小三角	0.3	≤ 1/20000

表 10-4 GPS 控制网的主要技术指标

级别	相邻点之间的平均距离/km	闭合环或附合路线的边数	固定误差 a/mm	比例误差 b	最弱相邻点点位中误差/mm	施测时段数	有效卫星观测总数
一级	4.0	6	5	1×10^{-6}	10	$\geqslant2$	$\geqslant6$
二级	2.0	8	8	5×10^{-6}	10	$\geqslant2$	$\geqslant6$
三级	1.0	10	10	10×10^{-6}	10	$\geqslant1$	$\geqslant4$
四级	0.5	12	10	20×10^{-6}	20	$\geqslant1$	$\geqslant4$

注：各级 GPS 网相邻点最小距离可为平均距离的 1/3~1/2；最大距离可为平均距离的 2~3 倍。

10.2.3 高程控制测量

平地应采用图根水准测量，山地、丘陵地带可以采用三角高程测量，三角高程测量应符合在几何水准的高程控制点上。高程系统应统一采用 1985 国家高程基准。

当导线长度超过规定时，应布设成结点网形。结点间的长度，不应大于表 10-2 规定的 0.75 倍。

高程控制的首级网应布设成环形网，加密时，宜布设成符合路线或结网点。

10.2.4 机场地形图测绘规定

地形图上地物点相对于邻近图根点的位置中误差，不应超过表 10-5 的规定，隐蔽和施测困难地区，其中误差可放宽 50%。

表 10-5 图上地物点的点位及等高线插求点的高程中误差

图上地物点的点位中误差/mm		等高线插求点的高程中误差			
主要地物	次要地物	平坦地	丘陵地	山地	高山地
0.6	0.8	$H_d/3$	$H_d/2$	$2H_d/3$	$1H_d$

注：1. H_d 为等高距，m。
　　2. 隐蔽困难的地区，可按表中数值放宽 50%。

地形图的基本等高距应遵守表 10-6 的规定。

表 10-6 地形图的基本等高距

测图比例尺	基本等高距/m				
	平坦地		丘陵地	山地	高山地
	$\alpha<1.5°$	$1.5°\leqslant\alpha<3°$	$3°\leqslant\alpha<10°$	$10°\leqslant\alpha<25°$	$\alpha\geqslant25$
1:5000	0.5	1	2	5	5
1:10000	1	2	2.5	5	10

注：α 为地面倾斜角。

地形点间距和视距长度应遵守表 10-7 的规定。

表 10-7　地形点间距和视距长度的要求

测图比例尺	地形点间距/m	视距长度/m		备　注
		主要地物	次要地物及地形点	
1∶5000	100	300	350	（1）平坦地区成像清晰，视距长度可放宽 20%；
1∶10000	200	300	400	（2）数字化测量视距长度可放宽 2~3 倍

地形图测绘内容除按国家颁布的有关规定执行以外，尚应满足如下要求：

（1）具有判别方位的目标应测绘，独立地物能按比例尺表示的，应实测外廓，填绘符号。不能按比例尺表示的，应正确表示其定位点或定位线。

（2）凡涉及占用耕地、经济园林、植被等界限应绘出，并注记说明。

（3）居民点应测绘轮廓，轮廓凸凹在图上小于 1mm 时，可用直线连接，对村落和居民点应注记村名、户数、人数。

（4）泉源、水井、池塘、钻孔、探井、坟墓等主要地物应测绘，并标注高程。

（5）通信线路、高压输电线路应测绘，并注记离地面高度或埋设深度及负荷，居民区低压电线、通信线，可择要测绘。

（6）将规划的跑道位置测绘于地形图上。

（7）通过和国家或地方坐标系的联测和计算取得跑道方位、中心线两端点和中心点的大地坐标成果。

在定勘阶段测量工作中，应沿跑道中线埋设 3~5 个半永久性标志桩。测绘防护工程山体的 1∶2000 地形图，按《工程测量规范》（GB 50026—2007）及详勘阶段有关规定执行。

测量方法同一般地形测量，但精度要求可低些。通常用简单的导线网控制，如"十"字或"卄"字导线，地形复杂或面积较大时，也可用闭合导线或单三角锁。高程最好由国家水准点引接，当附近没有国家水准点时，也可自己假定。碎部测绘点可稀疏一些，地形复杂地区适当加密。耕地、荒地或好地、劣地范围应在图上标出。

当净空测量没有国家三角点可利用，需要根据地形测量控制网进行时，导线网要考虑净空测量的要求。

如某场区是定勘的重点对象，将来选定作为机场位置的可能性很大，也可设立固定导线网，提高测量精度，使其符合初步设计勘测要求，以减少后面的工作量。

疏散区的测量应沿预定的拖机道，由跑道位置的导线网向外引出控制导线和场区联系起来。只有相隔较远时，才可以单独成立控制系统。

如预先选定的交通及排水路线地形很复杂时，也要进行线路测量。

摄影测量的技术要求按《工程摄影测量规范》（GB 50167）和《航空摄影测量内业规范》（GB 7930）以及《航空摄影测量外业规范》（GB 7931）执行。

10.3　净空测量

在选勘阶段净空测量的基础上，对净空区内障碍物进行复测，并且应以实测为主。测量完毕应提交净空平面图和净空剖面图。对于净空条件，必须精确测出，以后就不再进行了。要把净空范围内所有的高大山头都测出来，尤其净空带以内及附近的山头，要仔细测出，离机场很近的高大障碍物，如烟囱、铁塔等，也应精确测出。

10.3.1 测量方法

10.3.1.1 近净空区障碍物的测定

近净空区一般指离跑道端约 5km 以内的净空带区域，该区域是飞机起飞爬高和着陆下滑必经之地，而且因飞机在近净空区的飞行高度很低，相应对净空障碍物的高度限制要求也严。若该区域地形复杂，则采用经纬仪视距导线法测定各小山顶的平面位置与高程。

经纬仪视距导线应组成一闭合或附合路线，路线总长不应大于 10km，视距导线的边长采用全丝读数，当边长超过全丝读数时，应在直线的概略中部设立节点，在两端点各向节点读视距，改正后相加求得边长。视距导线全长相对闭合差不得大于 $\dfrac{1}{100\sqrt{n}}$，高程闭合差（单位为 m）不得大于 $\pm 0.1\sqrt{D^2}$（n 为导线边数；D 为各导线边距离，以百米为单位）。

10.3.1.2 远、侧净空区障碍物的测定

测量的方法：如有国家三角点，应尽量利用三角点以提高精度。如利用场区地形侧盘的控制网，可采用单三角锁向外扩展，直接扩展到山头，或扩展到山头附近，然后用交会的方法测出。如山头距离较近，也可直接从网上进行交会，注意应按三点进行交会，以保证精确，如图 10-1 所示。当山头较多时，为了避免错乱，应将山头按一定顺序进行编号，并绘出草图。要特别注意不要有遗漏，离机场近的小山头常常比远的大山对净空的危害更大。

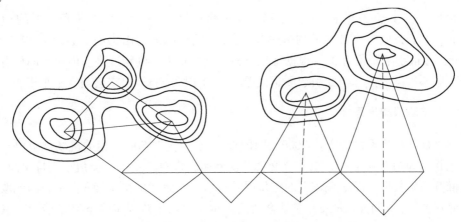

图 10-1 机场净空测量方法

三点前方交会，利用公共边长作校核条件，用另外两个已知点推算交会点（障碍物）的坐标。高程采用观测竖直角三个单向推算取平均值。

净空点交会（图 10-2）一般利用场区控制网作为基边，基边长度一般为 800m，其边长相对精度不低于 1/2000。交会时采用 J_2 型经纬仪观测一测回，其半测回归零差不大于 20″，在净空点上交会角一般不得小于 3°，特殊情况下不得小于 2°。

测完后，应把新测成果和 1 : 50000 的地形图进行核对，位置有出入时，应按新的改正。另外，要按预定跑道方向，绘出净空带的纵断面图。

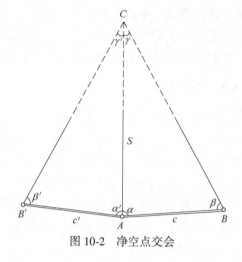

图 10-2　净空点交会

对净空内障碍物进行复测，净空区内有铁路、公路、江河或高压线穿越时，应测出车、船或高压线穿越的最高高程。

对可能影响飞行的障碍物尽可能利用已有 1 : 10000 地形图或航摄照片进行障碍物点位数据的采集，如无此条件，可采用三点前方交会法进行测量，并标在 1 : 50000 或 1 : 10000地形图上。

10.3.2　测量技术要求

DJ$_6$光学经纬仪进行三点前方交会的主要技术要求应遵守表 10-8 的规定。

表 10-8　三点前方交会的主要技术要求

基边相对精度	仪器	测回数	半测回归零差	净空点上交会角
1/5000	DJ$_6$	1	30″	≥3°

三点前方交会公共边长的较差限值为 5S（单位为 km）。由三方向推算交会点的高程，经球气差改正其中误差允许值为 0.4S（单位为 km）。S 为测站至净空点的距离（单位为 km）。

交会角不应小于 3°的原因是场区首级平面控制为一、二级小三角，平均边长为 0.8km 和 1.5km，取中数 1.2km 的基边来交会，对于 20km 远山头的交会角为 57.3×1.2/20＝3.4°，故最小限制角为 3°。根据理论分析，交会角大，则精度高。但从不同位置观测山头往往瞄不准同一点，由此引起测量误差。总结实际经验得出交会角宜不小于 3°。

10.3.3　净空测量精度要求

净空平面图的比例尺为 1 : 50000，即图上 1mm 为实地 50m。相关机场规范要求，一般地区地物点为图上 0.8mm。从前方交会的误差椭圆来看，由于交会角小，且正向交会，其误差椭圆为扁长形，即出现较大的点位误差对端净空而言是在起落方向上。因此取 2 倍地物点测量精度，即 1.6mm 来要求是合适的，相关机场规范规定净空测量精度以三点前方交会公共边的较差应不大于 5S（单位为 m）来衡量（S 为距离，以 km 为单位），即在 20km 处较差不应大于 10m。公共边较差与边长成正比，山头距跑道越近，则精度越高，越能保证飞行安全。

净空点平面测量精度要求，用前方交会误差传播公式估算：

$$m_a/\alpha = \sqrt{(m_d/d)^2 + (\cot^2\alpha + 2\cot\alpha\cot\gamma + 2\cot^2\lambda)m^2/\rho^2} \qquad (10\text{-}1)$$

式中，m_a/α 为交会边相对误差；m 为观测角 α 和 β 的测角中误差；m_d/d 为交会基边相对误差；γ 为交会角。

将 $m_d/d = 1/5000$，$m = \pm 40''$，$\alpha = 85°$，$\beta = 3°$，$\rho = 57.3$ 代入式（10-1），得 $m_a/\alpha = 1/191$。误差估算值与规范规定的公共边较差不大于 5S（单位为 m）基本相同。

净空点高程测量精度要求，按三角高程误差公式估算：

$$m_h = \pm\sqrt{m_a^2\tan^2\alpha + (a^2/\cos^2\alpha)(m_a^2/\rho^2)} \tag{10-2}$$

式中，m_h 为边长误差；m_a 为垂直角中误差。

若交会边 a 为 20km，$m_a = 20000/191 = 105$m，对于 20km 处 500m 高山垂直角 α 为 1.5°，m_a 按经验约为 $\pm 40''$，则 $m_h = \pm\sqrt{7.56 + 15.05} = 4.75$m。

如三点前方交会，由三方向推求高程取平均值，则中误差为 $\pm 4.75/\sqrt{3} = \pm 2.75$m。

上述估算未考虑影响高程精度的折光系数中误差，即未考虑从不同点交会山头，山形发生变异这一因素等。规范规定由三方向推求交会点高程，经球气差改正后，中误差 $m_h \leqslant 0.4S$（单位为 m）即 20km 处中误差为 10m 的规定是合理的。

10.3.4 净空图的编绘

10.3.4.1 净空平面图
图上应准确标出跑道位置、净空障碍物限制面、净空障碍点，并在每个障碍点注明编号、高程超高范围；风徽图上要标明跑道方向；障碍物一览表应包括编号、名称、方向、距离、高程与规划跑道的相对高差、允许高差、超高数值等。

10.3.4.2 净空剖面图
水平比例尺与净空平面图一致，垂直比例尺为 1∶2000～1∶5000；图上应标出跑道、障碍物的编号以及净空剖面限制线。

10.4 飞行场附属建筑物（区）定点勘测

机场除了要有飞行场来保证飞机的起飞和着陆以外，还需要有各种建筑物来保证指挥、通信、飞机维护、器材贮存、人员的居住和办公等活动。这些建筑物虽然不是机场的主体，但它们是机场不可缺少的组成部分。本节的任务就是讨论这些建筑物在机场上的位置勘测定点原则，下面将以通用机场为例，进行说明。

所谓飞行场附属建筑物，也就是保证飞机活动的各项技术勤务保障设施。飞行场附属建筑物根据用途可分为三大类：保障飞行指挥的系统，保障飞机维护、供应的系统，通信、导航的系统。

10.4.1 保障飞行指挥附属建筑物定点勘测

保障飞行指挥系统所需的主要建筑物有地下指挥所、指挥调度室、指挥车停车坪、收发信台、气象台及其观测场和空地勤值班室等。

（1）考虑防护强度，地下指挥所应距离跑道中心 3km 以上。如机场附近有自然岩洞、旧矿井、旧地下工程，应充分利用，也可和地下机库结合修建。同时要考虑人员来往方便，以及地下水位不能太高。

（2）指挥调度室是飞机起飞、降落和空中飞行过程中，保证地面与飞机通信联络用的建筑物。它的位置应便于观察整个飞行场，一般设置在距主滑行道中间点正后方 500～600m 的地段上。为使指挥调度室中无线电设备不受干扰，它的位置与飞机修理厂、特种车辆停车场的间距不应小于 200m，应距电焊设备 1000m 以上。

（3）指挥车停车坪。一般飞航线训练时，是在指挥车上进行指挥。指挥车组共 5～8 台汽车，需修专门的停车坪，一般采用低级道面。它的位置设在"T"字布后方 50～80m 之处。

（4）收、发信台指无线电接收中心和无线电发射中心所需的建筑物和设备。收信台通常配置在指挥调度室内，或设在基地营房区内，发信台的位置根据其技术要求，应设在机场区域的外沿，应距指挥所、综合业务区、疏散区 2.5km 以上，它的占地面积大约为 150m×150m，选择发信台的位置还应考虑到其周围自然障碍物的高度和距离，不致影响天线的发射效率。

（5）气象台和观测场是设置气象观测设备的建筑物，由工作室、制氢室和观测场三部分组成。为观测气象、预报天气，应将其布置在能确定机场当地气象条件的地段上。气象台工作室应设置在指挥调度室附近，或设在指挥调度室内。观测场应设在气象台工作室的附近，与周围的房屋和建筑物要有 70～150m 的距离，与高大建筑物的距离为其高度的 3～10 倍，与山谷、水库、树林有 150～200m 的距离，周围地势应平坦开阔；制氢室是制取氢气供观侧气球使用的建筑物，因氢气易爆炸，其位置须离观测场和有易燃、易爆材料的建筑物 50m 以上。气象台组成及位置见图 10-3。

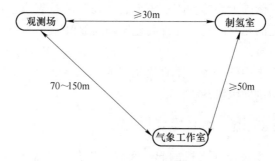

图 10-3 气象台组成及位置

（6）空地勤值班室是值班指挥员、飞行员、机场人员进行工作和讲评用的建筑物。空勤值班室布置在跑道两端的起机线停机坪的附近；地勤值班室则布置在停放飞机较多的停机坪附近。如果停放飞机较多的停机坪与起机线比较靠近时，则空地勤值班室可合并为一栋房子，房间分开配置。为了不影响飞机滑行和飞行的安全，其位置一般离开主滑行道不少于 20m。空地勤值班室位置如图 10-4 所示。

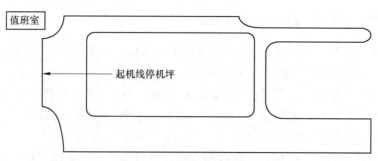

图 10-4 空地勤值班室位置图

10.4.2 场务、机务保障附属建筑物定点勘测

保障机务、供应与飞机维护系统所需修建的主要建筑物有场站值班室与小库房、四站、飞机修理厂、保伞室、校罗坪、汽车库及其修配车间等，下面主要就场站值班室、四站、飞机修理厂做简要介绍。

（1）场站值班室（附小库房）是后勤保障值班人员用来办公、休息的建筑物，有时也存放少量必要的消耗器材，通常设有小间库房。它一般设置在工作人员较集中的加油线附近，主滑行道的外侧、场内平行公路内侧的地段上。

（2）四站是指充氧站、制氧站、充电站和压缩空气站。若没有制氧站则称三站。四站的服务对象是飞机和飞机修理厂，所以它的位置应尽量靠近飞机修理厂。由于四站服务对象是统一的，通常将四站构成一组建筑物，充氧站、制氧站、充电站和压缩空气站以不小于50m的间隔分散配置。但制氧站易发生爆炸，最好配制在外边缘，与其他建筑物的距离要在100m以上。如采用了防爆的安全措施，四站可以与飞机修理厂连在一起配置。现在一般机场都不修制氧站。只在中心基地或有高空飞行任务的机场才设制氧站，供附近几个机场共同使用。

（3）飞机修理厂是供飞机进行小修、中修和定期维修工作用的特种建筑物，主要包括修机库、机械工作间和工程车库。修机库大门前面应修建一个混凝土停机坪，以供停放飞机和试车用。飞机修理厂的位置应靠近疏散区，选择位置时应注意隐蔽条件并须考虑与主飞行场停机坪和疏散区停机坪联系方便。

10.4.3 通信保障附属建筑物定点勘测

通信联络与导航设备有远距导航台、近距导航台、超短波定向台、短波定向台、雷达站、灯光信号设备和通信连营房等主要建筑物。

（1）远距导航台是供装置引导飞机进入机场区域的导航机与信标机等设备用的特种建筑物。根据需要，机场可在跑道两端各设一处或在主要降落方向的一端设置一处远距导航台。它应设在跑道纵轴的延长线上，距跑道端5000m处；当地形条件不允许时，可在5000~6000m范围内移动，最短不能小于4000m，只有特殊情况才能在跑道端6000m以外设置。天线中点横向距跑道轴线不要大于10m。选择位置时还要注意，为保证远距导航台不受干扰，其周围100m范围内不应有高大建筑物、架空电力线和通信线路。

（2）近距导航台是供装置引导飞机按仪表指示进行降落的导航机、信标机与航向仪等设备用的特种建筑物，一般与远距导航台配套设置。它设在跑道纵轴线上，距跑道端1500m处；当地形条件不利时，可在1000~1500m之间变动，其他要求与远距导航台相同。

（3）短波定向台是供装置测定飞机方位角和检查飞机航迹的无线电设备用的建筑物。它应设在跑道的纵轴延长线上，二级机场在主着陆方向上设一个，距跑道端4500m，应距远距导航台500m以上；三级机场在次着陆方向上设一个，距跑道端4500m或5500m。选择位置时，还应考虑离开树林、山谷、河流、大型建筑物300m以上；与山头也要保持足够的距离，使其自定向台地面到山顶的仰角不超过5°。离开各种易产生干扰的设备最小距离：电焊设备2000~3000m；直流电机1000~1500m；铁路、钢桥或金属骨架的高建筑

物 500m；具有金属骨架的低建筑物 200m；发信台天线 1000~2000m；架空电力线或电话线 350~400m。

（4）雷达站是为测定飞机空中位置而修建的特种建筑物。它的位置与指挥调度室（或指挥所）的距离应不少于 800m 和不远于 2000m（根据高频电缆配置长度而定）；与超短波定向台的距离应不少于 250m 和不远于 1000m；与架空电话线和输电线的距离应不少于 1000m；与跑道、滑行道和停机坪的距离应不少于 500m；与机库和大型房屋的距离应不少于 800m；与其他建筑物的距离应不少于 300m。选择位置时还需注意地势平坦开阔，不被水淹，地势应保证在 0.5°的仰角以上没有障碍物，以便观察到整个监测空域（指天线的高度为 5m 时）。

（5）通信用房是供机场通信人员办公和居住用的建筑物。永备机场都装有固定式的场内有线通信设备和信号设备，以及场外通信有线设信。通信连是机场的枢纽，它应布置在靠近综合业务区与飞行场之间的地段上，以减短通信网线。

10.4.4 综合业务区、仓库区位置勘测

机场综合业务区根据机场人员编制和工作性质来划分。综合业务区平面布置的原则是要使用方便，依山顺势，因地制宜。各综合业务区应离开跑道 3~5km，其中场站管区为了工作方便可略许近一些，一般在 3km 左右。各综合业务区之间相隔 2km 即可，最好有山或丘陵相隔，重要机构不要集中配置，各综合业务区布局形式不要搞成方块或圆，但要适当注意整齐。同时要考虑水源、日照、污染等问题。

10.4.5 仓库区位置勘测

10.4.5.1 油库
油库用以储存飞机用的煤油、汽车用的汽油以及润滑油等。一般一级机场容量约有 500t，二级机场约有 2000t，三级机场约有 4000t。

油库可分为三类：基地油库、消耗油库、疏散油库。基地油库：二、三级机场有 1 个。消耗油库：三级机场可能有 2 个，二级机场有 1 个。疏散油库：一般一个疏散区 1 个。

A 基地油库组成和位置选择

基地油库（其容量通常为 5000~18000m³）组成主要有油囤、库房、办公室、化验室、消防设备、泵房、停车坪、专用铁路、站台等。

基地油库的位置应选在距跑道不小于 3km 处，保证防护性能好、运输方便、地下水位较低，并尽可能设在可利用天然地形进行自然位能卸油的地方。

B 消耗油库（100~2000m³）和疏散油库的组成和位置选择

消耗油库和疏散油库的组成与基地油库相似，但设备比基地油库简单得多，并且都没有铁路专用线。疏散油库更加简单，只有几个油罐。

消耗油库的位置应靠近飞行场加油线停机坪或停机线停机坪的外侧，距跑道不小于 1500m；疏散油库则应布置在疏散区的附近。

10.4.5.2 航材库
航材库是专门存放航空器材的仓库，一般分为基本航材库和消耗航材库两种。前者存

放大部分器材，后者存放一些经常更换和使用的消耗零星器材。

A 基本航材库组成和位置选择

基本航材库按各种器材类别分成若干个库房、办公室和生活用房。它通常与铁路专用线连通或靠近，并设有装卸货台。基本航材库要设在靠近铁路专用线、便于通往飞机修理厂和飞行场的地方；距离跑道不应小于 3km。它与油库和各综合业务区之间距离不应小于 1km。

B 消耗航材库组成和位置选择

消耗航材库仅有堆放经常更换、使用的零星器材的库房。它主要是为了供飞机修理厂或停机坪使用器材方便而设置的。

消耗航材库的位置通常设在飞机修理厂附近，在条件许可时，兼顾停机坪用材的方便。如消耗航材库设在某一个疏散区则为疏散航材库，一般设在疏散区停机坪附近(100~200m)。

10.5 定勘测量报告

外业工作完成以后，根据调查所得资料及所测地形、净空图，进行综合分析整理，并进行简要的总平面勘测设计。根据跑道的方向检查净空情况，根据跑道位置估算出土方量及占地情况，以及其他一些主要指标数据。按机场位置选择的主要要求，详细加以对照比较，然后写出定勘报告。在报告中要提出哪一个地区最好，充分说明理山，并指出存在的缺点，这些缺点对机场使用和经济上影响的程度，有何改进办法等。将报告连同图纸资料一起送上级审查确定。

选勘和定勘两个阶段的中心任务，就是要选出一个最好的机场位置，所进行的一切测量、调查都是为了这一目的。两个阶段各有其本身特点，但又相互紧密联系，必须明确其区别和联系，防止混淆不清。选勘是"面中选点"，定勘是"点与点比较，最后确定一个点"。目的相同，但两阶段的任务却不同。只有面中选好了点，才有可能最后确定出一个好的点。

10.5.1 定勘测量报告内容

各定勘测量场址情况，内容如下：

(1) 测量报告及平面、高程控制测量结果，地形测量资料，场址名称、位置、坐标、标高。

(2) 机场岩土工程勘察：地层岩性、地貌形态、地形起伏及坡度、地下水位变化、不良地质现象的危害及分布。

(3) 飞行场地情况：跑道位置和方向，净空、排水、概略的土方量、机场环境影响评价等。

(4) 防护工程情况：各个防护工程的洞口位置、跨度、轴线长度、防护层厚度、土石方数量、施工条件等。

(5) 营房或航站楼等工程情况：各个工程的位置、工地测量等内容。

10.5.2 定勘测量附图

根据定勘测量情况，需要绘制如下工程图纸：

(1) 机场关系位置图 (1:500000~1:6000000)。

(2) 机场交通及管线规划图 (1:25000 或 1:50000)。

(3) 机场总体布局图 (1:5000~1:10000)。

(4) 机场净空平面图 (1:50000)。

(5) 净空剖面图。

(6) 各防护工程轴线平面规划图 (1:2000~1:5000)。

习　题

10-1　请简述机场定勘测量过程中如何开展地形的测量？

10-2　请简述机场定勘测量过程中，开展净空测量的方法、技术要求分别是什么？

10-3　请简述机场定勘测量过程中，飞行场附属建筑物 (区) 定点勘测，都包括哪些场所的测量工作？

11 机场详勘测量

详细勘测为机场建筑工程初步设计（即总平面勘测设计）和施工图设计提供各种设计资料和依据。总平面勘测设计的任务是在定勘后经审查最后确定的机场位置上进行各建筑物的位置布局设计，还有主飞行场的平面形式和尺寸、选择地势、道面、排水的设计方案。

11.1 详勘初步设计测量内容

详勘测量阶段，需要进行的测量内容如下：

（1）飞行场地的方格网地形图测量；

（2）防护工程、综合业务区或航站区、仓库区、导航区的大比例尺地形图测量；

（3）道路、铁路专用线、供排水、输油、供电等线路的带状地形图测量；

（4）测算跑道方位角、经度和纬度；

（5）机场建筑工程防护工程、土建工程的测绘；

（6）进场公路、平行道路、综合业务（库）区间干线道路勘察；

（7）防洪排水、输油管线工程勘察等。

通过这一阶段的测量工作，机场建筑工程的平面位置、地面整平标高、工程的性质、规模、结构特点已经可以确定。但其他各个建筑物的具体位置又还没有确定，需要做出多种方案进行比较，最后确定下来。因此这阶段只是供方案比较使用，还不能够应用于直接设计。

11.2 详勘初步设计测量程序

11.2.1 准备工作

首先要研究定勘中已有的资料，确定已有并符合要求的资料，确定没有需要进行补测的内容。进一步审查讨论定勘中所提出的总体布置规划，根据实际情况，制定测量工作计划。主飞行场的位置和方向，在这阶段也可能有些变动，但总的来讲不会变化很大。可以作为疏散区的方案不多时，改变的可能性也很小，为了避免重复，减少以后的工作量，这两个地区应作为重点，需要全面细致了解、总体规划。

11.2.2 地形测量方法与依据

测出整个机场地区的地形图，目的是进行整个机场的总平面布置、机场的地势设计和排水设计。因此，精度比定勘中要求高些。测量范围要包括所有可能布置建筑物的地方，通常在40km²以上。比例尺一般要求为1∶5000，如地区过大时，可采用1∶10000，但主飞行场和疏散区仍要求为1∶5000，以便进行地势初步设计。等高距一般采用0.5m，在飞行场地势较平坦时，可采用 0.25m。

测量控制可视地形复杂程度，分别采用不同方法。若利用定勘时的控制网，则要进行校核，提高精度。对于地形平坦地区，可以按整个场区建立控制网，也可在主飞行场建立主控制网，测量时再向外扩展；对于地形复杂地区，可以采用三角锁（网）控制。当地如有国家三角点，控制网应和国家三角点建立联系。高程控制可由国家水准点引接到平面控制点上，使其成为平面和高程的联合控制系统。在各大综合业务区附近，应理设永久水准点，整个场区应采用同一高程控制系统。

11.2.3 线路测量

线路测量主要测出排水线路，从场内通至每个出水口处都应该测出，以便看出天然坡度，以及场内的水是否排得出去。应沿排水线路方案的两侧适当测宽一些，以便改变线路时考虑方便。当疏散道地形复杂时，也应进行线路测量。其他如公路线路等视需要进行，一般放在综合业务区位置确定后进行。

11.2.4 工程地质测绘

查明飞行场地岩土工程条件，包括查明场地工程地质条件和地基稳定性；环境工程地质评价和地质灾害预测，提出防治和监测措施；提供场道工程设计所需的岩土参数；查明地下水对工程的影响。

11.2.4.1 工程地质测绘前应取得的资料

工程地质测绘前应取得以下资料：

(1) 机场总体布局图；

(2) 场道工程平面布置图；

(3) 设计标高和场道设计断面图；

(4) 测绘所需的地形图、定勘报告和机场可行性研究报告等。

11.2.4.2 工程地质测绘范围

测绘图要在飞行场地范围内进行，其面积一般为 $6 \sim 15 km^2$。

11.2.4.3 测绘比例尺与精度要求

测绘比例尺宜采用 1：2000，专题测绘宜采用 1：200～1：1000。测绘精度：场道工程地段地质点和地质界线，应用仪器测定，测点在图上的误差不应超过 3mm，或用 GPS 定位；其他地段用半仪器测定，测点在图上误差不超过 5mm。测绘前要编写勘察纲要。当有条件时，应尽量使用机场区域的遥感影像、卫星影像进行工程地质判释。

11.3 详勘初步设计测量成果及注意事项

11.3.1 详勘初步设计说明书

这一阶段的最后成果是机场总平面布置图和初步设计说明书。根据总平面勘测设计的规划，才能进行勘测工作。勘测的资料，是说明书中的一部分内容，通常不单独提交详细勘测报告。例如测量的 1：5000 或 1：10000 的地形地图，就是机场平面勘测设计图。

初步设计说明书，应包括图纸、原始资料、说明、概算四个部分。勘测的图纸应该包括如下内容：

（1）1：500000 航行图。上面标出机场所在位置和方向，附近已有机场的位置和方向、禁区和国家航线等，以便看机场位置战略布局的好坏、机场相互关系、空域影响等。

（2）1：50000 的地形图。上面标出主要方案的机场位置和方向、各大区的概略位置、铁路的引接、各种起落航线的平面尺寸、建筑材料产地的分布、汇水面积等。机场位置的其他方案的净空平面尺寸，应以其他颜色标出，主要方案应以鲜明的颜色标出。在这张图上应该能够看出净空条件的好坏、对地形利用好坏、机场和其他方面的关系（如铁路引接）好坏等。

（3）1：5000 或 1：10000 总平面设计图。为了清楚起见，最好所有比较方案用不同颜色绘在一张图上，主要方案单独用一张图绘出，图上应标出机场位置和方向，指明机场平面形式和尺寸、疏散区位置、所有建筑物的位置、公路线路的规划等。这是初步设计中的一张主要图纸，主要勘测成果都体现在这张图上。

（4）1：5000 场区排水线路平面布置图。在这张图纸上应标出各个方案、出水口位置等。

（5）1：5000 场区地势初步设计图。每个比较方案都要单独绘出。

（6）道面结构图。应绘出道面结构的层次及其厚度。

原始资料应该有气象资料、水文资料、土工试验资料、建筑材料、试验资料及水样分析报告等。说明书应对各个方案进行论证。最后按主要方案做总的概算，内容应包括总的土方工程量、各种材料用量、所需工数、购地数量等。材料用量和所需工数可根据以往设计中所采用的定额或参考当地建筑部门的定额来计算。

11.3.2 注意事项

详细勘测的工作量是很大的，而且对资料的要求也高。在勘测之前，一定要做好充分的准备工作，明确调查的目的、对资料的要求等，否则就会造成混乱和人力、时间上的浪费。为此，必须熟悉当地有关情况，了解整个初步设计过程、工作计划要经群策群力充分讨论。另外，原始资料收集到手以后，要根据初步设计的要求，综合各方面的资料进行深入细致地分析，忌带主观性、片面性和表面性。对每一问题要根据详细的材料加以具体地分析，然后引出理论性的结论来。这就是说要尊重实际，从实际出发；另一方面又要全面分析，不要看到一点问题就轻易肯定或否定一切。如场区地势平坦，附近很难找到出水口，这是不利的一面，对此就要分析一下当地降水量的大小、蒸发量的大小、岩土地形情况等。如果降水量小、蒸发量大，就可修蒸发池来解决；如果降水量大，但岩土渗透性好，就可修垂直渗井排水；另外也可从设计上提高道面高程等方面去考虑。

11.4 施工图设计勘测内容

施工图设计勘测包括施工图设计和满足施工图设计所需资料而进行的施工图设计勘测两项工作。初步设计经审查批准以后，机场各个建筑物的位置和主飞行场的位置、方向、平面形式和尺寸等都确定了下来，这时就要对各种建筑物进行具体的施工图设计。施工图设计勘测的目的就是为施工图设计提供详细的资料，为施工设计阶段的地基基础设计、地基处理与加固、不良地质现象的防治工程提供详细的工程资料。

因初步设计只解决一些大的原则性问题，细致具体的设计工作是在施工图设计中进行的，许多设计意图要通过施工图设计去实现。如有些公路准备将来扩展为疏散道用，那么设计时就要考虑对疏散道的一些要求，以便后来扩建。

从设计来说，可以分为场道设计、地势设计、排水设计、公路桥涵设计、业务用房设计、电气通信设计和地下建筑工程设计等。从勘测来说，可分为地形测量、线路测量和其他资料的补充收集等。

11.5 飞行场区工程测量

11.5.1 平面、高程控制测量

复测定勘阶段的主控制网并进行加密，根据情况可布设成线形三角锁（网）、图根小三角、光电测距仪极坐标控制、全站速测仪导线、交会点图根控制。

图根点可采用临时标志，但在跑道两端、防护工程口部、各主要综合业务区及库区，应埋 2~4 个控制桩。

11.5.1.1 飞行场地高程控制的精度要求

飞行场地对高程放样精度要求最高的是排水管道工程和道坪混凝土工程。

A 排水管道工程高程控制的精度要求

排水管道工程根据机场场道工程施工及验收相关规范，要求：

（1）保证排水管道的坡度符合设计要求；

（2）管内底高程允许偏差为±5mm；

（3）局部地段不允许出现反坡。

以三等水准网为依据，1km 长管道的高差放样中误差为

$$m_g = \pm\sqrt{2m_{hi}^2 + m_{ka}^2} \tag{11-1}$$

式中，m_{hi} 为一站高差放样的误差，经推算为 1.68mm；m_{ka} 为三等水准的每千米高差中误差，《工程测量规范》（GB 50026）规定为 6mm。

$$m_g = \pm\sqrt{2 \times 1.68^2 + 6^2} = \pm 6.5\text{mm}$$

1km 管道坡度的放样中误差为

$$m_{gL} = \pm m_s/L = \pm 6.5/1000000 = \pm 6.5 \times 10^{-6}$$

最大允许坡度误差可达 $2m_{gL} = \pm 1.3 \times 10^{-5}$。

由此，可知三等水准可确保排水管符合设计坡度要求。

对管内底高程允许偏差为±5mm，其保证的情况与道面的情况是一致的。

由于管道放样的距离为 10m，可算出交界处放样的坡度中误差为

$$m_h = \pm\sqrt{(m_{h1}^2 + m_{h2}^2)/L^2} = \pm\sqrt{1.68^2 + 2.70^2/10000^2} = \pm 0.32 \times 10^{-3} \tag{11-2}$$

式中，m_{h1} 为一站高差放样的中误差；m_{h2} 为两相邻水准点，放样交界处一点中误差。

坡度的最大误差可达 $\pm 0.64 \times 10^{-3}$，它非常接近管道设计最小允许坡度 $\pm 0.6 \times 10^{-3}$，从而保证局部地段很难出现反坡现象。

由以上分析可知三等水准精度完全可以满足排水管道施工的要求。

B 机场道面工程高程控制的精度要求

道坪混凝土的表面高程，根据机场场道工程施工及验收相关标准的规定，其允许偏差

为±5mm。道坪混凝土待设点在某一水准点控制范围内时，只需安置一站仪器即可将该水准点的高程传递给待设点，待设点的高程中误差为

$$m_H = \pm m_h = \pm \sqrt{(m_\tau^2 + m_v^2)} \approx \pm 0.01S\sqrt{(0.1\tau/2)^2 + (60/v)^2} \qquad (11\text{-}3)$$

式中，τ 为水准管分划值；v 为望远镜的放大率；m_τ 为水准管的居中误差；m_v 为瞄准误差。

S_3 级水准仪 $\tau = 20''$，$v = 28$，$m_h = 0.024S$，对于道坪混凝土工程、排水管道工程 $S = 70\text{m}$，则高差放样的误差 $m_h = 0.024 \times 70 = \pm 1.68\text{mm}$。

高程放样的最大误差 $\Delta H = \pm 2mH = \pm 2mh = \pm 2 \times 1.68\text{mm} = \pm 3.36\text{mm} < 5\text{m}$。

对整个道坪而言，是依据许多水准点来放样的，必须保证整个道坪表面连续平滑的性质，即要求从两相邻水准点出发，设 A、B 为两相邻水准点，交界处一点 N 为待设点，如果点 N 依据 B 点进行高程放样，则 A、N 两点间的高差误差在允许值±5mm 范围之内，如图 11-1 所示。

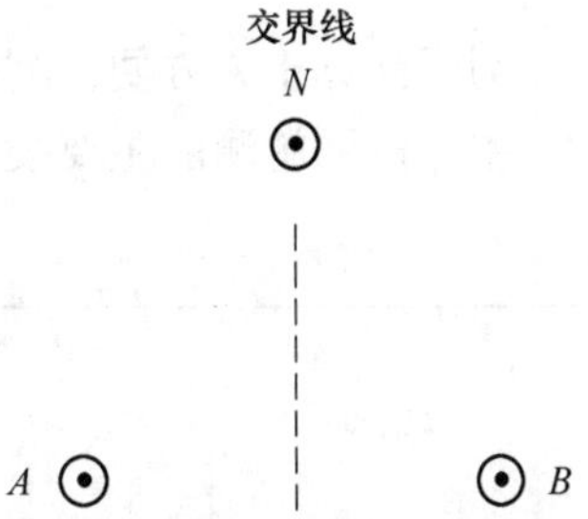

根据误差传播定律：

$$m_{hAN}^2 = m_{hAB}^2 + m_{hBN}^2$$

$$m_{hAN} = \pm \frac{1}{2} \times 5 = \pm 2.5\text{mm}$$

图 11-1　道坪高程放样示意图

$$m_{hBN} = m_h = \pm 1.68\text{mm}$$

$$m_{hAB} = \pm \sqrt{2.5^2 - 1.68^2} = \pm 1.85\text{mm}$$

由此求得施工高程控制网相邻两水准点间高差应有的精度。

由于水准点间的距离为 100～150m，则每千米平均为 8 个间距，故每千米高差中误差为

$$\mu = \pm 1.85\sqrt{8} = \pm 5.23\text{mm}$$

由此确定机场高程控制网的精度。为了保持同《工程测量规范》（GB 50026—2007）一致，建议采用该规范二等水准网的技术要求。该规范要求每千米高差中误差为±6mm，系全中误差，它包含了系统误差和网的起始点高程误差。其实在水准线路只有几千米的情况下，可不考虑系统误差的影响，在场道工程中起始点的高程误差也是不必考虑的。三等水准每千米的高差偶然中误差规定为±3mm，所以三等水准完全可以满足场道工程高程控制网的精度要求。

飞行场地、排水管道工程的高程控制可按三等水准测量，防护工程可按四等水准测量并自成闭合环，其他各区的高程控制可按图根水准或三角高程测量要求执行。

如定勘所布设的主控网点损坏严重，或因利用场地已有测绘图纸，而未布设全测区性的控制网，则详勘阶段应按二级小三角或相应导线，将各区连成整体的平面控制。

11.5.1.2 图根控制测量的主要技术要求

（1）光电测距仪极坐标控制应遵守表 11-1 的规定。

表 11-1　电磁波测距仪极坐标控制主要技术要求

比例尺	边长	水平角观测回数（DJ$_6$）	正倒镜方向较差
1：500	≤500m		
1：1000	≤700m	1	30″
1：2000	≤1000m		

（2）交会点图根控制，可采用有校核条件的测边交会与侧角交会，其交会角应在30°～150°，施测技术要求与图根导线相同。

（3）图根控制测量，按《工程测量规范》（GB 50026—2007）有关规定执行。

在跑道和疏散区备用跑道位置和方向已经确定后，为了精确地计算出土方量和便于以后施工，还应测出1∶2000的大比例尺地形图，对于疏散区停机坪有时甚至要测出1∶500的地形图。

11.5.2　测绘飞行场地方格网地形图

为了计算土方方便，测绘飞行场地方格网地形图（1∶1000～1∶2000）。

主方格网施测的主要技术要求，应遵守表 11-2 的规定。

表 11-2　主方格网施测的主要技术要求

纵横轴线	测角中误差/(″)	边长相对中误差	测回数	
			DJ$_2$	DJ$_6$
纵轴线	8	1/10000	1	3
横轴线	15	1/6000	1	2

11.5.2.1　主方格网的布设与要求

主方格网的布设，宜采用轴线法，纵向主轴线应设在跑道中心线上；飞行场地主轴线的测设，通常以勘定的跑道轴线为一纵向主轴线，在纵向主轴线上每隔400m设置一条垂直的横行轴线，构成不闭合的主方格网几何图形。不存在平差计算，仅进行复测检查。如超限，需进行点位调整。横向轴线可在端保险道或端保险道外40m处设一条，从跑道端开始，一般采用200m×400m的大方格网作为平面及高程控制，方格网边应和跑道方向一致，并使一个网边和跑道中心线重合。横向轴线两端点，宜在集体停机坪外侧和土跑道外侧各40m，使之与纵向主轴线组成矩形方格；考虑到土跑道、平地区的宽度，即其距中轴线距离也就在100～250m。所以横向间距以400m为好，地形复杂地区亦可为200m（10倍碎部方格边长），以组成两边相差不太悬殊的长方形方格网。在长方形主格网下，直接加密碎部方格点。

主方格网的坐标和高程，除统一于测区坐标系统外，其平面坐标系统，还可将跑道轴线作为坐标轴建立机场坐标系统。主方格网的作用：一是固定跑道轴线位置及作为机场施工放样的依据，二是作为加密方格网的高一级控制。轴线测设精度以满足飞行场地各组成部分尺寸的精度要求为原则。机场场道工程质量检验评定相关标准中规定，道坪长度误差不应大于1/3000，宽度误差不应大于1/1000。所以采用轴线相交的不闭合的方格网就可以满足其精度要求。考虑到施工时，并不直接在主方格上放道坪角点，而是在主方格网控制下再布设放样导线，并考虑放样误差，所以主轴线边长测量精度采用3倍施工检验标准精度，取为1/10000；横向轴线量距精度，取2倍施工检验标准精度，即为1/6000。

主方格网点的平面位置施测宜采用导线测量法，如地形复杂，横向方格两端点可用前方交会法。

主方格点应埋设 8 个以上永久性控制桩，以作施工时放线和检查测量用。桩的顶面不应小于 15cm×15cm，底面 25cm×25cm，高 80cm。如冻土地区，控制桩应埋入冻土层下。在跑道中心线的两端应各有一个永久性控制桩，其他格点采用临时基点桩。

主方格网上全部桩点高程，应按直接水准三等要求施测。

主方格点位实地放样后，应进行角度与距离复测，其精度为纵向直伸限差 8″，横向垂直限差 15″，如超限，必须进行点位调整。

11.5.2.2 加密方格网测量

（1）在主方格网内加密 40m 或 20m 的矩形小方格。

（2）加密方格点的高程以面水准方法测定至 1cm。

（3）加密方格点的点位误差限制，以方格网地形图比例尺为参照，加密方格点相对邻近主方格的点位中误差不应大于方格网地形图上距离的 0.8mm。

以方格点为基础，用长度交会法补测地物及地形。

11.5.2.3 绘制 3∶1000 或 1∶2000 的方格地形图

方格的边长，大的方格控制网完成以后、再内插成 40m×40m（或 20m×20m）的小方格，每一小方格顶点均应设临时木桩，并按坐标编上桩号，在平原地区为 40m，在丘陵地区为 20m，如图 11-2 所示。对地形起伏变化大的局部地区，可以内插成 10m×10m（或 5m×5m）小方格。方格网布置好以后，即可进行各桩点的高程测量，亦称面水准测量。测完后，根据各点高程插绘出等高线，其等高距为 0.25m，这样就得出了场区的地形图，用来进行地势设计、排水设计和土方计算。

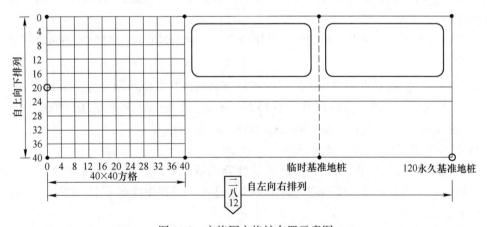

图 11-2 方格网方格桩布置示意图

疏散区的备用跑道也可用此法测出，拖机道可按公路的线路测量方法进行。疏散区停机坪及掩体，在地形复杂时应在放样后测出各点高程，然后绘成 1∶500 的大比例尺地形图。

等高距技术要求按表 11-3 规定执行。

表 11-3　地形图等高距技术要求

测图比例尺	基本等高距/m				
	平坦地		丘陵地 $3°≤α<10°$	山地 $10°≤α<25°$	高山地 $α≥25°$
	$α<1.5°$	$1.5°≤α<3°$			
1:500	0.25	0.5	0.5	1	1
1:1000	0.5	0.5	1	1	2
1:2000	0.5	1	2	2	2

注：$α$ 为地面倾斜角。

一个测区同一比例尺宜采用一种基本等高距，等高距小于或等于 0.5m 时，高程注至 0.01m，其余可注至 0.1m。

11.5.3　各建筑区大比例尺地形测量

测绘各综合业务（库）区大比例尺地形图（1:500~1:2000），等高距按表 11-3 规定。因为房屋本身面积不大，若比例尺过小，在图上就看不出问题，所以对建筑区通常测绘成 1:500 的地形图，所测范围可按营房设计要求进行。

11.5.4　各种线路测量

主要测出排水、公路、拖机道、输油管线、电缆管线及上下水道等的线路图；主要工作为中线测量，纵、横断面测量及带状地形图测量，为其设计提供地形图。测量时应首先敷设线路控制点，然后进行线路测量，控制点应和线路的中心线一致。

11.5.4.1　测量要求

线路的平面控制宜采用附合导线，宜结合中线测量一并考虑，线路的起、终、转角点均作为导线点。

中线转折角及导线点水平角观测应采用两个半测回测量右角，两个半测回角值差不应大于 30″。

线路（导线）起终点应与机场的平面控制点联测，其方位角闭合差不应大于 $60″\sqrt{n}$。（注：n 为测站数；平地坐标附和差为 1/2000；丘陵、山地坐标附和差为 1/500）。

高程控制桩点可沿线路两侧每隔 200~600m 设置一点。

11.5.4.2　线路纵、横断面测量

线路纵断面测量自线路起始点沿所选的线路用钢尺量距，每隔 40m 设置一点，地形变化处加桩，经转折点处，按所测定转折角及所选半径设置曲线起、中、终点，所有测点均以里程表示。

线路横断面测量，其间隔视线路和地形情况而定，宽度通常为每侧 15~25m，对于拖机道适当加宽；沿中心线每边视要求可测出 50~300m，以便绘出纵横断面图，在设计时考虑线路位置是否有变更的可能，以及将来施工中备料等用地的规划。

线路中桩桩位精度：纵向误差不大于（s/1000+0.1）m，横向误差不大于 10cm。其中，s 为转折点至桩位距离，以 m 为单位。

横断面测量精度：距离相对误差不大于（L/50+0.1）m，高程误差不应大于（h/50+

$L/100+0.1$）m。其中，L 为测点至线路中桩的水平距离，以 m 为单位；h 为测点至线路中桩的高差，以 m 为单位。

纵断面测量与已有路、管线、沟渠交叉时，应根据需要测定交叉及交叉点的平面位置、高程、净空高。

纵断面图比例尺：水平 1：500～1：2000，垂直 1：50～1：200。横断面图比例尺：水平 1：200，垂直 1：50～1：100。

11.5.4.3 线路带状地形图

线路带状地形图的比例尺为 1：500～1：2000，中线两侧通常各宽 50m，拖机道适当加宽，施测要求按同比例尺地形图测量要求进行。

公路的设计，在机场中是配合设计各个阶段来进行的。通常是在初步设计中，配合各个综合业务区的布置方案进行线路规划。主要是图上选线和在现场踏勘了解线路的可行性和好坏，一般只要了解线路长度和工程量情况就行，不做具体设计。施工图设计中，各综合业务区位置已经确定，这时才正式进行选线、定线、设计工作。

11.5.5 跑道方位及经纬度测量

跑道是一个面，其点位以跑道中点代表，跑道的方位、经度和纬度均以跑道中心点起算，目的是明确其在参考椭圆体上的位置。

跑道的方位、经度和纬度均与国家大地网联测反算，参考坐标系为大地坐标系。

跑道真北方位角联测反算中误差不应大于 ±20″，经度、纬度中误差不应大于 0.1″。大地经纬度 0.1″之差，约合实地 3m，符合标图精度的要求。

如无法联测反算，可采用全球定位系统（GPS）或者天文观测定位，并归算至大地坐标系。跑道方位一般可根据原有地形图上的磁北和真北资料确定，只有在特殊要求情况下才做定向测量，其测量方法同天文定向测量，这里不做介绍。若联测确有困难，亦可采用天文观测取得跑道的天文经纬度与天文方位角，其观测精度可采用三等，基本与联测换算大地坐标的精度一致。但天文坐标一般应进行垂线偏差的改正，以求其大地坐标的数据。

机场对经纬度一般也不作要求，可从原有地形图上求出。需要时，可根据国家三角点计算得出。

11.5.6 导航台测量

导航台测量内容如下：

（1）测设近距导航台、远距导航台、超远距导航台、短波或超短波定向台、航向信标台、下滑信标台等位置。

（2）测出各台的地形图，视其复杂程度和测图面积，地形图比例尺采用 1：200～1：1000。

（3）以台站中心点并以跑道轴线为零向或按真北方位，测定其遮蔽角，即周围障碍物的方向及俯仰角。

（4）按各台技术要求测定各台位置，测定区域内障碍物的平面位置与高程。

台站测设要求如下：

（1）设置在跑道中线延长线上的各台位置，以跑道端中点起算，其偏离方向不应过大。

（2）各台至跑道端点距离的相对误差不应大于 1/1000。

（3）各台的中心位置应埋设水泥桩及沿跑道方向距中心 50~200m 的前后方向桩。

11.5.7　测绘防护工程大比例尺地形图

防护工程的测量控制网可在场区主网下独立设置。网的等级和精度根据洞库类型、实地布网图形等确定。主要洞库的横向贯通中误差不大于 10cm，一般洞库的横向贯通中误差不大于 15cm。洞库竖向贯通中误差不大于 10cm。

防护工程地形图的比例尺为 1∶1000~1∶2000，洞库口部地形图的比例尺为 1∶200~1∶500。

11.6　施工图设计勘测测量成果

施工图设计勘测测量成果应包括以下内容：

（1）测量报告书、机场控制网的略图和成果表。

（2）飞行场地方格网地形图（1∶1000~1∶2000）。

（3）拖机道、道路、排水、输油、供水、供电等线路的带状地形图（1∶500~1∶2000）、纵断面图（水平比例尺 1∶500~1∶2000）、横断面图（水平比例尺 1∶200）。

（4）防护工程地形图（1∶1000~1∶2000）。

（5）洞库口部地形图（1∶200~1∶500）。

（6）洞库控制网略图、计算书、成果表。

（7）洞库轴线纵断面图。

（8）综合业务（库）区地形图（1∶500~1∶2000）。

（9）各导航台地形图（1∶200~1∶1000）。

习　题

11-1　简述详勘初步设计测量的内容有哪些？

11-2　简述详勘初步设计测量程序都包括哪些部分，每一部分具体内容是什么？

11-3　简述机场详勘测量过程中，飞行场区工程测量主要包括哪些内容？

12 机场施工测量

12.1 机场施工的基本测量

机场测设工作是根据工程设计图纸上待建设的建筑物、构筑物的轴线位置、尺寸及其高程，算出待建设的建筑物、构筑物的轴线交点与控制点（或原有建筑物的特征点）之间的距离、角度、高差等测设数据，然后以控制点为根据，将待建设的建筑物、构筑物的特征点（或轴线交点）在实地标定出来，以便施工。

测设工作的实质是点位的测设。测设点位的基本工作为测设距离、角度、高程三个定位元素，即测设已知的水平距离、水平角和高程。

12.1.1 已知水平距离的测设

已知水平距离的测设，是从地面上一个已知点出发，沿给定的方向，量出已知（设计）的水平距离，在地面上定出另一端点的位置。下面介绍其测设方法。

12.1.1.1 一般方法

如图 12-1 所示，设 A 为地面上已知点，D 为已知（设计）的水平距离，要在地面上沿给定 AB 方向测设出水平距离 D，以定出线段的另一端点 B。具体做法是从 A 点开始，沿 AB 方向用钢尺拉平丈量，按已知设计长度 D 在地面上定出 B' 点的位置。为了校核，应再量取 AB' 之间水平距离 D'，若相对误差在容许范围（$1/5000 \sim 1/3000$）内，则将端点 B' 加以改正，求得 B 点的最后位置，使 AB 两点间水平距离等于已知设计长度 D。改正数 $\delta = D - D'$。当 δ 为正时，向外改正；反之，则向内改正。

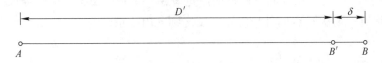

图 12-1　测设已知水平距离

12.1.1.2 用全站仪测设水平距离

如图 12-2 所示，安置全站仪于 A 点，瞄准已知方向。沿此方向移动棱镜位置，使仪器显示值略大于测设的距离 D，定出 B' 点。在 B' 点安置棱镜，测出水平距离 D'，再根据 $\delta = D - D'$ 求出应测设的已知水平距离 D 与 D' 之差 δ。根据 δ 的符号在实地用小钢尺沿已知方向改正 B' 至 B 点，并在木桩上标定其点位。为了检核，应将棱镜安置于 B 点，再实测 AB 的水平距离，与已知水平距离 D 比较，若不符合要求，应再次进行改正，直到测设的距离符合限差要求为止。

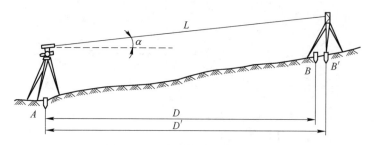

图 12-2　用全站仪测设水平距离

12.1.2　已知水平角的测设

已知水平角的测设，就是在已知角顶点的条件下，根据一已知边方向标定出另一边方向，使两方向的水平夹角等于已知角值。下面介绍其测设方法。

12.1.2.1　一般方法

当测设水平角的精度要求不高时，可用盘左、盘右分中的方法测设，如图 12-3 所示。设地面已知方向 AB，A 为角顶点，β 为已知角值，AC 为欲定的方向线。在 A 点安置经纬仪，对中、整平，用盘左位置照准 B 点，调节水平盘位置变换轮，使水平度盘读数为 $0°00'00''$，转动照准部使水平度盘读数为 β 值，按视线方向定出 C' 点。然后用盘右位置重复上述步骤，定出 C'' 点。取 $C'C''$ 连线的中点 C，则 AC 即为测设角值为 β 的另一方向线，$\angle BAC$ 即为测设 β 角。

12.1.2.2　精确方法

当测设水平角的精度要求较高时，可先用一般方法按已知角值测设出 AB 方向线（图 12-4），然后对 $\angle BAC$ 进行多测回水平角观测，其观测值为 β'，则 $\Delta\beta = \beta - \beta'$。根据 $\Delta\beta$ 及 AC 边的长度 D_{AC}，可以按下式计算垂距 CC_0：

$$CC_0 = D_{AC}\tan\Delta\beta = D_{AC}\Delta\beta''/\rho'' \tag{12-1}$$

从 C 点起，沿 AC 边的垂直方向量出垂距 CC_0 点，则 AC_0 即为测设角值为 β 时的另一方向线。必须注意，从 C 点起向外还是向内量垂距，要根据 $\Delta\beta$ 的正负号来决定。若 $\beta' < \beta$，即 $\Delta\beta$ 为正值，则从 C 点向外量垂距，反之则向内改正。

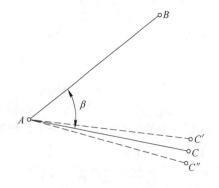

图 12-3　测设水平角

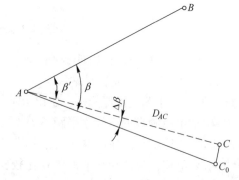

图 12-4　精确测设水平角

例如，$\Delta\beta = \beta - \beta' = +48''$，$D_{AC} = 120\text{m}$，则 $CC_0 = 120 \times (+48'')/206265'' = 0.0279\text{m}$。

过 C 点作 AC 的垂线，在 C 点沿垂线方向 $\angle BAC$ 外侧量垂距 0.0279m，定出 C_0 点，则 $\angle BAC_0$ 即为要测设的 β 角。

12.1.3 已知高程的测设

已知高程的测设是利用水准测量的方法，根据附近已知水准点，将设计高程测设到地面上。

如图 12-5 所示，已知水准点 A 的高程 H_A 为 32.481m，测设于 B 桩上的已知设计高程 H_B 为 33.500m。水准仪在 A 点上的后视读数 a 为 1.842m，则 B 桩的前视读数 b 应为

$$b = (H_A + a) - H_B = 32.481 + 1.842 - 33.500 = 0.823\text{m}$$

测设时，将水准尺沿 B 桩的侧面上下移动，当水准尺上的读数刚好为 0.823m 时，紧靠尺底在 B 桩上划一红线，该红线的高程 H_B 即为 33.500m。

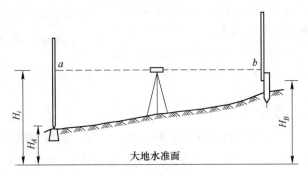

图 12-5 测设已知高程

当向较深的基坑和较高的建筑物测设已知高程时，除用水准尺外，还需借助钢尺采用高程传递的方法来进行。

如图 12-6 所示，设已知水准点 A 的高程为 H_A，要在基坑内侧测出高程为 H_B 的 B 点位置。现悬挂一根带重锤的钢卷尺，零点在下端。先在地面上安置水准仪，后视 A 点读数 a_1，前视钢尺读数 b_1，再在坑内安置水准仪，后视钢尺读数 a_2，当前视读数正好在 b_2

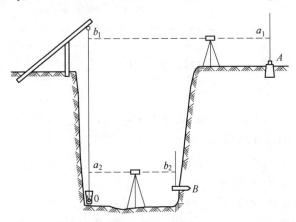

图 12-6 向深基坑测设高程

时，沿水准尺底面在基坑侧面钉设木桩（或粗钢筋），则木桩顶面即为设计高程 H_B 的 B 点位置。B 点应读前视尺读数 b_2 为

$$b_2 = H_A + a_1 - b_1 + a_2 - H_B \qquad (12\text{-}2)$$

当向高处测设时，如图 12-7 所示，向高建筑物 B 处测设高程 H_B，则可于该处悬吊钢尺，钢尺零端朝下，上下移动钢尺，使水准仪的中丝对准钢尺零端（0 分划线），则钢尺上端分划读数为 b 时，$b = H_B - (H_A + a)$，该分划线所对位置即为测设的高程 H_B。为了校核，可在改变悬吊位置后，再用上述方法测设，两次较差不应超过 ± 3 mm。

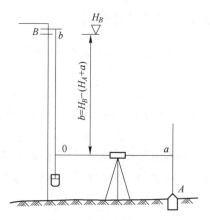

图 12-7　向高处测设高程

12.1.4　已知坡度线的测设

在平整场地、铺设管道及修筑道路等工程中，经常需要在地面上测设设计坡度线。坡度线的测设是根据附近水准点的高程、设计坡度和坡度端点的设计高程，用水准测量的方法将坡度线上各点的设计高程标定在地面上。测设方法有水平视线法和倾斜视线法两种。

12.1.4.1　水平视线法

如图 12-8 所示，A、B 为设计坡度线的两端点，其设计高程分别为 H_A、H_B，AB 设计坡度为 i_{AB}，为使施工方便，要在 AB 方向上每隔距离 d 钉一木桩，要在木桩上标定出坡度线。

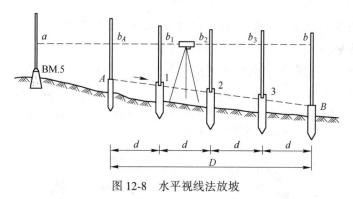

图 12-8　水平视线法放坡

施测方法如下：

（1）沿 AB 方向，用钢尺定出间距为 d 的中间点 1、2、3 的位置，并打下木桩。

（2）计算各桩点的设计高程：

第 1 点的设计高程 $H_1 = H_A + i_{AB}d$；

第 2 点的设计高程 $H_2 = H_1 + i_{AB}d$；

第 3 点的设计高程 $H_3 = H_2 + i_{AB}d$；

B 点的设计高程 $H_B = H_3 + i_{AB}d$ 或 $H_B = H_A + i_{AB}D$（检核）。

坡度 i 有正有负，计算设计高程时，坡度应连同其符号一并运算。

（3）安置水准仪于水准点附近，后视读数 a，得仪器视线高程 $H_视 = H_{BM.5} + a$，然后根据各点设计高程计算测设各点的应读前视尺读数 $b_j = H_视 - H_j$（$j = 1$，2，3）。

（4）将水准尺分别贴靠在各木桩的侧面，上、下移动水准尺，直至尺读数为 b_j 时，便可沿水准尺底面画一横线，各线连线即为 AB 设计坡度线。

12.1.4.2　倾斜视线法

如图 12-9 所示，A、B 为坡度线的两端点，其水平距离为 D，A 点的高程为 H_A，要沿 AB 方向测设一条坡度为 i_{AB} 的坡度线，则先根据 A 点的高程，坡度 i_{AB} 及 A、B 两点间的水平距离计算出 B 点的设计高程，再按测设已知高程的方法，将 A、B 两点的高程测设在地面的木桩上。然后将水准仪安置在 A 点上，使基座一个脚螺旋在 AB 方向上，其余两个脚螺旋的连线与 AB 方向垂直，量取仪器高 i，再转动 AB 方向上的脚螺旋和微倾螺旋，使十字丝中横丝对准 B 点水准尺上的读数等于仪器高 i，此时，仪器的视线与设计坡度线平行。在 AB 方向的中间各点 1、2、3、4 的木桩侧面立尺，上、下移动水准尺，直至尺上读数等于仪器高 i 时，沿尺底面在木桩上画一红线，则各桩红线的连线就是设计坡度线。

如果设计坡度较大，超出水准仪脚螺旋所能调节的范围，则可用经纬仪测设，方法相同。

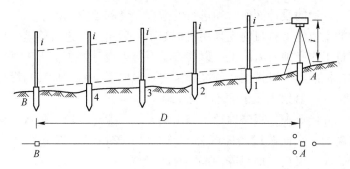

图 12-9　倾斜视线法放坡

12.2　飞行场的施工放样

飞行场的施工放样是将机场的竖直设计、平面设计、管线设计等放样到实地。施工所用设计图纸有飞行场总平面图、地势设计图、道坪分仓图、地下管线的平面图和纵断面图。

12.2.1　主方格控制网的检查

在工程施工前，应仔细检查前阶段已建立的主方格控制网，恢复那些被破坏的标志。由于高程控制在机场建设中具有重要的作用，因此应着重检查高程控制。

主方格点高程的检查以该点与相邻主方格点的高差来衡量，要求按原等级（四等）水准检测，其检测高差与原有高差的较差不超过 $\pm 30\sqrt{R}$（单位为 mm）。当桩点高程有较大的不符值时，应重新进行水准网的高程测量，根据所观测的数据计算各点新高程。

主方格点平面位置的检查，一般采用简单的测角方法进行，即置仪器于主轴线 2~3 个方格桩点上，如图 12-10 所示，以 J_6 型经纬仪一测回观测周围主方格点的水平角，所测得的角值与理论值之差，一般不超过 $\pm 45''$ 即可。

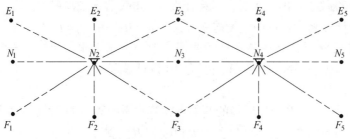

图 12-10   主方格点平面位置的检查

经过详细检查核对无误后，各主方格桩点应设置明显标记或保护桩，以防施工时碰损。为便于跑道轴线的定向，在轴线两端点应设置普通寻常标。

12.2.2   土方平整中的测量工作

土方平整是按竖直设计来进行飞行场的平整任务，以使场地表面能满足飞机起飞降落过程中的所有要求和保证能迅速地排除雨水。在地势设计图上，按测图方格网点测出的地面（黑色）高程和规划地形的（红色）高程，此两高程之差即为工作标高，亦即为了获得具有一定坡度的场地的设计面所必须进行的挖掘深度和填方高度。

飞行场场地的土方施工，目前先采用机械施工，后由人工进行修整。机械施工时，面积大进度快，测量工作必须及时跟上，以检查是否接近设计要求。人工进行修整时，则要求进一步加密方格标高点，进行细致的高程测定。地面平整后的标高与设计标高之差，道坪土基不大于 ±20mm，其他土质道面不大于 ±30mm。

机械在进行土方作业中，粗略地把土方由挖方地区搬运至填方地区，得到一个与设计表面比较接近的表面，在此阶段还应区分不同的填、挖情况予以分别对待，如深挖高填区，平整工程开始前，仅在实地每隔 50m 左右用测旗或花杆标出填挖零线。当填方快接近设计标高约 1m 时，这时才用测旗或标杆标出设计标高。当挖方到离设计还有 20~30cm 时，这时进行一次加密方格桩测量，并在木桩上标明工作标高。如果是浅挖低填区，则在施工前，根据飞行场竖直设计，在施工地段的小方格桩上标明工作标高（填方用 "+"号，挖方用 "-" 号）。由于在土方开挖过程中，小方格桩点经常遭破坏，所以必须及时恢复，当填挖作业越接近设计面时，越要随时测定地面标高，以掌握填挖高度，免除超挖多填情况发生。

人工修整作业前，除恢复所有的加密方格桩外，必要时还要进一步加密成 20m×20m 方格（尤其是道坪土基部分），并精确的测定地面高程，标出各桩点需要修整的工作标高，采用挂线的方法进行最后修整，以建立一个与设计高程和设计坡度一致的表面。

在场区土方平整作业中，应当注意到，在放样设计高程时，如果铲除的草皮层在场地整平后须重新铺上，那么在放样时应从设计高程中减去草皮层的厚度。另外在填土时，填土区的工作高度必须考虑填土压实高度，挖土区应考虑适量的余留。

在采用机械化施工时，由于机械挖填土作业是沿着工作量最大的轴线运行，通常不与方格边的方向一致，所以机械每运行一次，方格桩就被破坏一次。要想随时掌握填挖工作标高，则必须经常恢复方格桩点并重新进行水准测量，从时间和人力上来讲是不经济的，为适应机械化施工的需要，可采用经纬仪视距法来测定施工中变化的填挖工作高。

经纬仪视距法要求事先编好放样图，如图 12-11 所示。具体做法如下：选定土方作业区近处的某一主方格点为仪器的固定测站，另一方格点为固定方向，概略解析出加密方格点与固定测站间的距离 S 与固定方向间的水平角度 α，并计算出该点设计高与测站点已知高程间的垂直角 β。将上面放样三要素填入放样表内。

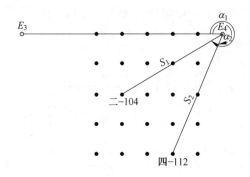

图 12-11　经纬仪视距法放样图

实地作业时，将经纬仪安置在如图 12-11 所示的主方格点 E_4 上并以 E_3 定向，若测定二-104 桩点填挖工作高，则以固定方向为零，转 α_1 角度定出方向。扶尺员沿此方向将标尺安置在大约相等的距离上。然后按照观测员的指示前后移动标尺，以使所测距离等于放样表上所规定的距离 S_1（当实地坡度很大时，应加倾斜改正）。此时将经纬仪视轴安置在事先已算好的垂直角 β_1 的角度位置上，如其在标尺上的读数为 a，仪器高为 K，如图 12-12所示，则工作标高为

$$h = a - K \tag{12-3}$$

式中，h 为正表示填土；h 为负表示挖土。

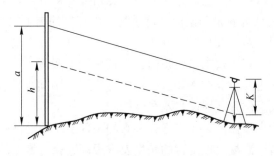

图 12-12　经纬仪视距法放样填挖工作高

关于经纬仪视距法测定填挖工作高的精度问题，如果从仪器到测点的距离不超过200m，一般精度可保证在 ±8mm 以内，这完全可以满足机械施工所需达到的设计表面要求。

12.2.3　基层和垫层的施工测量

土基经过碾压达到各项设计指标要求以后，飞行场施工区基本平整。后面的测量工作是先建立放样控制桩，后进行摊铺基层和垫层集料的施工。

12.2.3.1 放样控制桩的建立

放样控制桩作为直接施工的依据，一般的做法是在平地区靠近跑道与滑行道边 5m 左右各布设一条直伸导线。如分散搅拌、机位设于平地区，则靠近跑道的这条直伸导线可设于土跑道一侧。导线相邻点间的距离一般以 150m 为宜。如设在搅拌机位同侧，则应考虑导线点设在两搅拌机位中间部分，以减少对施工的干扰，见图 12-13。

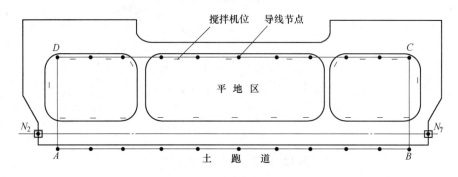

图 12-13 导线点的布设

施工控制导线可通过跑道两端的主方格桩点用极坐标法测出主要节点，如图 12-13 中的 A、B、C、D 四点（若跑道两端的主方格桩 N_2、N_7 已遭破坏，可先一步通过端保险道端的主方格桩来恢复）。

从主方格桩点测设施工导线点时，其量距与测角定向要求同主方格网横轴线测设精度。为确保 ABCD 是矩形，可在点 A、B、C、D 设站，以 J_6 型经纬仪一测回测出其内角，同时考虑到 AD 与 BC 之间的距离仅有 100~200m，由于导线点的放样误差对短边的相对误差影响是很可观的，所以必须直接丈量。通过实测角度及丈量 AD 与 BC 之间的距离以后，AB 与 CD 之间的距离可认为就是理论值。调整时，以跑道的施工控制导线上 A、B 为固定点，按照四边形角度闭合差分配后的 ∠DAB、∠CBA 及 AD、BC 的实量距离来计算 C、D 点坐标。计算值与理论值相比较求出改正值，在现地予以调整。

当对施工控制导线主要节点在现场进行调整标定后，中间其他各导线点每隔 150m 左右，用木桩标定各导线点位置，埋设半永久性标志。

导线各点也可作为高程控制点，只需在标石的顶部某一角处做一个半球形的突出部位以便放立标尺。放样道坪混凝土板高程的精度要求很高，相对最近的高程点而言，允许误差为±5mm，这要求两相邻导线点的高程误差不应大于±2mm，所以采用三等水准作为放样的高程控制。

关于施工放样控制桩的另一种布设，是将平面控制桩与高程控制桩分开。当跑道基槽土方工程完成以后，即恢复和建立跑道轴线上每隔 200m 的控制桩，以作为基础和人工道面施工放样的依据。恢复的方法，可从端保险道端的控制桩来加密。当点位最后确定后，埋设混凝土标桩，但标桩顶面高度要与该处道坪基础顶面高度基本一致，不得高出道坪基础。为防止基础施工时桩位被机械碰损，在点位处应设置明显标志与护桩。人工道面修筑以后，各校点能埋入道坪下。高程控制桩可在道坪外 2~3m，相隔 100~150m 设置一点，作为施工放样高程的依据。

12.2.3.2 放样基层和垫层控制桩

依据施工控制桩，每10m设立木桩恢复中线，用水准仪放样各桩点工作标高。以中线为基准向两侧放样10m×10m方格桩（尤其是道坪土基部分）。利用施工控制桩，放样各方格桩的工作标高。在施工基层和垫层过程中，先进行垫层的施工，后进行基层施工，铺设范围根据方格桩确定，工作标高根据施工方法的不同需要多次测设，最后采用挂线的方法进行最后修整，以建立一个与设计高程和设计坡度一致的表面。铺筑基础按机场场道工程质量检验评定相关标准要求，下层基础（垫层）高程允许误差为±20mm，上层基础（基层）高程允许误差为±10mm。

12.2.4 道面的施工放样

垫层经过碾压达到各项设计指标要求以后，进行道面的施工放样。在人工混凝土道面的施工浇筑过程中，支模放样依据放样控制桩进行。

在机场混凝土道面施工中，测量工作主要是立模桩测量，它直接为立模、浇筑混凝土提供依据。按照道面分仓图，根据跑道轴线点和施工控制桩，将设计的人工道面放样于地面。

目前混凝土浇筑以纵向连续浇筑为主，便于组织机械化施工。模板的支立以"支一行"的方式进行，高程和平直性要严格控制。立模时，利用经纬仪精确定线进行立模桩平面位置确定，利用水准仪把设计高程精确地放样到立模桩上，以此为依据进行立模工作。立模放样完成后，对于模板顶面高度，需用水准仪施测一次检查高程；为防止模板顶面在混凝土浇筑过程中的移动，还需要在振捣与抹面之后检查其高度是否变动，以确保满足道坪高程的精度要求。立模的允许误差：平面位置±5mm；高程±2mm；直线性±5mm（用20m长线拉直检查，取最大值）。

12.2.5 排水管线的放样

排水管线的放样根据跑道轴线上的点或场区主方格控制点，按照排水线路平面图和断面图进行。当排水管线在实地标定以后，即进行详细放样。首先是开挖基槽，为了恢复轴线点，可在轴线两旁土方施工区外3~5m处设置辅助桩。为了在施工过程中引测高程方便，应根据原有水准点将临时水准点沿排水管线加密到100~150m一个，其精度要求可按四等水准施测的规定。

为了避免超挖土方，当挖土离沟底设计高程尚有15~20cm时，应沿排水沟每隔10~20m设置龙门板，如图12-14所示，并利用测杆控制沟底高度。龙门板的设置不单是为控制沟槽修整用，更重要的是作为管道安装以及混凝土盖板沟的支模控制。机场场道工程质量检验评定相关标准中规定，排水沟管内底面高程允许误差为±5mm。

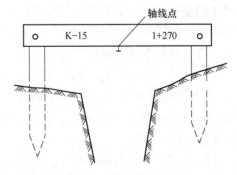

图 12-14 龙门板的设置

12.3　机场用房施工测量概述

12.3.1　机场用房施工测量的目的和内容

　　各种工程在施工阶段所进行的测量工作，称为施工测量。与地形测量相反，施工测量的基本任务是把设计图纸上规划设计的建筑物、构筑物的平面位置和高程，按设计要求使用测量仪器以一定的方法和精度测设到地面上，并设置标志作为施工的依据。在施工过程中需进行一系列的测设工作，以衔接和指导各工序间的施工。

　　施工测量的内容包括：施工前建立施工控制网；建筑物定位和基础放线；工程施工中各道工序的细部测设，如基础模板的测设、工程砌筑、构件和设备安装的测设工作；工程竣工后，为了便于管理、维修和扩建，还必须编绘竣工图；有些高大或特殊的建（构）筑物在施工期间和管理运营期间应测定建（构）筑物的沉降、倾斜和水平位移等（称为变形观测）。总之，施工测量贯穿于施工的全过程。

　　一般情况下，施工测量的精度应比测绘地形图的精度高，而且根据建筑物、构筑物的重要性，结合材料及施工方法等不同，对施工测量的精度要求也有所不同。例如，钢结构建筑物测设的精度高于钢筋混凝土的建筑物，装配式建筑物的测设精度高于非装配式的建筑物，高层建筑物的测设精度高于低层建筑物等。由于施工测量贯穿于施工全过程，施工测量工作直接影响工程质量及施工进度，所以测量人员必须了解设计内容、性质及对测量工作的精度要求，熟悉有关图纸，了解施工的全过程，密切配合施工进度进行工作。另外，建筑施工现场多为地面与高空各工种交叉作业，并有大量的土方填挖，地面情况变动很大，再加上动力机械及车辆来往频繁，因此，测量标志的埋设应特别稳固，且测量标志不可被损坏，并要将其妥善保护，经常检查，如有损坏应及时恢复。在高空或危险地段施测时，应采取安全措施，以防发生事故。

12.3.2　施工坐标系与测量坐标系的坐标换算

　　施工坐标系亦称建筑坐标系，为便于进行建筑物的放样，其坐标轴应与建筑物主轴线相一致或平行。施工控制测量的建筑方格网大都采用建筑坐标系，而施工坐标系与测量坐标系往往不一致，因此施工测量前常常需要进行施工坐标系与测量坐标系的坐标换算。

　　如图 12-15 所示，设 XOY 为测量坐标系，$X'O'Y'$ 为施工坐标系，(X_0, Y_0) 为施工坐标系的原点 O' 在测量坐标系中的坐标，α 为施工坐标系的纵轴 $O'X'$ 在测量坐标系中的方位角。设已知 P 点的施工坐标为 (X'_P, Y'_P)，可按下式将其换算为测量坐标 (X_P, Y_P)：

$$\begin{cases} X_P = X_0 + X'_P\cos\alpha - Y'_P\sin\alpha \\ Y_P = Y_0 + X'_P\sin\alpha - Y'_P\cos\alpha \end{cases} \quad (12\text{-}4)$$

　　如已知 P 点的测量坐标 (X_P, Y_P)，则可将其换算为施工坐标 (X'_P, Y'_P)：

$$\begin{cases} X'_P = (X_P - X_0)\cos\alpha + (Y_P - Y_0)\sin\alpha \\ Y'_P = -(X_P - X_0)\sin\alpha + (Y_P - Y_0)\cos\alpha \end{cases} \quad (12\text{-}5)$$

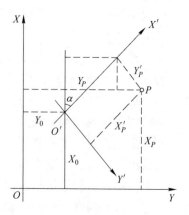

图 12-15　施工坐标与测量坐标的换算

12.3.3 施工测量的准备工作

施工测量的任务是按照设计的要求，把建筑物的位置测设到地面上，并配合施工以保证工程质量。进行施工测量之前，除了应对所使用的测量仪器和工具进行检校外，尚需做好以下准备工作。

12.3.3.1 熟悉设计图纸

设计图纸是施工测量的依据，在测设前应从设计图纸上了解施工的建筑物与相邻地物的相互关系，以及建筑物的尺寸和施工的要求等，对各设计图纸的有关尺寸应仔细核对，以免出现差错。

12.3.3.2 现场踏勘

了解现场的地物、地貌和原有测量控制点的分布情况，并调查与施工测量有关的问题。对建筑场地上的平面控制点、水准点要进行检核，获得正确的测量起始数据和点位。

12.3.3.3 制定测设方案

根据设计要求、定位条件、现场地形和施工方案等制定施工放样方案。

12.3.3.4 准备测设数据

除了计算必要的放样数据外，尚须从下列图纸上查取房屋内部的平面尺寸和高程数据：

（1）从建筑总平面图上查取或计算设计建筑物与原有建筑物或测量控制点之间的平面尺寸和高差，作为测设建筑物总体位置的依据。

（2）从建筑平面图中查取建筑物的总尺寸和内部各定位轴线之间的关系尺寸，这是施工放样的基本资料。

（3）从基础平面图上查取基础边线与定位轴线的平面尺寸，以及基础布置与基础剖面位置的关系。

（4）从基础详图中查取基础立面尺寸、设计标高，以及基础边线与定位轴线的尺寸关系，这是基础高程放样的依据。

（5）从建筑物的立面图和剖面图中，可以查出基础、地坪、门窗、楼板、屋架和屋面等设计高程，这是高程测设的主要依据。

12.4 机场用房施工控制测量

12.4.1 概述

施工测量必须遵循"先控制后碎部"的原则，因此施工以前，在建筑场地要建立统一的施工控制网。在勘测阶段所建立的测图控制网，可作施工测量放样之用。由于在勘测阶段建筑物的设计位置尚未确定，测图控制网无法考虑满足施工测量要求，而且在施工现场，由于大量的土方填挖，地面变化很大，原来布置的测图控制点往往会被破坏掉，因此在施工以前，应在建筑场地重新建立施工控制网，以供建筑物的施工放样和变形观测等使用。相对于测图控制网来说，施工控制网具有控制范围小、控制点密度大、精度要求高、使用频繁等特点。

施工控制网一般布置成矩形的格网，称为建筑方格网。当建筑物面积不大且结构又不复杂时，只需布置一条或几条基线作平面控制，称为建筑基线。当建立方格网有困难时，常用导线或导线网作为施工测量的平面控制网。

建筑场地的高程控制多采用水准测量方法。一般用三、四等水准测量方法测定各水准点的高程。当布设的水准点不够用时，建筑基线点、建筑方格网点以及导线点也可兼做高程控制点。

12.4.2　建筑基线

建筑基线应临近建筑物并与其主要轴线平行，以便使用比较简单的直角坐标法来进行建筑物的放样。通常建筑基线可布置成三点直线形、三点直角形、四点丁字形和五点十字形，如图 12-16 所示。建筑基线主点间应相互通视，边长为 100~400m，点位应便于保存。

12.4.3　建筑方格网

12.4.3.1　建筑方格网的设计

建筑方格网的设计应根据建筑物设计总平面图上的建筑物和各种管线的布设，并结合现场的地形情况而定。设计时先定方格网的主轴线，后设计其他方格点。格网可设计成正方形或矩形，如图 12-17 所示。

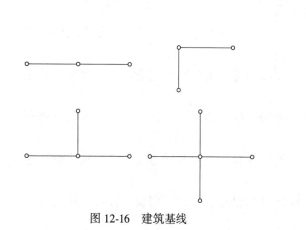

图 12-16　建筑基线　　　　　　　　图 12-17　建筑方格网

方格网设计时应注意以下几点：

（1）方格网的主轴线应布设在整个场区中部，并与拟建主要建筑物的基本轴线相平行；

（2）方格网的转折角应严格成 90°；

（3）方格网的边长一般为 100~200m，边长的相对精度一般为 1/20000~1/10000；

（4）方格网的边应保证通视，点位标石应埋设牢固，以便能长期保存。

12.4.3.2　建筑方格网主轴线的测设

建筑方格网主轴线点的定位是根据测图控制点来测设的。首先应将测图控制点的测量坐标换算成施工坐标。

图 12-18 中，N_1、N_2、N_3 为测量控制点，A、O、B 为主轴线点，按坐标反算公式算出放样元素 β_1、D_1、β_2、D_2、β_3、D_3，然后用经纬仪配合测距仪以极坐标法测设 A、O、

B 点的概略位置 A'、O'、B'，再用混凝土桩把 A'、O'、B' 标定下来。桩的顶部常设置一块 100mm×100mm 的铁板供调整点位用。由于存在测量误差，三个主轴线点一般不在一条直线上，因此要在 O' 点上安置经纬仪，精确地测量 $\angle A'O'B'$ 的角值，如果它和 180°之差超过±10″时应进行调整。调整时 A'、O'、B' 三点应进行微小的移动使之处于同一直线上。如图 12-19 所示，设三点在垂直于轴线的方向上移动一段微小的距离 δ，则 δ 值可按下式计算：

$$\delta = \frac{ab}{2(a+b)}\frac{180° - \beta}{\rho''} \tag{12-6}$$

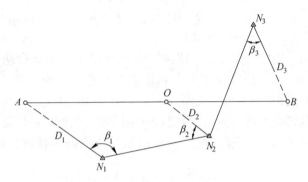

图 12-18　主轴线点的测设

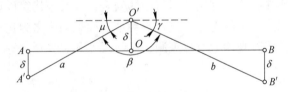

图 12-19　长轴线点位调整图

图 12-19 中，由于 μ，γ 均很小，故有：

$$\frac{\gamma}{\mu} = \frac{a}{b}\frac{\gamma + \mu}{\mu} = \frac{a+b}{a}$$

$$\mu = \frac{2\delta}{a}\rho''$$

而 $\mu + \gamma = 180° - \beta$，因此：

$$\mu = \frac{b}{a+b}(180° - \beta) = \frac{2\delta}{a}\rho'' \tag{12-7}$$

式（12-7）稍加整理即可得式（12-6）。

如图 12-20 所示，定好 A、O、B 三个主点后，将仪器安置在 O 点，再测设与 AOB 轴线相垂直的另一主轴线 COD。实测时瞄准 A 点（或 B 点），分别向右、向左各转 90°，在地上用混凝土桩定出 C' 和 D' 点，再精确地测出 $\angle AOC'$ 和 $\angle AOD'$，分别算出它们与 90°之差 ε_1、ε_2，可按下式计算出改正值 l_1、l_2：

$$\begin{cases} l_1 = D_1 \dfrac{\varepsilon_1''}{\rho''} \\[2mm] l_2 = D_2 \dfrac{\varepsilon_2''}{\rho''} \end{cases} \qquad (12\text{-}8)$$

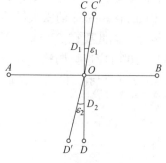

图 12-20　短轴线点位调整

式中，D_1、D_2 分别为 OC'、OD' 的水平距离。将 C' 沿垂直方向移动距离 l_1 得 C 点，同法定出 D 点。然后再实测改正后的 $\angle COD$，其角值与 $180°$ 之差不应超过 $\pm 10''$。最后自 O 点起，分别沿直线 OA、OC、OB 和 OD 精密测设主轴线的距离，最后在桩顶的铁板上刻出 A、O、B、C、D 的点位。

12.4.3.3 建筑方格网的详细测设

在主轴线测定后，随之详细测设方格网。参见图 12-17，具体做法为：在主轴线的四个端点 A、B、C 和 D 上分别安置经纬仪，每次都以 O 点为起始方向，分别向左、向右测设 $90°$ 角。这样就交会出方格网的四个角点 E、F、G 和 H。为进行校核，要将仪器安置在方格网点上，测量其角值是否为 $90°$，再测量方格网各边距离是否与设计距离相等，若误差均在容许范围内可作适当调整。此后，再以基本方格网为基础，加密方格网中其余各点。

12.5　建筑物的变形观测

为保证工程建筑物在施工、使用和运行中的安全，以及为建筑设计积累资料，通常需要对工程建筑物及其周边环境的稳定性进行观测，这种观测称之为建筑物的变形观测。变形观测的主要内容包括沉降观测、位移观测、倾斜观测和裂缝观测等。

12.5.1　沉降观测

12.5.1.1　水准点和沉降观测点的设置

作为建筑物沉降观测的水准点一定要有足够的稳定性，同时为了保证水准点高程的正确性和便于相互检核，水准点一般不得少于 3 个，并选择其中 1 个最稳定的点作为水准基点。水准点必须设置在受压、受震的范围以外，冰冻地区水准点应埋设在冻土深度线以下 0.5m。水准点和观测点之间的距离应适中，相距太远会影响观测精度，相距太近又会影响水准点的稳定性，从而影响观测结果的可靠性，通常水准点和观测点之间的距离以 60~100m 为宜。

进行沉降观测的建筑物、构筑物应埋设沉降观测点。观测点的数量和位置，应能全面反映建筑物、构筑物的沉降情况。一般观测点是均匀设置的，但在荷载有变化的部位、平面形状改变处、沉降缝的两侧、具有代表性的支柱和基础上、地质条件改变处等，应加设足够的观测点。沉降观测点的埋设可参见图 12-21。

12.5.1.2　沉降观测的一般规定

观测周期：一般待观测点埋设稳固后，且在建（构）筑物主体开工前，即进行第一次观测。在建筑物主体施工过程中，一般为每盖 1~2 层观测一次；大楼封顶或竣工后，一般每月观测一次，如果沉降速度减缓，可改为 2~3 个月观测一次，直到沉降量 100 天不超过 1mm 时，观测才可停止。

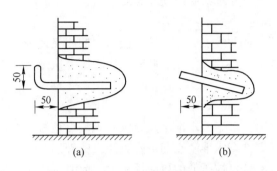

图 12-21 沉降观测点

(a) φ20 螺纹钢筋；(b) 角钢

观测方法和仪器要求：对于多层建筑物的沉降观测，可采用 S_3 水准仪用普通水准测量方法进行。对于高层建筑物的沉降观测，则应采用 S_1 精密水准仪，用二等水准测量方法进行。为了保证水准测量的精度，观测时视线长度一般不得超过 50m，前、后视距离要尽量相等。

沉降观测的工作要求：沉降观测是一项较长期的连续观测工作，为了保证观测成果的正确性，应尽可能做到四定：

（1）固定观测人员；

（2）使用固定的水准仪和水准尺；

（3）使用固定的水准基点；

（4）按规定的日期、方法及既定的路线、测站进行观测。

12.5.1.3 沉降观测的成果整理

每次观测结束后，应检查记录中的数据和计算是否准确，精度是否合格，然后把各次观测点的高程列入成果表中，并计算两次观测之间的沉降量和累计沉降量，同时也要注明观测日期和荷载情况，为了更清楚地表示沉降、荷重、时间三者的关系，还要画出各观测点的沉降、荷重、时间关系曲线图，如图 12-22 所示。

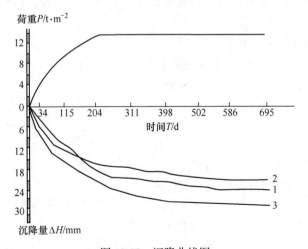

图 12-22 沉降曲线图

12.5.1.4 沉降观测中常遇到的问题及其处理

A 曲线在首次观测后即发生回升现象

在第二次观测时即发现曲线上升，至第三次后，曲线又逐渐下降。发生此种现象，一般都是由于首次观测成果存在较大误差。此时，应将第一次观测成果作废，而采用第二次观测成果作为首测成果。

B 曲线在中间某点突然回升

发生此种现象的原因，多半是水准基点或沉降观测点被碰，如水准基点被压低，或沉降观测点被撬高，应仔细检查水准基点和沉降观测点的外形有无损伤。如果众多沉降观测点出现此种现象，则水准基点被压低的可能性很大，此时可改用其他水准点作为水准基点来继续观测，并再埋设新水准点，以保证水准点个数不少于 3 个；如果只有 1 个沉降观测点出现此种现象，则多半是由于该点被撬高，如果观测点被撬后已活动，则需另行埋设新点，若点位尚牢固，则可继续使用，对于该点的沉降量计算则应进行合理处理。

C 曲线自某点起渐渐回升

此种现象一般是由于水准基点下沉所致。此时，应根据水准点之间的高差来判断出最稳定的水准点，以此作为新水准基点，将原来下沉的水准基点废除。另外，埋在裙楼上的沉降观测点，由于受主楼的影响，有可能会出现渐渐回升现象，这是正常的。

D 曲线的波浪起伏现象

曲线在后期呈现微小波浪起伏现象是由测量误差所造成的。曲线在前期波浪起伏之所以不突出，是下沉量大于测量误差之故；但到后期，由于建筑物下沉极微或已接近稳定，因此在曲线上就出现测量误差比较突出的现象。此时，可将波浪曲线改为水平线，并适当地延长观测的间隔时间。

12.5.2 位移观测

位移观测是测定建筑物（基础以上部分）在平面上随时间而移动的大小及方向。位移观测首先要在建筑物旁埋设测量控制点，再在建筑物上设置位移观测点。

12.5.2.1 角度前方交会法

利用前方交会法对观测点进行角度观测，计算观测点的坐标，由两期之间的坐标差计算该点的水平位移。

12.5.2.2 基准线法

有些建筑物只要求测定某特定方向上的位移量，如大坝在水压力方向上的位移量，这种情况可采用基准线法进行水平位移观测。观测时，先在位移的垂直方向上建立一条基准线，如图 12-23 所示，A、B 为控制点，P 为观测点，只要定期测量出观测点 P 与基准线 AB 的角度变化值 $\Delta\beta$，其位移量就可按下式计算：

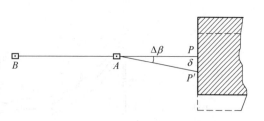

图 12-23 基准线法观测水平位移

$$\delta = D_{AP}\Delta\beta/\rho'' \qquad (12-9)$$

式中，D_{AP} 为 A、P 两点间的水平距离。

12.5.3 倾斜观测

建筑物产生倾斜的原因主要有地基承载力不均匀；建筑物体型复杂，形成不同荷载；施工未达到设计要求，承载力不够；受外力作用（例如风荷、地下水抽取、地震等）。建筑物倾斜观测是利用水准仪、经纬仪、垂球或其他专用仪器来测量建筑物的倾斜度 α。

12.5.3.1　水准仪观测法

建筑物的倾斜观测可采用精密水准测量的方法，如图 12-24 所示，定期测出基础两端点的不均匀沉降量 Δh，再根据两点间的距离 L，即可算出基础的倾斜度 α：

$$\alpha = \Delta h / L \tag{12-10}$$

如果知道建筑物的高度 H，则可推算出建筑物顶部的倾斜位移值 δ：

$$\delta = \alpha H = \frac{\Delta h}{L} H \tag{12-11}$$

12.5.3.2　经纬仪观测法

利用经纬仪测量出建筑物顶部的倾斜位移值 δ，再根据下式可计算出建筑物的倾斜度 α：

$$\alpha = \delta / H \tag{12-12}$$

利用经纬仪测量建筑物顶部的倾斜位移值 δ 的主要方法有以下两种：角度前方交会法和经纬仪投影法。

A　角度前方交会法

如图 12-25（俯视图）所示，图中 P' 为烟囱顶部中心位置，P 为底部中心位置，在烟囱附近布设基线 AB，安置经纬仪于 A 点，测定顶部 P' 两侧切线与基线的夹角，取其平均值，如图中 α_1，再安置经纬仪于 B 点，测定顶部 P' 两侧切线与基线的夹角，取其平均值，如图中 β_1，利用前方交会公式可计算出 P' 的坐标，同法可得 P 点的坐标，则 P'、P 两点间的平距 $D_{PP'}$ 可由坐标反算公式求得，实际上 $D_{PP'}$ 即为倾斜位移值 δ。

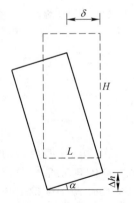
图 12-24　基础倾斜观测

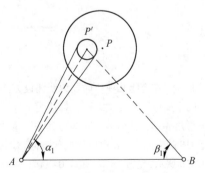
图 12-25　前方交会法观测倾斜

B　经纬仪投影法

此法为利用两架经纬仪交会投点的方法，将建筑物向外倾斜的一个上部角点投影至平地，量取与下面角点的倾斜位移值 δ，如图 12-26 所示。

12.5.3.3　悬挂垂球法

此法是测量建筑物上部倾斜的最简单方法，适合于内部有垂直通道的建筑物。从上部挂下垂球，根据上、下应在同一位置上的点，直接测定倾斜位移值 δ。再根据公式 (12-12)计算倾斜度 α。

12.5.4　裂缝观测

建筑物发现裂缝，除了要增加沉降观测的次数外，应立即进行裂缝变化的观测。为了观测裂缝的发展情况，要在裂缝处设置观测标志。如图 12-27 所示，将长约 100mm，直径约 10mm 的钢筋头插入，并使其露出墙外约 20mm，用水泥砂浆填灌牢固。两钢筋头标志间距离不得小于 150mm。待水泥砂浆凝固后，用游标卡尺量出两金属棒之间的距离，并记录下来。以后如裂缝继续发展，则金属棒的间距也就不断加大。定期测量两棒的间距并进行比较，即可掌握裂缝发展情况。

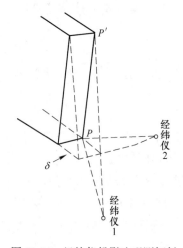

图 12-26　经纬仪投影法观测倾斜

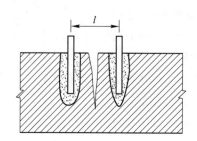

图 12-27　裂缝观测点

习　题

12-1　测设的基本工作有哪几项？简要说明测设方法。

12-2　测设点的平面位置有几种方法？各适用于什么情况？

12-3　已测设直角 AOB，并用多测回测得其平均角度值为 $90°00'48''$，又知 OB 的长度为 150.000m，问在垂直于 OB 的方向上，B 点应该向何方向移动多少距离才能得到 $90°00'00''$ 的角？

12-4　如图 12-28 所示，已知 $\alpha_{AB} = 300°04'00''$，$X_A = 14.22m$，$Y_A = 86.71m$，$X_1 = 34.22m$，$Y_1 = 66.71m$，$X_2 = 54.14m$，$Y_2 = 101.40m$。计算仪器安置于 A 点，用极坐标法测设 1 与 2 点的测设数据，并简述测设点位的过程。

12-5　利用高程为 9.531m 的水准点，测设高程为 9.800m 的室内 ±0.000 标高，简述测设点位的过程。

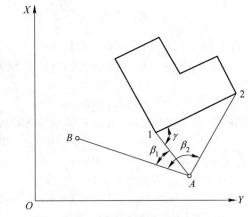

图 12-28 极坐标法放样点位

参 考 文 献

［1］ GB 50026—2007 工程测量规范 ［S］. 北京：中国计划出版社，2007.

［2］ 翟翊，赵夫来，郝向阳，等. 现代测量学 ［M］. 北京：测绘出版社，2008.

［3］ 孙现申，赵泽平. 应用测量学 ［M］. 北京：解放军出版社，2004.

［4］ 巩晓东，白会人. 测量员 ［M］. 武汉：华中科技大学出版社，2009.

［5］ 中国人民解放军总参谋部测绘局. 军事工程测量 ［M］. 北京：解放军出版社，1978.

［6］ 史美生，田思进，陈宏伟. 土木工程测量与房地产测绘 ［M］. 北京：中国物价出版社，1999.

［7］ 熊春宝，等. 测量学 ［M］. 天津：天津大学出版社，1999.

［8］ 胡伍生，等. 土木工程测量 ［M］. 南京：东南大学出版社，1999.

［9］ 王文锐，等. 公路工程实用测设技术 ［M］. 北京：人民交通出版社，2000.

［10］ 刘光运，等. 电子地图技术与应用 ［M］. 北京：测绘出版社，1996.

［11］ 聂让. 全站仪与高等级公路测量 ［M］. 北京：人民交通出版社，2001.

［12］ 陈永奇，等. 高等应用测量 ［M］. 武汉：武汉测绘科技大学出版社，1996.

［13］ 吴来瑞，等. 建筑施工测量手册 ［M］. 北京：中国建筑工业出版社，2000.

［14］ 崔明理，等. 控制测量手册 ［M］. 太原：山西科学技术出版社，1999.

［15］ 杨正尧，等. 测量学实验与习题 ［M］. 武汉：武汉测绘科技大学出版社，1999.

［16］ 杨德麟，等. 大比例尺数字测图的原理方法与应用 ［M］. 北京：清华大学出版社，1998.